U0378277

轻松学会
JavaScript

[英] 罗伯·迈尔斯(Rob Miles) 著

周子衿　陈子鸥　译

清华大学出版社
北京

内 容 简 介

全书共 3 部分 12 章,采用三段式学练结合的知识架构,从 JavaScript 编程知识的讲解,到示范教学和引导学生参与动手实践,循序渐进地帮助读者保持学习动机和兴趣,掌握 JavaScript 编程技能。本书教学案例有简有繁,包括煮蛋计时器、计算器、温度转换器、通讯录以及适用于时装店和冰淇淋连锁店的商业应用。

本书适合没有写过任何一行代码的零基础读者、对其他入门编程书籍或课程无感的读者以及有其他语言编程经验但想要开始学习 JavaScript 的读者。

图书在版编目(CIP)数据

轻松学会JavaScript / (英) 罗伯·迈尔斯(Rob Miles) 著;周子衿,陈子鸥译. —北京:清华大学出版社, 2022.4

　　书名原文:Begin to Code with JavaScript

　　ISBN 978-7-302-60053-4

Ⅰ. ①轻… Ⅱ. ①罗… ②周… ③陈… Ⅲ. ①JAVA语言—程序设计 Ⅳ. ①TP312.8

中国版本图书馆CIP数据核字(2022)第016521号

责任编辑:文开琪
封面设计:李　坤
责任校对:周剑云
责任印制:丛怀宇
出版发行:清华大学出版社
　　　　　网　　　址:http://www.tup.com.cn, http://www.wqbook.com
　　　　　地　　　址:北京清华大学学研大厦A座　　邮　　编:100084
　　　　　社 总 机:010-83470000　　　　　　　　邮　　购:010-62786544
　　　　　投稿与读者服务:010-62776969, c-service@tup.tsinghua.edu.cn
　　　　　质量反馈:010-62772015, zhiliang@tup.tsinghua.edu.cn
印 装 者:天津鑫丰华印务有限公司
经　　销:全国新华书店
开　　本:170mm×230mm　　印　　张:26.5　　字　　数:551千字
版　　次:2022年6月第1版　　　　　　　印　　次:2022年6月第1次印刷
定　　价:139.00元

产品编号:094958-01

前　言

编程是我们可以学会的最具创造力的技能。为什么这么说呢？因为，如果学会了绘画，就可以进行艺术创造。如果学会了拉小提琴，就可以演奏乐曲，但如果学会了编程，就可以创造全新的体验（如果想的话，也可以用编程来创造图片和音乐）。一旦踏上了编程之路，我们的步伐就会停不下来，因为永远都有新的设备、技术和市场可以让我们充分发挥编程技能。

请把这本书看作你在编程启蒙路上的奠基石。一段美好的旅程是有目的地的，而编程启蒙这段旅程的目的地是"实用"。在读完本书后，我们将拥有编写实用程序的知识和技能，并让世界上的其他人都能用上我们的程序。

但首先得提醒一句，我之所以没有夸口说学习编程很容易，是出于下面两个原因。

- 如果我说学习编程很简单，但你最后却没有学会，你可能会感到很难过（而且还会生我的气）。
- 如果我说学习编程很简单，而你成功学会了，你可能会认为人人都能学会而轻视编程。

学习编程并不简单，会面临全新的困难和挑战。对于编程而言，细节和顺序是重中之重。需要学习计算机原理以及如何告诉它你想让它做什么。

举例来说，假设你足够幸运，请得起一名私厨。一开始，你需要做不少的说明，比如："如果室外阳光明媚，我早餐就想要一杯橙汁和葡萄柚，但要是下雨的话，我想喝一碗麦片和一大杯咖啡。"你的私厨偶尔会犯错。他可能会端给你一杯美式咖啡，而不是你想要的拿铁。但随着时间的推移，你会在指令中加入更多的细节，直到这位私厨完全知道该怎么做。

电脑就像一名厨师，不过它甚至不知道如何烹饪。不能说"给我煮杯咖啡"，而是要说"从咖啡袋中取出棕色粉末，然后，加入热水"。你还必须得解释热水是怎么做出来的，并告诫它必须小心使用水壶，以免被烫伤，诸如此类的指令不胜枚举。这是一项烦琐的工作。

事实证明，对程序员而言，成功的关键和其他许多职业一样。要想成为世界知名的小提琴家，必须日复一日地刻意练习。编程也是如此。必须在程序上花大量时间，才能掌握编写代码的技能。不过，好消息是，就像小提琴家热衷于让乐器奏出美妙的音乐一样，让计算机完全按照自己的要求执行操作，也是一种非常有成就感的体验。当你看到其他人也认为你写的程序实用且有趣时，你会感到一种发自内心的喜悦。

本书的结构

我将本书分成三部分。各部分以层层递进的方式帮助你成为一名优秀的程序员。首先带大家探索 JavaScript 程序的运行环境。接着学习编程的基础知识。最后开发一些有用 (且有趣) 的正式程序。

- 第 I 部分 "JavaScript、HTML 与 CSS" 主要帮助你迈出第一步。将引导大家探索 JavaScript 程序的运行环境，并学习如何创建包含 JavaScript 程序的网页。
- 第 II 部分 "JavaScript 编程基础" 描述用来创建数据处理程序的 JavaScript 的特性，帮助大家掌握一些基本的编程技巧，这些技巧同样适用于其他语言，并且这些技巧会启发大家思索程序究竟是用来做什么的。此外还要介绍如何将大型程序分解成较小的元素以及如何创建自定义的数据类型来体现要解决的问题。
- 第 III 部分 "JavaScript 高阶知识及应用与游戏开发" 将引导大家如何创建美观的应用程序，学习如何开发安全可靠的程序，最后动手开发一款游戏。

学习建议

每章都要讲述一些编程方面的知识。我会做一些示范，然后邀请你利用所学的知识来动手做点儿什么。书中将频繁地为大家提供动手实践或进行原创的机会。是否能创造出一些令人赞叹的东西，取决于个人。

当然，可以直接浏览完这本书，但如果放慢脚步，认真跟着书中的内容学习并练习，就会有更多的收获。和骑自行车一样，编程也是要通过实践来学习的。想要掌握编程这项技能，投入时间并积累经验是不可或缺的。但不用担心，本书会为你带来知识和信心，让你勇敢地尝试编程，如果编写的程序没有达到预期效果，本书也会为你答疑解惑。本书提供以下四大特色要素来帮助大家进行编程实践。

 动手实践

没错，最好的学习方法就是动手实践，因此书中有许多 "动手实践"。这些特色段落提供了练习编程的方法。每个 "动手实践" 都是先对一个示例进行讲解，然后介绍一些大家可以自行尝试的步骤。由此创建出来的程序可以在 Windows、macOS 或 Linux 上运行。

代码分析

学习编程时，另一个好的方法就是研究别人写的代码，并找出代码的作用 (有时研究的是代码为什么不起作用)。本书提供了 150 多个示例程序供大家查看。在"代码分析"挑战中，将引导大家运用推理技能来弄清楚程序的行为、修复 bug 并提出改进建议。

注意事项

有些人可能还不知道程序会报错，不过在开始编写第一个程序时，会得到这个深刻的教训。为了提前帮你处理这个问题，我添加了这样的特色段落来预测可能会遇到的问题，并提供解决这些问题的方法。举个例子，我在介绍新知识时，有时会花一些时间来考虑有哪些潜在因素会导致出错以及使用新功能时需要特别注意哪些地方。

程序员观点

我用了许多年在学校里面教学生如何编程，也写了很多程序，还向客户卖出过不少程序。这些年的经历给我提供了许多经验教训，我真希望能一开始就知道这些事。"程序员观点"存在的意义就是把这些心得提前告诉大家，好让大家在学习的过程中以专业的视角看待软件开发。

从编程到人，再到哲学，"程序员观点"涉猎的范围很广。我强烈建议大家仔细阅读、消化和吸收这些内容，因为它们以后可能为大家省下大量的时间！

编程环境的准备

为了处理书中的程序，需要用到一台电脑和一些软件。恐怕我不能为你提供电脑，不过在第 1 章中，你会发现只需要一台电脑和一个浏览器就能轻松入门 JavaScript。有了这些，就可以使用 Visual Studio Code 编辑器来创建 JavaScript 程序。

如果使用台式机或笔记本电脑

用 Windows 操作系统、Mac OS 或 Linux 操作系统都可以用来创建和运行本书中的程序。电脑配置不需要特别好，但至少要满足以下最低配置。

- 1 GHz 或更快的处理器，最好是英特尔 i5 或更高。
- 至少 4 GB 的内存 (RAM)，但最好是 8 GB 以上。
- 256 GB 的硬盘空间 (JavaScript 框架和 Visual Studio Code 安装需要大约 1 GB 的硬盘空间)。

对图形显示没什么要求，不过如果用分辨率较高的屏幕，就可以在编写程序时看到更多内容。

如果使用移动设备

通过访问程序所在的网页，可以在手机或平板电脑上运行 JavaScript 程序。移动端上也有一些应用程序可以用来创建和运行 JavaScript 程序，但就个人经验来讲，笔记本电脑和台式计算机更适合用来编程。

如果使用树莓派

要是想以最便宜的方式开始工作，可以使用运行 Raspbian 操作系统 (现在为 Raspberry Pi OS，即树莓派 Raspberry Pi)。它有一个兼容 Chromium 的浏览器，可以运行 Visual Studio Code。

配套资源

为了教大家如何开始编程，我会在每一章中演示并讲解程序，大家可以用这些代码创建自己的程序。我为一些关键知识点制作了视频演示。书中有不少可供参考的屏幕截图，不过这些截图可能会过时，但演示是会时刻更新的。请在以下网址下载示例代码和视频演示[①]：

MicrosoftPressStore.com/BeginCodeJavaScript/downloads

按照第 1 章中的指示安装示例程序和代码，你会发现如何用 GitHub 开发自己的示例程序副本。利用 GitHub 可以发布支持 JavaScript 的网页，供世界上的其他用户浏览。只需连接上网并创建一个免费的 GitHub 账户即可。请在以下网址浏览 GitHub 网站和所有的示例程序：

www.begintocodewithjavascript.com

致谢

感谢 Mary 泡的茶，感谢 Immy 的打扰。

勘误表、更新和图书支持

我们已经尽了一切努力来确保本书及其配套内容的准确性。若要查看勘误表及相关的更正，请访问 MicrosoftPressStore.com/BeginCodeJavaScript/errata。

如果发现尚未在此列出的错误，请在同一页面提交给我们。

至于其他书籍的支持和信息，请访问 http://www.MicrosoftPressStore.com/Support。

请注意，微软软件和硬件的产品支持不由前面的网址提供。如果想获取微软软件或硬件的相关帮助，请访问 http://support.microsoft.com。

---

① 中文版注：截至 2022 年 3 月，累计有 18 个视频，大约 100 分钟，都可以在 Youtube 上观看。如果需要更多支持，请发送邮件到 coo@netease.com。

简 明 目 录

详 细 目 录

第 I 部分　JavaScript、HTML 与 CSS

第 II 部分　JavaScript 编程基础

第 III 部分　JavaScript 高阶知识及应用与游戏开发

第 I 部分
JavaScript、HTML 与 CSS

我们的旅程将从探索 JavaScript 世界开始。在第 I 部分中，首先讨论编程语言是用来做什么的，然后研究 JavaScript 编程语言并探索 JavaScript 程序是如何在计算机上运行的。接着，了解网页如何为 JavaScript 提供环境以及如何使用超文本标记语言 (HTML) 和层叠样式表 (CSS) 来为 JavaScript 程序创建容器。我们将认识到网页浏览器作为软件开发工具的强大威力以及如何在浏览器中与 JavaScript 交互。我们还将学习如何管理和共享软件的源代码。

第 1 章

JavaScript 运行环境

本章概要

程序员有一系列工具和技术用于创建程序。本章将介绍 JavaScript 程序是如何在计算机上运行的。你还将与 JavaScript 命令提示符进行首次对话，并对自己的第一个 JavaScript 程序进行研究。最后，下载 Git 和 Visual Studio Code 工具以及本书的示例程序，并做一些简单的编辑。

什么是 JavaScript

在正式开始浏览 JavaScript 之前，值得先考虑一下我们究竟正在运行什么。JavaScript 是一种编程语言。换句话说，它是一种用来编写程序的语言。程序是一组指令，告诉计算机如何做某件事。我们不能用英语这样的常规语言，因为计算机无法理解。举个例子，医生给出了下面这样的嘱咐：

> "Drink your medicine after a hot bath)。"（在泡完热水澡之后再服药）

听到这样的医嘱后，我们可能会先洗个热水澡，然后再服药。计算机可能会理解成"先把热水澡喝了，然后再服药"。因为常规语言允许你写出模棱两可的语句，所以上述医嘱可能会被解读成两种意思。编程语言就是为了避免这种情况而设计的，着重于让使用这种语言来编写的指令不具有歧义。编程语言必须准确地告诉计算机去做什么。这通常意味着将行动分解为一连串简单的步骤。

> 第一步：泡个热水澡
> 第二步：服药

通过常规语言也可以得到这种效果（就像前面这段一样），但是编程语言迫使我们以这种方式写下指令。JavaScript 是众多编程语言中的一种，它的发明是为了向人类提供一种指挥计算机的方式。

历经多年的编程，我已经学会了许多不同的语言，而且信心满满地期望在未来可以学到更多的编程语言。没有任何语言是十全十美的，我认为，每一种语言都是适用于特定情况的工具，就像我在砖墙上打洞、在玻璃上打洞或在木头上打洞的时候会为不同材料选择不同的工具一样。

有些人在争论哪个编程语言是"最好的"时会很激动。我很乐意讨论最好的编程语言是什么样的，就像我很乐意说我最喜欢什么类型的汽车一样，但我不认为这事儿值得人们大动肝火。我喜欢 JavaScript，因为它功能强大，而且我可以很便捷地发布自己的代码。我喜欢 Python，因为它表现力强，并且短短几行代码就可以创建出复杂的解决方案。我喜欢 C# 语言，因为它能促使我得到结构良好的解决方案。我也喜欢 C++ 语言，因为它能让我对程序之下的硬件进行绝对控制。以此类推。JavaScript 语言确实有其不足，但其他语言也不例外。在我看来，所有编程语言各有千秋。但我之所以钟爱 JavaScript 语言，最重要的原因是它做出来的软件有销路，可以用来支付我的账单。

程序员观点

最适合自己的编程语言，是能够给自己带来最大收益的语言

我认为，让这句话作为本书第一条"程序员观点"是非常合适的，这句话具有浓厚的商业气息。每当我被问到哪种编程语言"最好"时，我总是说自己最喜欢的语言是能得到最高报酬的那一种。实际上，如果价格合适，那么我可以使用任何一种编程语言。

我坚信，使用包括 JavaScript 在内的任何语言进行编程都是一个享受的过程。但反过来说，使用任何语言都有可能写出糟糕的程序。语言只是用来表达个人想法的一种媒介而已。

所以，如果你跟别人说自己在写 JavaScript 程序，而他们告诉你，出于你不理解的一些原因，JavaScript 并不是一个很好的编程语言。在这种情况下，只要让他们看看就业市场中 JavaScript 程序员有多么抢手就行了。

JavaScript 的起源

你可能觉得，编程语言和太空火箭有点儿像，也是由穿着白大褂的科学家设计的，这些科学家聪明绝顶，一次就能把所有事情全部做对，而且总是能找到最完美的解决方案。然而，事实并非如此。编程语言多年来的发展是由各种各样的原因促成的，包括"这在当时似乎是个好主意"这样的原因。

JavaScript 语言是由网景的布兰登·艾奇发明的，首次出现在 1995 年底发布的网景网页浏览器中。在公司决定使用 JavaScript 作为正式名称之前，这个语言有过许多不同的名字。事实证明，现在的名字是个糟糕的选择，因为它让人们很容易将 JavaScript 语言与 Java 语言混淆，而后者实际上与 JavaScript 完全不同。

JavaScript 的设计初衷是成为一种让网页具备交互性的简单方法。它的名字反映了它应该与运行在网页浏览器中的 Java 应用程序（称为 applet）一起使用。然而，JavaScript 语言的普及超出了其创造者的预期，它现在是世界上最流行的编程语言之一。只要是访问网站，必然少不了与 JavaScript 程序对话。

本书的主题是 JavaScript，但实际上我是在试着让你成为一名通才型程序员。程序创建的基本原理适用于 JavaScript 和几乎所有编程语言。一旦学会 JavaScript 语言，就可以把这种技能转移到其他语言中，包括 C++ 语言、C# 语言、Visual Basic 语言和 Python 语言。这有点儿类似于"一旦学会了开车，就什么车都能开。"就算是从来没有上过手的车，只要能找到开关和控制，就可以起步上路。

JavaScript 和网页浏览器

　　JavaScript 语言的发明者打算让它可以用在网页浏览器中，我们正想从这里开始。任何一种现代浏览器都可以使用，但我们这本书的练习中，使用的是基于 Chromium 引擎的浏览器。我用的是 Microsoft Edge，这款浏览器在 Windows 或 macOs 下都可以用。也可以用谷歌浏览器或 Linux 的 Chromium 浏览器。

JavaScript 初体验

　　现在，我们来到编程技能习得过程中的重要阶段，要开始探索程序的运行机制。这感觉有点儿像是打开新公寓或新房子的大门或者坐上新买的靓车，是一个激动人心的时刻，深呼吸，满上一杯自己最喜欢的饮料，然后舒舒服服地坐下来。

　　你将开始做一件在过去已经做过成千上万次的事情，访问万维网 (World Wide Web) 中的一个网站。但是，只需要按下一个键，就可以开始探索网页背后的世界，领会 JavaScript 的妙用。

 动手实践

隐藏着秘密的网页

　　首先，打开浏览器。然后，访问 http://www.begintocodewithjavascript.com/hello，如图 1.1 所示。

图 1.1　隐藏着秘密的网页

这看上去是个非常普通的网页，但它隐藏着一个秘密，我们可以通过键盘上的 F12 功能键 ① 来揭开这个秘密。图 1.2 展示了"开发者视图"。

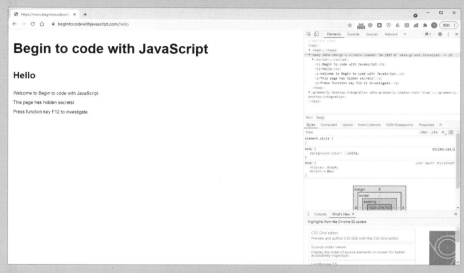

图 1.2 "开发者视图"

这称为开发者视图。它显示了构成网页的所有元素。如果要完整地讲解在这个视图中可以做的一切事情，一本书是说不完的。它看起来很复杂，但不用担心，我们只打算使用其中的几个功能。首先要看的是构成页面上文本的元素。如图 1.2 所示，确保选中 Elements(元素) 标签，然后浏览如图 1.3 所示的文字。

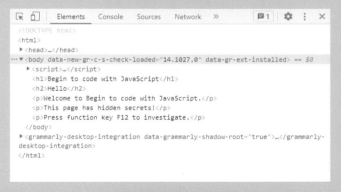

图 1.3 页面元素

---

① 译注：在 Google Chrome 浏览器中，也可以通过浏览器窗口右上角竖向的三个点"自定义及控制 Google Chrome"来选择更多工具，然后从弹出的菜单中选择"开发者工具"。在本文中采用的是英文界面。在 Microsoft Edge 浏览器中，则是从浏览器窗口右上角横向的三个点"设置及其他"中选择"更多工具"，从弹出的菜单中选择"开发人员工具"，然后可以看到"元素""源代码""控制台"等标签，选择标签，即可打开相应的窗口进行操作。

　　图 1.3 显示了这个页面上的元素。你可以在这里看到出现在页面上的文字。部分
文字被包围在看起来像格式化说明的地方，例如，有些被标记为 `<h1>`，有些标记为
`<p>`。如果回过头来看一下播放的网页，你就会注意到 `<h1>` 文本是大标题字体，而
`<p>` 文本是较小的文字。这就是网页的格式化。你可以观察到这个页面是如何工作的，
但秘密在哪里呢？想知道的话，请点击 `script` 一词左边的右箭头，打开这部分视图，
如图 1.4 所示。

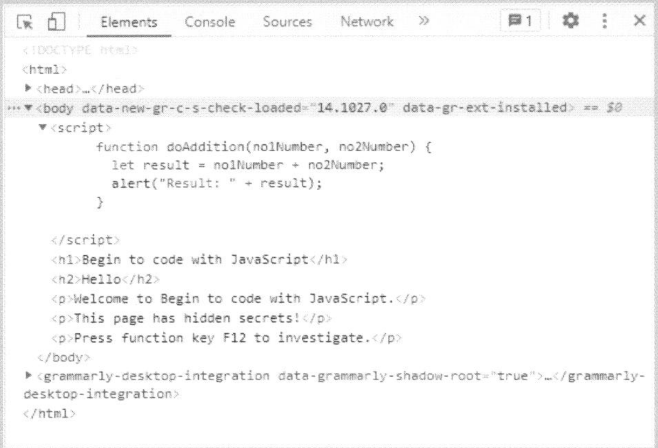

```
<!DOCTYPE html>
<html>
▶ <head>...</head>
▼ <body data-new-gr-c-s-check-loaded="14.1027.0" data-gr-ext-installed> == $0
  ▼ <script>
        function doAddition(no1Number, no2Number) {
          let result = no1Number + no2Number;
          alert("Result: " + result);
        }

    </script>
    <h1>Begin to code with JavaScript</h1>
    <h2>Hello</h2>
    <p>Welcome to Begin to code with JavaScript.</p>
    <p>This page has hidden secrets!</p>
    <p>Press function key F12 to investigate.</p>
  </body>
  ▶ <grammarly-desktop-integration data-grammarly-shadow-root="true">...</grammarly-
  desktop-integration>
</html>
```

图 1.4　doAddition 函数

　　点击箭头，打开列表中的这一部分内容。隐藏的特性是一个名为 doAddition 的
函数。这个函数接收两个数字，将它们相加，并使用一个 alert 函数显示结果。之
后会详细介绍它的工作原理，但即使在目前这个阶段，幕后机制就已经一目了然了。

　　然而，这个函数在网页中从未被实际使用过。我们可以通过把它输入到浏览器内
置的 JavaScript 控制台来使用它。这样做就可以执行所输入的 JavaScript 语句。通过
选择窗口顶部的 Console 标签，打开控制台窗口，如图 1.5 所示。

图 1.5　JavaScript 控制台

　　这就是控制台窗口。我已经输入函数的名称 doAddition，并给了它两个要处理
的数字 (两个 2)。当函数运行时，它会弹出一条提示，并显示它所计算的结果，如图
1.6 所示。

图 1.6　结果提示

我们可以用 JavaScript 控制台来输入其他的 JavaScript 命令。比如，可以用 JavaScript 来进行计算，输入算式就可以了。按下 Enter 键后，答案就会显示出来。事实上，控制台通常会在按下 Enter 键之前就给出答案。我们输入的时候，控制台也会尝试提供帮助，为可能想输入的内容提供建议。可以通过光标键在建议中做选择，然后按 Tab 键接受建议。

代码分析

可以给 JavaScript 控制台下达一些命令并观察其反应，以此来了解 JavaScript 的工作方式。

```
> 2+3
```

这看起来像是个加法，如你所料，会得到一个数字作为答案。

```
<-5
```

还可以用数字之外的东西来重复这个过程。

```
> "Rob"+" Miles"
```

一些用双引号括起来的文本被 JavaScript 解释为一串文本，它会用操作符 + 来把两个字符串加到一起。注意，如果想在两个字之间有一个空格，就必须把它放进加在一起的字符串中。在前面的例子中，第二个词中的 M 前面有一个空格。

```
<- "Rob Miles"
```

我们还可以做其他类型的加法。例如，可以用减号 (-) 做减法。

```
> 6-5
```

这样就生成了我们想要的结果。

```
<- 1
```

当我们要求它做一些合理的事情时，JavaScript 似乎做得很好。现在，我们来试着让它做一些愚蠢的事情。如果用下面的语句将一个字符串从另一个字符串中减去，你认为会发生什么？

```
> "Rob"-" Miles"
```

虽然把 + 看作"把这些字符串拼接在一起"似乎是合情合理的，但是在处理字符串时，对减号 - 似乎没有一个合理的解释。换句话说，用一个字符串减去另一个字符串是没有意义的。如果在控制台输入上图的内容，就会从 JavaScript 那里得到一个奇怪的结果：

```
<- NaN
```

JavaScript 控制台当然并不是在"喊奶奶"[2]来解决这个问题。NaN 值的意思是"非数字"(not a number)。它是 JavaScript 表示计算结果没有意义的一种方式。对一些编程语言来说，如果试图用它们来从一个字符串中减去另一个字符串，它们就会给出错误提示并中止程序。然而，JavaScript 并不是这样工作的。它只是生成一个表示"这个结果不是一个数字"的结果值，然后继续运行。我们将在下文中讨论程序如何管理这样的错误。

既然说到了错误，那么让 JavaScript 做一些简单的数学题怎么样？

```
> 1/0
```

当我拥有我的第一个小计算器时，我试着用它做的第一件事就是计算 1 除以 0 的结果。我得到的结果是一直在往上增加的数字。你觉得 JavaScript 会怎么做呢？

```
<- Infinity
```

JavaScript 显示的计算结果是 Infinity。这是 JavaScript 在进行计算时产生的另一个特殊值。现在再让 JavaScript 为我们做另一个计算如何？

```
> 2/10+1/10
```

这个计算涉及实数 (指包含小数的数字)。这个计算相当于是 0.2 加 0.1(五分之一加十分之一)。结果应该是 0.3，但我们实际得到的结果很有趣：

```
<- 0.30000000000000004
```

这个数字非常接近正确答案 0.3，但它却要大一点儿。这展现了计算机工作方式中的一个很重要的方面。一些可以在纸上很容易表达的数值，在机器却不能准确理解。在对计算出的数值进行测试时，这通常会成为一个问题。举个例子，因为这个微小的差异，当检查上面的计算结果是否等于 0.3 的时候，可能会得到"检查不通过"的结果。让我们看看是否可以用 JavaScript 来做一些事情。下面这个怎样？

```
> alert("Danger: Will Robinson")
```

这个语句并没有计算出一个结果。相反，它调用了一个 alert 函数。该函数提供了一个文本字符串。如图 1.7 所示，它要求浏览器将该字符串作为信息显示在提示框中。

图 1.7　危险

---

② 译注：nan 在英文中有"奶奶"的意思。还记得吗？前面作者曾经说自己是个幽默大师，喜欢来一些包袱和段子。

函数 doAddition() 就是这样展示计算结果的。最后来尝试一下另一个函数
print()。

```
> print()
```

接下来会看到什么取决于你在用什么电脑和浏览器，但应该会出现一个提供打印
网页选项的打印窗口。如果之前对自己在网页上按下"打印"按钮时会发生什么感到
好奇，那么现在应该知道答案了。

恭喜！你现在知道网页的工作原理了。浏览器从服务器上获取一个文件，然后按
照该文件中的指示建立一个可以浏览的页面。该文件包含将在页面上显示的文本以及
格式化的指令。一个页面文件也可以包含 JavaScript 程序代码。

浏览器所遵循的指令是用超文本标记语言 (HTML) 来表达的。下一章将详细介
绍 HTML，但在这之前，我们需要一些工具，在计算机上写入本书的示例代码并使用
HTML 和 JavaScript 工作。

工具

为了让本书的练习达到最佳效果，我们需要用到一些软件工具。先从两个工具
开始，一个是 Git，这个程序用于管理程序文件；另一个是 Visual Studio Code，用来
处理这些文件。这两个程序都不需要付费购买，而且它们都可以在
Windows、macOs 和 Linux 操作系统下运行。可以按照下文中的说明
进行操作，也可以参考我的一个视频，视频链接如下，或者扫码观看：

https://www.begintocodewithjavascript.com/media

程序员观点

Git 和 Visual Studio Code 是专业工具

当你开始尝试学骑自行车时，骑的可能是带有辅助训练轮的自行车。学开车的人通常
是从一些小的、容易操作的东西开始学起的。现在，你用的是专业人士使用的工具来
学习编程。这有点儿像用 F1 方程式赛车学开车。但这没什么可担心的。F1 方程式赛
车看起来可能有点儿吓人，但它依然有一个方向盘和一组常规的脚踏板。如果不愿意，
也不需要以很快的速度驾驶它。

GitHub 和 Visual Studio Code 有很多功能，但不一定都用得到，就像我，我就不
会去按汽车仪表盘上的一些按钮，因为我不知道它们是做什么的，毕竟，想要
用这些工具，并不一定需要了解它们的每一个功能。

一开始就使用"恰当的"工具来进行开发是非常明智的，因为招聘者往往对你所熟悉的工具更感兴趣，就像他们想要知道你能用什么编程语言一样。

获取 Git

程序的源代码会以文本文件的形式存储在计算机上，这些文件称为"源代码"。可以通过改变这些文件的内容来处理程序。我刚接触编程时，很快就学会了在编写软件时可以撤销和还原操作。有时候，我明明花了很多时间对程序进行修改，结果却不尽如人意，因而不得不回去把它们全部撤销。为了解决这个问题，我在进行任何大型编辑之前都会将程序代码复制下来。这样一来，如果出现了什么问题，我就可以回到最原始的文件。

很多程序员也注意到了这个问题。他们还注意到，向用户发布程序时，有一个代码的"快照"是非常有用的，这样就可以跟踪所有的修改了。最优秀的程序员都很善于"聪明地偷懒"，所以，他们为此创造了源代码管理 (SCM) 软件。Git 就是其中最流行的程序之一。

Git 是当时正在写 Linux 操作系统的林纳斯·托瓦兹于 2005 年创建的。他需要一个工具来跟踪他正在做的工作并让他可以很容易地与其他人协作。于是，他创造了自己的工具。Git 是个非常专业且强大的工具，可以让许多开发者齐心协力做同一个项目。不同团队可以对自己的代码版本进行处理，并且这些代码可以被合并。不过，现在还没必要使用所有这些强大的功能。只需要用 Git 跟踪我们的工作并用它来获取示例程序即可。

 动手实践

安装 Git

Windows 10 的安装说明如下。如图 1.8 所示，按照安装过程，选择所有的默认选项。macOs 的说明非常相似。打开浏览器，访问 https://git-scm.com。

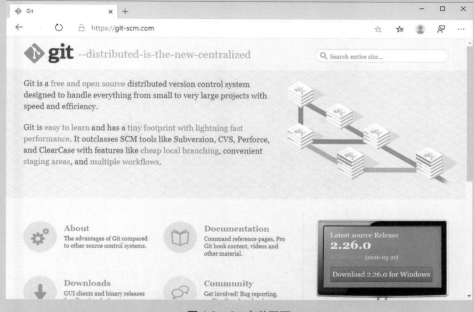

图 1.8　Git 安装页面

获取 Visual Studio Code

如果想写信，那么你会用文字处理器。如果要进行计算，那么你可能会用电子表格。Visual Studio Code 是一个用来编辑程序文件的工具。它能做的事情远远不止这些，之后会详细介绍。不过现在，我们要把它作为一个超级强大的程序编辑器来使用。Visual Studio Code 是免费的。

 动手实践

安装 Visual Studio Code

Windows 10 的安装说明如下。macOS 的安装步骤和 Windows 10 相差无几。首先，打开浏览器，访问 https://code.visualstudio.com/Download，如图 1.9 所示。

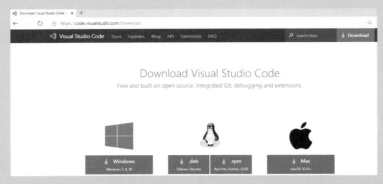

图 1.9　Visual Studio Code 下载页面

点击想要的 Visual Studio Code 的版本，并按照说明进行安装。安装完毕后，就会看到如图 1.10 所示的开始页面。

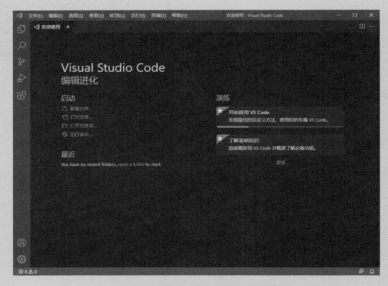

图 1.10　Visual Studio Code 开始页面

现在，Visual Studio Code 已经安装好了，下一步是获取示例文件并工作。

获取示例文件

这些示例程序以及很多东西都存储在 GitHub 上。GitHub 是一个以 Git 系统为基础的服务。除了程序，还可以在 GitHub 上存储自己的文件，可以用 GitHub 来托管自己创建的包含 JavaScript 程序的网页。现在，只需要下载示例存储库，然后编辑本章开头提到的 hello.html 文件。

动手实践

克隆示例存储库

Git 中的存储库是一个文件的集合。每当我开始做一些新的工作时，都会创建一个存储库来存放我将要创建的文件。我有一个私有的存储库，里面有这本书的所有文本。我还建立了一个公共的存储库来存放示例文件。GitHub 中的存储库可以直接从浏览器上访问。存储本书示例文件的存储库有一个 URL：

https://github.com/begintocodewithjavascript/begintocodewithjavascript.github.io

如果用浏览器访问这个 URL，就可以浏览所有的文件，包括文件 hello.html，也就是我们之前调查过的文件，看看里面有什么。参见图 1.11。

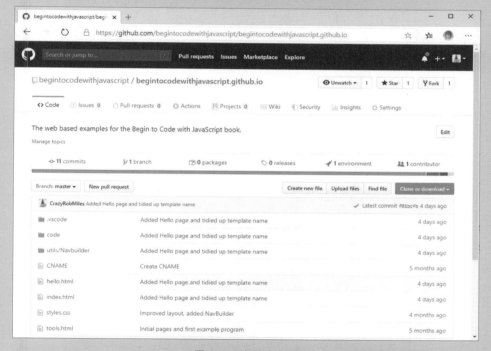

图 1.11　存储库主页

可以看到，GitHub 一直在跟踪我对示例程序的修改。我们要用 Visual Studio Code 来克隆这个存储库。启动 Visual Studio Code，然后点击源代码控制按钮，如图 1.12 所示。

图 1.12   Visual Studio Code 的源代码控制按钮

这将打开源代码控制对话框，如图 1-13 所示。接下来，点击"克隆存储库"按钮，从 GitHub 中获取一个存储库。

Visual Studio Code 将下载存储库中的内容，并将其存储在你的机器上。在出现的对话框中输入存储库的 URL：https://github.com/begintocodewithjavascript/begintocodewith javascript. github.io。

图 1.13   Visual Studio Code "克隆存储库"

如图 1.14 所示，输入 URL 后按 Enter 键时，Visual Studio Code 会询问是否想把即将被复制的文件放在计算机上的什么地方。我建议大家在文档目录下新建一个文件夹，命名为 GitHub。当然，也可以把存储库放在任何喜欢的地方。选择了文件夹后，Visual Studio Code 就会把存储库里所有的文件复制到你的计算机上。

图 1.14　Visual Studio Code 存储库克隆完成

　　所有的文件复制完成以后，Visual Studio Code 会询问是否要打开存储库。点击"打开"按钮。

　　恭喜你，你已经克隆了第一个存储库！记住，GitHub 可以用来存储任何东西，而不仅仅是程序文件。假如你有活儿要干，就可以创建一个存储库来存放文档和图像。如果是和其他人一起完成，就更应该这么做了，因为 GitHub 是一个很不错的合作平台。

用 Visual Studio Code 来处理文件

　　我们可以通过开头展示的 JavaScript 程序来结束本章的学习。具体过程如下。

1. 编辑 HTML 文件中的程序。
2. 将文件存储回磁盘。
3. 用网页浏览器查看该 HTML 文件，看看它是怎么做的。

　　在这个过程中，你将使用本书其余部分所涉及的材料。

　动手实践

编辑 HTML 文件

　　前面打开了从 GitHub 下载的示例存储库。现在，可以编辑包含秘密程序的 hello.html 文件了。Visual Studio Code 窗口左侧的资源管理器窗口提供了存储库中所有文件和文件夹的视图。这里有很多文件，其中包括含有源代码网站为 begintocodewithjavascript.com 的文件。可以在资源管理器视图中点击文件夹前面的 > 来打开它们并查看其内容，如图 1.15 所示。

　　现在，如果要查看 hello.html 文件，就在资源管理器中点击 hello.html 文件名，打开它，如图 1.16 所示。

　　打开页面后，可以对文件中的文本做一些修改。我把一个标题改成"Hello from Rob"。可以同时按住 Control 键 (macOs 为 Command 键) 和 S 键 (Ctrl+S) 来保存文件，或者可以使用"文件"菜单中的"保存"命令。无论是哪种方式，你现在都想在浏览器中查看修改后的文件，看看修改是否有效。

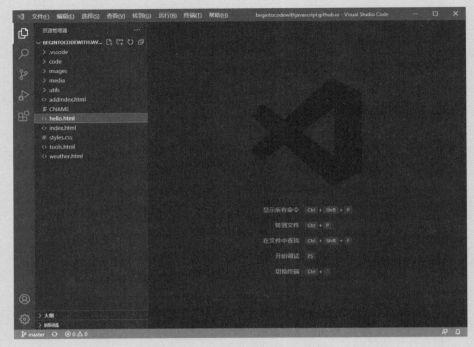

图 1.15   Visual Studio Code 示例存储库

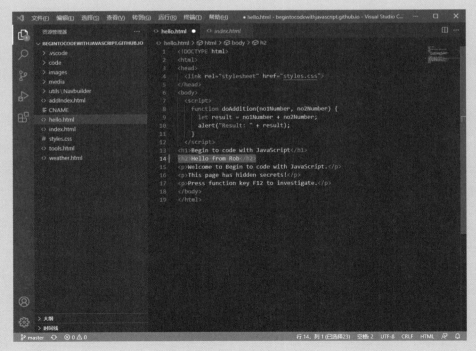

图 1.16   编辑 hello.html 文件

当克隆存储库的时候，你告诉 Visual Studio Code 把文件放在哪里，所以现在是时候打开文件资源管理器并导航到那个文件夹了。如果你忘记了文件存放的位置，那么可以通过把鼠标指针放在资源管理器中的文件名上进行查找，之后 Visual Studio Code 会显示该文件的路径，如图 1.17 所示。

图 1.17　查找 hello.html 文件

双击这个文件，在浏览器中打开，如图 1.18 所示。

图 1.18　在浏览器中打开 hello.html 文件

现在，将看到文件的所有编辑的内容。注意，现在浏览的地址是本地存储的文件，而不是网络上的文件。另外，可以按 F12 功能键查看文件的内容，就像我们在本章开始时做的那样。

技术总结与思考练习

可能会觉得在这一章的大部分时间都花在按照指示进行操作上了，但其实我们已经学到很多东西了。我们了解到 JavaScript 是一种编程语言，它提供了指挥计算机做事的方法。我们和 JavaScript 本身进行了一次对话。我们明白了妥善保存程序的源文件很重要，只不过一些厉害的程序员有时会给程序起一些看似非常愚蠢的名字（例如 Git）。我们安装了 Git 系统和程序编辑器 Visual Studio Code。最后，我们通过"克隆" GitHub 上的存储库，将所有的示例代码复制到了自己的机器上，甚至还成功地编辑了一个文件，并在浏览器中查看了效果。

为了加强大家对本章的理解，请深入思考关于 JavaScript、计算机、程序和编程的几个问题。

1. JavaScript 这个名字中的"script"一词是什么意思？

JavaScript 这个名词中的"script"一词为"脚本"，是指 JavaScript 程序的运行方式。浏览器会读取每一条 JavaScript 语句，然后执行它，就像演员表演戏剧的剧本一样。这并不是所有编程语言的工作方式。有些编程语言是被设计成编译的。这意味着程序的源代码被转换为计算机硬件运行的低级指令。然后这些低级指令被硬件直接服从，从而使程序运行。

编译后的语言比脚本运行得更快，因为当编译后的程序运行时，计算机不需要花任何精力去研究程序的源代码在做什么，可以直接服从低级指令。但是，你需要为每种类型的计算机开发不同版本的编译代码。例如，一个为 Windows PC 编译的文件就不能在 Raspberry Pi 上运行。

JavaScript 的目的是在浏览器内执行简单的任务，所以是作为一种脚本语言被创建的。然而，它现在已经变得非常流行，以至于现代浏览器在运行 JavaScript 之前会对其进行编译，使其尽快运行。

2. JavaScript 程序能在网络服务器上运行吗？

不可以。网络服务器的工作只是提供文件。浏览器（用户计算机上运行的程序）负责实际创建网页的显示，并在该页面中运行任何的 JavaScript 程序。

3. JavaScript 程序在所有计算机上的运行速度是一样的吗？

不一样。主机速度越快，浏览器及其加载的 JavaScript 程序运行速度就越快。

4. 如果我的网速更快，那么 JavaScript 程序是不是也会运行得更快？

不会。更快的网速会提高 JavaScript 程序加载到浏览器的速度，但 JavaScript 程序的实际运行速度是由主机的速度决定的。话虽如此，但如果 JavaScript 程序使用了主机的网络连接，就会运行得更快。

5. 访问的每个页面都可以查看 JavaScript 程序吗？

可以。在浏览器中查看网页时按下功能键 F12，即可打开该网页的开发者视图，可以用来查看页面中的 JavaScript 源代码。如果担心有人复制 JavaScript 源代码，那么可以使用混淆器这种工具来更改程序外观（但不是行为），使其变得非常难以理解。更多细节请访问 https://www.javascriptobfuscator.com/。

6. 一个 JavaScript 程序可以有多大？

JavaScript 程序可以非常大。现代网页浏览器非常善于处理大型程序，而且现代网络的速度意味着可以快速地下载代码。有些人甚至用 JavaScript 创建了一整个儿可以在浏览器中运行的完整的仿真计算机。

7. 能在网页浏览器之外运行 JavaScript 吗？

可以。一些网页可以被转换成应用程序，然后在本地计算机上运行。还有一些方法可以让计算机像浏览器一样运行 JavaScript 应用程序。第 11 章介绍 Node.js 环境时将会进一步了解这方面的内容。

8. 为什么 Git 叫"Git"？

这可能是本书中最难的问题。在英国，"git"这个词代表一种轻微的虐待。如果某人故意打翻你的饮料，你会叫他"git"。似乎林纳斯·托瓦兹称这个程序的第一个版本为"自己的傻冒儿内容跟踪器"，然后使用了"git"这个词作为一个简短的称呼。

9. 我可以在 GitHub 上做私人工作吗？

可以。GitHub 在从事开源项目的程序员中非常流行，不过完全可以把 GitHub 存储库设为私有，只让自己查看。

10. 要是我把程序"弄坏"了，怎么办？

有些人担心他们在电脑上做的事情可能会以某种方式"弄坏"它。我曾经也担心过这个问题，但现在已经克服了这种恐惧，因为我确保每当我做某件事的时候，都会有一条退路。Git 和 GitHub 在这方面非常有用。

11. 在 Visual Studio Code 中，hello.html 文件为什么会以不同的颜色显示？

这就是所谓的源代码高亮。Visual Studio Code 有一个单词列表，就 JavaScript 和 HTML 而言是"特殊"的。这些特殊的词被称为"关键字"。对于每个关键字，Visual Studio Code 都有对应的特征颜色。在 Visual Studio Code 中，关键字显示为蓝色，函数显示为黄色，文本字符串显示为橙色，其他都是白色。这样做的目的是让程序员更容易理解程序的结构。请注意，每个元素的颜色并不是程序文件指定的，这是 Visual Studio Code 的工作。

12. Visual Studio Code 和 Visual Studio 有什么区别？

微软推出了两个工具，一个叫 Visual Studio，另一个叫 Visual Studio Code。它们都可以用来创建程序。我们用的是 Visual Studio Code，顾名思义，它是为处理源代码而设计的。Visual Studio 是一套更全面的工具，可用于管理大型项目的开发人员团队。想要尝试的话，可以下载并安装 Visual Studio 的免费版本，但本书不打算介绍它的具体用法。

第 2 章
超文本标记语言 (HTML)

本章概要

在第 1 章中，我们了解到 JavaScript 程序可以存在于网页中，并看到了 hello.html 文件中的秘密脚本。本章将进一步了解 HTML 标准，它的作用是告诉浏览器程序一个网页应该是什么样子的。本章还将介绍如何将 JavaScript 与网页上的元素联系起来，让程序与用户进行交互。

HTML 和万维网

　　超文本标记语言 (HTML) 的第一个版本是由蒂姆·伯纳斯-李在 1989 年创建的，其初衷是想让研究人员更容易实现信息共享。当时，研究报告是作为单独的文档编写的。如果你正在读的一份文档中引用了另一份文档，就得去把被引用的文档找出来。蒂姆·伯纳斯-李设计了用来分享文档的电子副本的计算机服务器系统。文档中可以包含指向其他文档的超链接。读者通过浏览器程序从服务器上阅读文档，并通过链接从一个文档追踪到另一个文档。这些文档称为超文本文档，而描述其内容的语言称为超文本标记语言，也称为 HTML。

　　蒂姆·伯纳斯-李还设计了一个协议，用于管理 HTML 格式的文档从服务器到浏览器的传输。这个标准称为超文本传输协议，即 HTTP。另外，这个协议现在还有一个叫 HTTPS 的安全版本，为网络增加了安全措施。HTTPS 让浏览器能确认服务器的身份，并保护服务器和浏览器之间发送的信息，防止窃听。HTTPS 协议使人们用万维网进行银行业务和电子商务成为了可能。

　　1990 年，名为"万维网"的第一个系统发布。可下载的文档称为"网页"。托管网页的服务器称为"网站"。1993 年，马克·安德森为网页中添加了显示图像的能力，网络也因此变得广泛流行起来。

　　万维网被设计为可扩展的。多年来，不同的浏览器制造商在标准中加入了自己的增强功能，引发了兼容性问题：一些网站只能在特定的浏览器程序中运行。这种情况最近已经稳定了下来。如今，万维网联盟 (W3C) 制定了所有浏览器厂商都要遵守的标准。目前最新的标准是 HTML5，非常稳定，本书使用的就是这个版本。

获取网页

　　服务器上的页面位置由统一资源定位符或 URL 提供，包括下面三个要素。

- The protocol(协议)　协议用于与网站对话。协议规定了浏览器如何询问一个网页以及服务器如何响应。网页使用 HTTP 和 HTTPS。HTTP 是"超文本传输协议"的缩写，HTTPS 是该协议的安全版本。
- The host(主机)　主机给出了网络上服务器的地址。万维网是基于 TCP/IP(传输控制协议 / 互联网协议) 网络协议构建的，而主机是持有网站的系统在网络上的地址。
- Path(路径)　这是主机到浏览器要读取的项目的路径。

第 1 章中用来访问 hello.html 页面的 URL 中，包含所有这些元素，如图 2.1 所示。

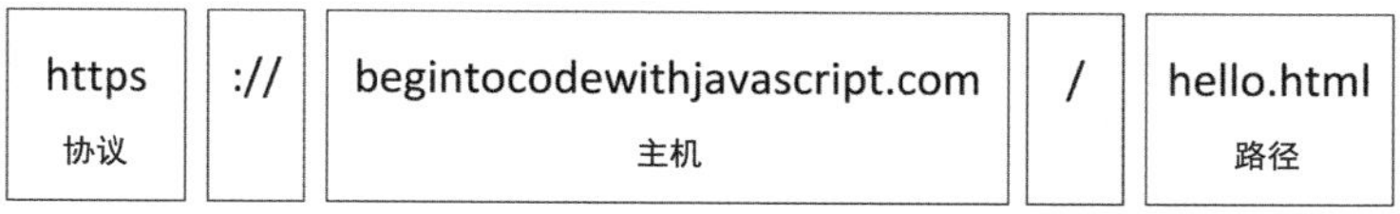

https 协议	://	begintocodewithjavascript.com 主机	/	hello.html 路径

图 2.1　URL 结构

　　这个 URL 指定该网站使用安全版本的超文本传输协议，主机服务器的地址是 begintocodewithjavascript.com，包含网页的文档路径是 hello.html。如果没有填写路径，那么服务器将提供一个默认文件的内容，主要取决于服务器的设置，这个默认文件的名字可能是 index.html 或 Default.htm 之类的。

　　当用户请求网站时，浏览器会向服务器发送请求该网页的信息。这个信息是根据超文本传输协议 (HTTP) 被格式化的，并且通常称为 "get" 请求 (因为它以 GET 一词开头)。然后，服务器发送一个包括状态码的响应，如果它是可用的，就发送网页本身的文本。如果在服务器上找不到这个网页 (也许是因为没有正确给出 URL)，HTTP 状态码就会产生我们熟悉的 404 错误页面。本书后文在介绍获取网页的 JavaScript 代码时，将进一步探索这个过程。

什么是 HTML

　　这不是一本关于 HTML 的指南。要想深入了解 HTML，可以购买那些对 HTML 和使用方法都讲解得非常详尽的书籍。不过在读完本节后，你应该会对 HTML 基本原理有一个扎实的理解。HTML 是一种标记语言 (markup language)。标记是 HTML 中的 M 所代表的含义，这个词来自印刷行业。印刷商会得到被 "标记" 过的文本和 "用大字号打印这部分" 和 "用斜体打印这部分" 等指示。

　　图 2.2 展示了不正确使用标记语言的后果。在这个案例中，顾客想要一个没有字的蛋糕。当蛋糕师问顾客想在蛋糕上写什么时，顾客说："Please Leave Blank."(什么都不要写)。不幸的是，蛋糕师按字面意思理解了这个要求。

图 2.2　按照字面意思理解的标记语言

在 HTML 中，这种误解是不可能发生的。HTML 对要显示的文本和格式化指令有严格的区分。在 HTML 中，我想强调某些东西的时候，会用 HTML 标记命令来要求这样做：

```
<em>This text is emphasized.</em> This text is not.
```

浏览器将 <em> 序列识别为"使这条指令后面的文本看起来与其他文本略有不同"，并称之为标签。浏览器会显示被强调的文本，直到看到 </em> 序列，这个序列标志着强调文本的结束。大多数浏览器强调文本的方式是将其显示为斜体。如果在微软的 Edge 浏览器中查看上述 HTML，那么我们会看到像这样的文本：

```
This text is emphasized. This text is not.
```

理解 HTML 的基本准则后，就能用它来格式化文本。以下 HTML 展示了一些常用的标签。

```
This is <em>emphasized</em><br>
This is <i>italic</i><br>
This is <strong>strong</strong><br>
This is <b>bold</b><br>
This is <small>small</small><br>
This is <del>deleted</del><br>
This is <ins>inserted</ins><br>
This is <u>underlined</u><br>
This is <mark>marked</mark><br>
```

前面的 HTML 例子使用了
 标签，意思是"在新的一行开始"。
 标签不需要搭配 </br> 元素匹配来"收尾"。因为它对版面有直接的影响，而不是"应用"到页面上的任何特定项目上的。当我把这段文本传入浏览器时，会得到如图 2.3 所示的输出。

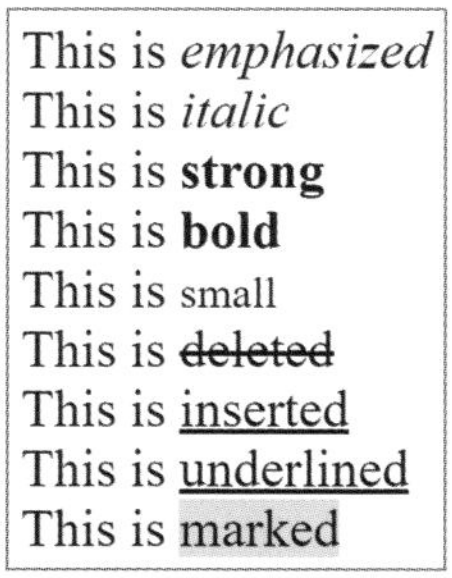

图 2.3
 标签创建了一行新的文本

仔细观察图 2.3 中的文字后，可以看出有几条请求的输出结果很相似，比如强调 <em> 和斜体 <i> 格式都生成了斜体输出。粗体 <b>、斜体 <i> 和下划线 <u> 标签被认为比一般的标签——比如强调 `<em>` 或着重 `<strong>`——的作用要小。其背后的原因是，如果浏览器无法生成斜体字符，那么要求以斜体显示的请求就不会生效。

然而，如果要求浏览器"强调"某些东西，那么它可能会以不同的方式做到这一点，比如改变文本的颜色。HTML 生成的输出在大量输出设备上以有用的方式显示。

使用标记语言时，要考虑到想给一段文字添加什么效果。你应该想"我需要让它突出显示，所以要用 `<strong>` 格式"，而不是仅仅给文字加粗。

命令可以用大写字母或小写字母或两者的任意组合来编写。也就是说，`<em>`、`<EM>` 和 `<Em>` 这三个标签都会被浏览器视为同一个标签。

显示符号

现在，应该对 HTML 的工作原理有了一定的理解。`<blah>` 标签标志着某事的开始，`</blah>` 序列则标志着结束。这些标签可以嵌套。

```
<em>This is emphasized <strong>This is strong and emphasized</strong></em>
```

以上 HTML 将生成这样的结果：

```
This is emphasized This is strong and emphasized
```

每个标志着文本格式化区域的开始标签 `<blah>` 都应该搭配一个结束标签 `</blah>`。如果没有按要求来，那么大多数浏览器都会容忍这种错误，但你可能会得不到想要的结果。

现在，你可能要问了："怎样才能在网页中显示 <（小于）和 >（大于）符号呢？"答案是，HTML 用另一个字符 & 来标记符号实体的开始。可以通过其名称来识别符号：

```
This is a less than: &lt; symbol and this is a greater than &gt; symbol
```

小于号 < 的名称是 lt，大于号 > 的名称是 gt。请注意，符号名称的结尾用分号 ; 标记。符号 & 的名称则是 amp。

```
This is an ampersand: &amp;
```

在这个网址可以找到符号及其名称的列表：https://dev.w3.org/html5/html-author/charref。为符号命名时，一定要注意大小写。

```
&Eacute;<br>
&eacute;<br>
```

以上 HTML 会显示大写 É 和小写 é 版本的 eacute。如果喜欢表情符（谁不喜欢呢？），可以通过使用包含表情符代码的符号将其添加到网页上。

```
Happy face: &#128540;<br>
```

这将显示一张笑脸，如图 2.4 所示。

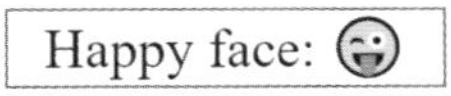

图 2.4　笑脸表情

如果想探索所有可以添加到网页里的表情符的代码，那么可以浏览 https://emojiguide.org/。

注意事项

确保表情符有着正确的含义

表情符是活跃用户界面的妙招，但需要确保自己知道这些表情符表达什么意思。一些表情符的设计对特定人群有特殊的含义，而这些含义并不明显。在发布带有表情符的页面之前，应该浏览相关网站（如 https://emojipedia.org/）检查一下表情符的意义，以确保页面能传递正确的信息。

以段落形式编排文本

学会格式化文本后，接下来考虑如何在页面上布局这些文本。一旦显示 HTML 中的文本，文本输入的原始布局就被忽略了。我们来看看下面这段文本：

```
Hello
 world

    from Rob
```

这一段文本的布局貌似很混乱。但当浏览器显示这段文本时，看起来是下面这个样子：

```
Hello world from Rob
```

浏览器接收原始文本，将其分割成单词，单词与单词之间用一个空格隔开。源文本中的任何布局信息都不会被采用。这是个巧妙的主意，因为网页设计人员不能对将要使用的显示方式做出任何假设。从智能手机到大型液晶面板，同一个页面需要在大小不一的显示器上显示。

我们知道，在显示文本时，
 序列会让浏览器另起一行。现在要探索一些可以控制文本显示布局的命令。<p> 和 </p> 命令可以把应在同一个段落中出现的文本包围起来：

```
<p>This is the first paragraph</p>
<p>This is the second paragraph</p>
```

HTML 将显示两个段落：

```
This is the first paragraph
This is the second paragraph
```

`<br>` 命令和 `<p>` 命令不一样，它没有段落那样的行距。

创建标题

可以用其他标签将文本标记为不同级别的标题：

```
<h1>Heading 1</h1>
<h2>Heading 2</h2>
<h3>Heading 3</h3>
<h4>Heading 4</h4>
<p>A normal paragraph</p>
```

这可以创建出如图 2.5 所示的一些标题。

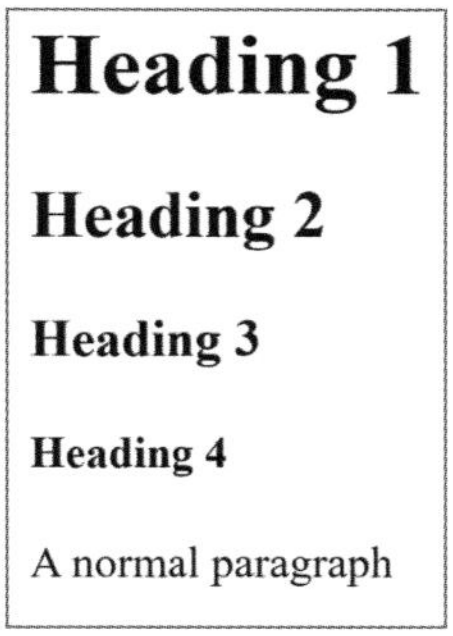

Heading 1

Heading 2

Heading 3

Heading 4

A normal paragraph

图 2.5 标题

标题可以用来构建文档的框架。

使用预格式化文本

有时，一些内容可能已经格式化完成了。在这种情况下，可以用 `<pre>` 标签来告诉浏览器不要进行任何布局：

```
<pre>
This text
  is rendered
```

```
     exactly how I wrote it.
</pre>
```

`<pre>` 标签所包含的文本由浏览器显示，格式没有任何改变。

```
This text
  is rendered
    exactly how I wrote it.
```

浏览器在显示预设格式化文本时使用等宽字体。在等宽字体中，所有字符的宽度都是一样的。许多字体，包括用于打印本段的字体，是按比例排列的。这意味着每个字符都有一个特定的宽度，例如，I 字符比 m 字符小得多。然而，对于 ASCII 艺术等文本来说，所有的字符都排成一行是很重要的。图 2.6 所示的标识代码如果不用等宽字体来显示，就会看起来很奇怪。

图 2.6　预格式化的标识

请注意，前面的 ASCII 艺术字品包含一个 < 字符，我不得不将其转换为符号 <，以便能够正确显示，这一点很重要。记住，浏览器不会对预格式化的文本进行格式化，但仍然遵守显示字符和符号的字符惯例。可以在预格式化的文本中添加标签，使其部分内容得到强调。预格式化文本块内的 `<p>` 标签可能会起作用，但不建议这样做，因为这会使 HTML 的格式变得很糟糕；显示的标识如图 2.7 所示。

图 2.7　我的标识

程序员观点

不要滥用浏览器

浏览器通常对格式不好的 HTML 文档非常宽容。即使收到的 HTML 格式很糟糕，浏览器也会尝试显示一些东西，这意味着你可以用下面这样的 HTML 蒙混过关：

```
<em>Emphasized <strong>strongly emphazised</em> just strong </strong>
```

浏览器将显示以下结果：

*Emphasized **strongly emphasized** just strong*

然而，格式是错误的。为什么呢？我们先来看一下文本中标签的顺序。

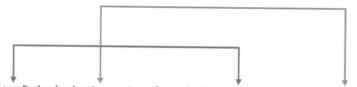

```
<em>Emphasized <strong>strongly emphasized</em> just strong </strong>
```

这是个典型的不良嵌套。因为 <em> 标签在 <strong> 标签内结束了。在格式正确的 HTML 文档中，在另一个标签内创建的标签将在包围的标签结束之前结束。开始标签、文本和结束标签的完整序列称为"元素"。虽然一个元素可以完全包含另一个元素，但是上图中的元素重叠不正确。这个 HTML 文档的正确版本如下所示。请注意，每个元素都是完整的。

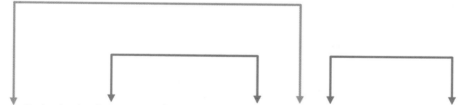

```
<em>Emphasized <strong>strongly emphasized</strong></em><strong> just strong</strong>
```

上图显示了正确的嵌套应该有的样子。每个元素都在其包围的元素之前结束。我强调这一点的原因是，大多数浏览器可以理解不良嵌套的 HTML 的含义并正确显示，但有些浏览器可能不行。这可能导致你的网页在某些人看来是错误的。我相信你一定有过这样的经历：因为某个网站看起来很奇怪而不得不切换浏览器。现在，你知道为什么会这样了。

如果一个结束标签与最近的开始标签不匹配，就说明是一个不良的嵌套。若想用程序来确保 HTML 文档的格式正确，则可以使用官方验证器，网址是 https://validator.w3.org/。可以将验证器指向新建的网站或者将 HTML 文档中的内容粘贴到网页中进行检查。

为 HTML 文档添加注释

HTML 文档中可以添加注释，具体做法是，将注释文本放在 <！ -- 和 --> 之间，如下所示：

```
<!-- Document Version 1.0 created by Rob Miles -->
```

浏览器不会显示作者的名字，但可以在源代码中按 F12 功能键打开开发者视图来查看它。在本书中，我会经常性地强调在程序中添加注释会多么有用，所以不如现在就开始养成添加注释的习惯。

在网页中添加图像

在万维网诞生的最初几年里，没有任何图片。图像标签是由 Mosaic 的作者之一马克·安德森添加的，Mosaic 是早期最流行的网页浏览器。图像标签内包含一个包含图像的文件的名称：

```
<img src="seaside.JPG">
```

图像标签使用属性来指定包含要显示的图像的文件。属性在标签内以名值对的形式给出，用等号分隔。当浏览器发现一个 img 标签时，会寻找 src 属性，然后寻找一个具有该名称的图像文件。在前面的 HTML 文档中，浏览器会寻找一个名为 seaside.JPG 的图像。它将在加载网页的服务器上的同一个地方寻找。我们必须确保图像文件保存在服务器上，否则图像不会被显示出来。

 注意事项

小心错误的文件名

img 标签的 src 属性后面是要从服务器上获取的文件的名称。虽然 HTML 并不要求标签的大小写 (可以写 IMG、img 或 Img 作为标签名称)，但是获取图像文件的计算机可能要求区分标签的大小写。如果你要求获取一个名为 seaside.JPG 的文件，那么有些计算机会提供存储名为 seaside.jpg 的文件，而有些计算机则会提示该文件不可用。

我经常遇到这个问题，一般发生在从电脑上关闭一个网站 (这里还好好的) 并把网站放在服务器上时 (所有图像文件突然都消失了)。

可以给 img 标签添加另一个属性，提供替代文本，以便在找不到图片时显示。

```
<img src="seaside1.JPG" alt="Waves crashing on an empty beach">
```

现在，如果无法找到图片，那么浏览器将显示"Waves crashing on an empty beach"的文本。替代文本 (ALT) 对有视力障碍的网络用户来说也非常有用，他们看不到图片，但又希望得到图片的文字描述。

图像将与页面上的文本保持一致。可以使用 HTML 布局标签，将图像与周围的文本合理地排列在一起：

```
<h1>Seaside Picture</h1>
<p><img src="seaside.JPG" alt="Waves crashing on an empty beach"></p>
<p>This picture was taken at Hornsea in the UK.</p>
```

图 2.8 中所示的图像是 600 像素宽。像素 (图片单元的简称) 是构成图片的其中一个点。像素越多，图片质量越高，就越好看。

图 2.8　600 像素宽的图像

然而，如果图片太大，在用于显示图片的设备上无法适应，就会造成问题。img 标签支持 width 属性和 height 属性，可以用来设置图片的显示尺寸。因此，如果想将图片显示为 400 像素宽，那么可以这样做：

```
<p><img src="seaside.JPG" alt="Waves crashing on an empty beach" width="400">
```

注意，我没有指定高度，这意味着浏览器会自动计算出与 400 像素的宽度相匹配的高度。如果愿意的话，可以同时指定高度和宽度，但需要注意不要让图片变形。起初看，使用 height 属性和 width 属性设置图片的绝对宽度是个好主意，但它可能会造成限制。记住，万维网的一个基本原则是，一个页面应该在任何设备上以有用的方式显示。一张 400 像素的图片对于小型设备来说可能没有问题，但如果在大型显示器上显示，图片就会显得非常小。下一章将介绍如何使用样式表来使网页上的项目能够根据目标设备自动调整大小。

HTML 文档

现在，我们知道可以使用标签来标记需要以特定方式进行格式化的文本区域，例如使用 <em> 来强调文本。我们还可以将文本区域标记为段落或不同等级的标题。我们们可以将几个标签应用于给定的文本，以允许格式化指令相互叠加，但我们需要确保这些指令正确嵌套在彼此之间。现在我们可以考虑如何创建一个正确格式化的 HTML 文档。这包括以下几个部分：

```
<!DOCTYPE HTML>                         表示这是一个 HTML 文档
<html lang="en">                        带有语言属性的 HTML 标签
    <head>                              网页标题的开头
        <!-- Heading here --!>
    </head>                             标题的结束
    <body>                              网页正文的开始
        <!-- Body text here --!>
    </body>                             正文的结束
</html>                                 HTML 文档的结束
```

浏览器会在开头寻找 < ! DOCTYPE HTML> 序列，以确定它正在读取一个 HTML 文件。所有描述页面的 HTML 都在 <html> 和 </html> 标签之间给出。</html> 标签包含 lang 属性，指定了页面的语言，语言 "en" 是英语。<head> 和 </head> 标签标志着文档标题的开始和结束。标题包含页面内容的信息，包括样式信息 (下一章将进一步讨论)。<body> 和 </body> 标签之间的文本是要显示的内容。换句话说，到目前为止，我们所学到的一切都与网页文件的主体部分相关。

链接 HTML 文档

HTML 文档可以包含链接到其他文档的元素。其他文档既可以在同一个服务器上，也可以完全在另一个服务器上。链接是使用 <a> 标签创建的，该标签有一个包含目标页面 URL 的 href 属性：

```
Click on <a href="otherpage.html">this link</a>to open another page.
```

<a> 标签中的文本是浏览器将高亮显示为链接的文本。在前面的 HTML 例子中，"this link" 是可链接的文本，这将导致页面上的文本看起来像下面这样：

```
Click on this link to open another page.
```

如果浏览页面的人点击该链接，那么浏览器将打开一个本地文件——本例是一个名为 otherpage.html 的文件——该文件将被显示。链接的可以是另一个网站上的完全不同的页面：

```
<p>Click on <a href="https://www.robmiles.com"> this link</a> to go to my blog.</p>
```

创建交互式网页

我还可以讲很多关于 HTML 的知识。这种语言可以用来创建有编号和无编号的列表与表格。然而，这不是一本关于 HTML 的书，而是介绍编程的。我们想要的是能让 JavaScript 代码在网页中运行的方法。

如前所述，JavaScript 程序可以与 HTML 页面设计元素共存。在第 1 章中，使用浏览器中的开发者视图 (按功能键 F12) 来查看 hello.html 网页中的隐藏程序，就可以看到。那个 HTML 文件包含一个 script 元素，里面有一些 **JavaScript** 代码，我们使用控制台来运行一个 JavaScript 函数。现在，通过点击按钮来触发函数。

使用按钮

创建可互动网页的方法之一是使用按钮。这个 HTML 代码创建了一个包含 Say Hello 文本的按钮：

```
<button onclick="doSayHello();">Say Hello</button>
```

该按钮显示在页面文本的文档流中，如图 2.9 所示。

Say Hello

图 2.9 Say Hello 按钮

这个按钮有 onclick 属性。JavaScript 有一个好处是，名字在大多数时候都是有意义的。onclick 属性指定了当按钮被点击时要调用的函数。在这个例子中，onclick 属性指定了一个名为 doSayHello 的 JavaScript 函数。一个 JavaScript 函数是一连串被命名的 JavaScript 语句 (第 7 章中将详细介绍函数)。

```
function doSayHello() {
    alert("Hello");
}
```

这个函数只执行一个动作，当它被调用时，会显示一个对用户说 "hello" 的提示

框。显示提示的那一行 JavaScript 被称为语句，语句的结尾用分号标记。一个函数可
以包含许多语句，每个语句都以分号；结束。

```html
<!DOCTYPE html>
<html lang="en">
<head>
  <title>Ch02-06 Buttons</title>
</head>

<body>
  <h1>Buttons</h1>
  <p>
    <button onclick="doSayHello();">Say Hello</button>
  </p>

  <script>
    function doSayHello() {
      alert("Hello");
  </script>
```

这是该网页完整的 HTML 文本。<script> 元素位于文档正文的底部。页面显示
了 Say Hello 按钮，当按钮被按下时，就会显示提示框，如图 2.10 所示。

图 2.10   Say Hello 提示框

读取用户的输入

button 标签在网页中创建一个响应用户动作的元素。接下来，我们需要从用户
那里获得输入。用 input 标签即可：

```
<input type="text" id="alertText" value="Alert!">
```

这个标签有下面三个属性。

- type：属性告诉浏览器正在读取的输入的类型。在前面的代码中，我们正在读取文本，所以属性类型被设置为 text。如果把 type 属性设置为 password，那么在输入的时候，输入的内容就会被替换成其他字符（通常是 * 或 .）。这就是 JavaScript 在网页中读取密码的方式。

- id：属性给元素指定一个独特的名称。这个名称可以在 JavaScript 代码中被用来定位这个元素。如果我们有两个输入元素，那么每个元素将有不同的名字。我们把这个元素命名为 alertText，因为可以反映它的用途。

- value：属性指定了元素标签中的值。这就是我们如何用文本预填充一个输入。当这个输入元素被显示时，将有文本 "Alert!" 在内。如果我们想让这个输入在显示时是空白的，那么就可以把值设置为一个空字符串。

```
<p>
  <input type="text" id="alertInputText" value="Alert!">
  <button onclick="doShowAlert();">Show Alert</button>
</p>
<script>
  function doShowAlert() {
    var element = document.getElementById("alertInputText"); alert(element.value);
  }
</script>
```

这个网页包含了输入元素，一个调用函数来显示提示框的按钮元素以及在提示框中使用输入文本的函数。用户可以在输入框中输入自己的文本，然后按下 Show Alert 按钮，让文本显示在提示框中。图 2.11 展示了这个程序的使用情况。

图 2.11　具体使用

如果运行这个程序，你会注意到，一旦按下 Show Alert 按钮，输入框中输入的文本就会显示在提示框中。

HTML 和 JavaScript

花一些时间来探索 HTML 和 JavaScript 如何一起工作是非常值得的。JavaScript 程序需要与它所属的 HTML 文档进行交互。此交互操作由方法提供，这些方法是文档对象模型 (DOM) 的一部分，浏览器为表示它向用户显示的 HTML 文档而创建了 DOM。DOM 是一个软件对象，保存在计算机的内存中。DOM 包含的方法与构成页面的 HTML 元素并列。我们的程序使用 getElementByID 方法来获得对页面元素的引用。然后它从这个元素中获取文本，并在提示框中显示该文本。

如果你对此不太理解，那么打个比方也许会对你有帮助。把 HTML 文档想象成"鲍勃汽车租赁"。当有人来取车时，他们会说："我想取车，车牌号为 ABC123。"然后我会把钥匙递给他们，并说："车在 E6 区。"这样，他们就可以去找那辆车了。我不会在柜台前把车交给顾客，因为我不能。我只需要告诉他们车在哪里，让他们去找车就可以了。

就 HTML 文档而言，文档中的每个元素就像是租赁业务中停车场中的一辆车。元素可以被赋予 ID，就像每辆车都有牌照一样。在我们的文档中，这个 ID 是 alertInputText。getElementById 方法是 JavaScript 程序询问文档中某个元素在哪里的手段：

```
var element = document.getElementById("alertInputText");
```

在前面语句的右侧，使用 getElementByID 来获得具有 alertInputText ID 的文本元素的位置。语句的左侧创建了一个变量来保存这个位置。var 这个词创建了一个 JavaScript 变量。变量是一个被命名的位置，用来存储程序内一些重要的信息。

在"鲍勃汽车租赁"，我会为担心忘记汽车位置的顾客写下汽车的位置。我会给他们一张纸，上面写着"汽车的位置"（"变量"的名称）和"E6 区"（变量的值）。在前面的 JavaScript 代码中，我们正在创建的变量称为 element（因为它指的是文档中的一个元素），它的值是文本输入元素的位置。这个操作被称为赋值，因为程序正在给一个变量赋值。赋值操作用等号 = 来表示（第 4 章将详细讨论变量）。

现在，程序中有一个名为 element 的变量，其中包含对输入的引用，我们可以从这个元素中提取文本值，并将其存储在一个名为 message 的变量中：

```
var message = element.value;
```

现在，名为 message 的变量包含用户输入的文本（我们在 HTML 文档中把它设置为 Alert!）。程序现在可以在提示框中显示这个文本：

```
alert(message);
```

对于你来说，明白这里发生了什么是非常重要的。到现在为止，每件事情看起来都很合理，然后突然间，你被一些非常复杂的问题打击了。对此我很抱歉。请仔细阅读代码，并尝试将这些语句映射到程序所要做的事情上。请记住，等号 (=) 意味着"将这个变量设置为数值"，而不是程序正在测试一件事是否等于另一件事。

如果你不是很清楚程序各个部分是如何结合在一起的，那么可以考虑一下，该程序所做的事情与我给租车客户提供汽车的位置，然后要求他们回来告诉我这辆车还有多少燃料是完全一样的，顺序如下。

1. 得到车的位置。

2. 去找车。

3. 得到燃料表显示的值。

4. 回来告诉我这个值是多少。

在显示信息的 JavaScript 程序的情况下，顺序如下。

1. 使用 getElementById 方法获得对输入元素的引用。

2. 跟随这个元素的引用。

3. 从输入元素中获取文本值。

4. 在提示框中显示该文本。

代码分析

doShowAlert 函数

```
function doShowAlert() {
  var element = document.getElementById("alertInputText");
  var message = element.value;
  alert(message);
}
```

可以通过观察这个函数和考虑一些问题来建立对 JavaScript 这个重要方面的理解。

问题 1：如果弄错了文本元素的 ID，会怎样？

解答：doShowAlert 方法在 HTML 和 JavaScript 代码之间使用了一种不言自明的"契约"。doShowAlert 函数要求 getElementById 找到一个具有 alertInputText ID 的元素。如果这个契约因为元素的名字不对而被破坏，例如 alertInput-text，那么 getElementById 方法将无法提供结果。这有点儿类似于我告诉租车客户在一个子虚乌有的地方去找他们的车。在这种情况下，getElementById 方法将返回一个名为"null"的特殊值，这意味着"找不到"。这将导致 doShowAlert 函数的其余部分失效。在租车客户这个例子中，他们会回来告诉我这个地儿不存在。在 doShowAlert 函数的例子中，不会有错误报告给用户，但提示框也不会被显示。本书的后面将探讨如何编写代码来测试返回结果，即"我找不到你想要的东西"。

　　在 JavaScript 中，你往往不得不去找你犯下的错误。在一些编程语言中，一旦有错误发生，你就会得到提示。在 JavaScript 中，则不一样，没有提示或者得到的结果出乎意料。

　　问题 2：如果用户没有在网页上的文本框内输入任何文本便按下了按钮，会怎样？

　　解答：如果你看一下本节最开始的 HTML，会发现文本标签的值属性被设置为 "Alert!"，如果用户没有用他们的文本来替换，就会显示 "Alert!" 这个词。

　　问题 3：如果我多次点击按钮，会怎样？

　　解答：浏览器会阻止网页上的任何活动，直到你清除所显示的提示框。当你再次点击按钮时，`doShowAlert` 函数将被再次调用。它将创建两个新的变量 `element` 和 `message`，并使用它们来显示适当的消息文本。

　　问题 4：`var` 做了什么？

　　解答：`var` 这个词用来命名 JavaScript 创建一个变量。变量名跟在 `var` 的后面。变量持有程序想要使用的值。程序可以使用等号来告诉 JavaScript 为变量执行赋值。

显示文本输出

　　上一节用 JavaScript 程序通过获取对网页上元素的引用从网页上读取数据，然后从这个元素中读取信息。在屏幕上显示文本也是类似的过程。JavaScript 程序可以使用对一个对象的引用来改变元素的属性。我们要写一个程序，把段落中的文本改成我们输入的文本字符串。完整的 HTML 文件看起来像下面这样：

```
<!DOCTYPE html>
<html lang="en">
<head>
  <title>Ch02-08 Paragraph Update</title>
</head>

<body>
  <h1>Paragraph Update</h1>
  <p>
    <input type="text" id="inputText" value="">     输入文本元素
    <button onclick="doUpdateParagraph();">Update the Paragraph</button>     调用 doUpdateParagraph 的按钮
```

```
    <p id="outputParagraph"></p>                              输出段落
  </p>


  <script>                                                更新段落的函数
    function doUpdateParagraph() {                        获取对输入的引用
      var inputElement = document.getElementById("inputText");
      var outputElement = document.getElementById("outputParagraph");
                                                          获取对输出的引用
      var message = inputElement.value;                   读取输入的文本
      outputElement.textContent = message;                将文本写入输出中
    }
  </script>
</body>
</html>
```

这个例子是前一个例子的延伸。这个例子没有使用提示框来显示文本，而是将段落
的 textContent 属性设置为用户输入到对话框中的文本。这个程序的行为在下面四行代
码中给出。

```
var inputElement = document.getElementById("inputText");
var outputElement = document.getElementById("outputParagraph");
var message = inputElement.value;
outputElement.textContent = message;
```

前两行设置了指向输入和输出元素的变量，第三行获取要显示的信息，第四行将
此信息放到网页上，如图 2.12 所示。

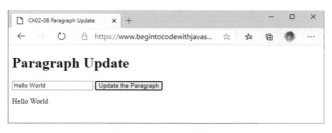

图 2.12　段落更新信息

 动手实践

使用对象属性

你可能想知道 textContent 属性是做什么的以及程序是如何使用它的，下面

就来了解一下吧。我们可以使用开发工具中的 JavaScript 控制台来做这件事。在你的电脑上找到包含本书示例代码的文件夹 (如果还没有下载示例代码，那么可以在第 1 章的"获取示例文件"部分找到相关的说明)。找到 Ch02 HTML/Ch02-08 Paragraph Update 文件夹。双击文件夹中的 index.html 文件。这应该会打开浏览器，显示出如图 2.12 所示的页面。

　　请注意，Edge 只有为默认浏览器时才会打开。在 Windows 系统下，可以右键单击页面，然后从弹出的菜单中选择用哪个浏览器打开页面。一旦页面打开，就请执行以下操作。

　　按 F12 功能键打开开发者工具视图，选择 Control 标签，打开控制台窗口，输入以下 JavaScript 语句：

```
var outputElement = document.getElementById("outputParagraph");
```

　　这就是我们程序中的语句，它获得了对文档中 outputParagraph 的引用。我们现在有一个叫 outputElement 的变量，指向输出段落。我们可以通过使用新变量来证明这一点。

```
outputElement.textContent = "fred";
```

　　重新查看这个网页。你应该看到，"fred" 这个词已经出现了。通过设置这个段落的 TextContent 属性的值，可以改变段落中的文本。JavaScript 程序既可以读取属性，也可以写入属性。输入以下语句：

```
alert(outputElement.textContent);
```

　　随后将出现一个提示框，里面是 "fred"(因为那是 outputElement 指向的元素的 textContent)。现在来看看如果犯错了会怎样。试试这个：

```
outputElement.tetContent="test";
```

　　这句话看起来很合理，但我把 "textContent" 错打成了 "tetContent"。段落元素并没有 tetContent 属性。然而，这条语句没有引起错误，"test" 这个词也没有显示。原因是，JavaScript 为 outputElement 变量创建了一个新的属性。这个新属性称为 tetContent，值被设置为 "test"。可以通过输入以下内容来证明这一点：

```
alert(outputElement.tetContent);
```

　　这将出现一个提示框，显示 tetContent 属性中的值，也就是字符串 "test"。第 9 章将会探索更多关于在对象中创建属性的内容。

　　试着改变网页，让名字显示为标题 <h1> 而不是段落。可以用 Visual Studio Code 来编辑网页的 HTML 元素。你觉得应该修改 JavaScript 代码还是 HTML 元素呢？

煮蛋定时器

我们现在了解了足够的知识，可以开始创建实用的程序了。现在，我们要做出一个煮蛋定时器。用户点击按钮，然后当 5 分钟（鸡蛋刚刚凝固）的计时结束后，程序会提示用户时间到了。我们知道怎样将 JavaScript 函数连接到一个 HTML 按钮，现在要了解如何测算时间的流逝。我们可以使用一个叫 setTimeout 的 JavaScript 函数来做到这一点。前文中，我们已经接触过函数了。alert 函数接收一个它所显示的字符串，而 setTimeout 函数接收两样东西：设定时间完成要调用的函数以及超时的长度。超时长度是以千分之一秒为单位的。下面的语句将使 doEndTimer 函数在 setTimeout 调用一秒钟后运行。

```
setTimeout(doEndTimer,1000);
```

煮蛋定时器使用两个函数。第一个函数在用户点击按钮启动计时器时被调用。这个函数设置了一个计时器，在 5 分钟后调用第二个函数。第二个函数将显示一个提示框，表明时间到了。

```
function doStartTimer() {
  setTimeout(doEndTimer,5*60*1000);
}


function doEndTimer() {
  alert("Your egg is ready");
}
```

doStartTimer 函数和一个按钮相连，让用户可以启动计时器。计时结束后，doEndTimer 就会被调用。我添加了一个用于计算延迟值的计算方法。我想要 5 分钟的延迟。一分钟有 60 秒，而 1000 的值是一秒钟的延迟。这样的代码使更改延迟值变得非常简单。如果想吃全熟鸡蛋，要煮 7 分钟的话，只需要把 5 改成 7 就可以了。注意，* 字符在 JavaScript 中用来表示乘法。第 4 章将进一步介绍关于计算的知识。

 动手实践

探究煮蛋定时器

```
<!DOCTYPE html>
<html lang="en">
<head>
    <title>Ch02-09 Egg Timer</title>
```

```
</head>

<body>
    <h1>Egg Timer</h1>
    <p>
        <button onclick="doStartTimer();">Start the timer</button>
    </p>

    <script>
        function doStartTimer() {
            setTimeout(doEndTimer,5*60*1000);
        }

        function doEndTimer() {
            alert("Your egg is ready");
        }
    </script>
</body>
</html>
```

　　我们来看一看煮蛋定时器是如何工作的吧。找到 Ch02-09 Egg Timer 文件夹。双击 index.html 文件，打开页面。

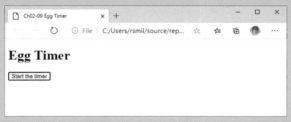

　　点击 Start the timer(计时开始) 按钮。这个版本的代码只有 10 秒的延迟，所以 10 秒后，会看到提示框。

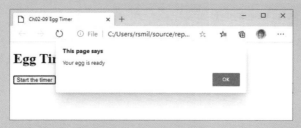

连续三次点击计时开始按钮，等待并看看会发生什么。这是你想看到的吗？事实证明，每次按下这个按钮，都会产生一个新的计时。现在按 F12 功能键，打开开发者视图。输入以下代码并按 Enter 键。你希望看到什么呢？

```
doEndTimer();
```

这是对函数的调用，它将运行并显示结束信息。你应该看到提示框，告诉你鸡蛋已经准备好了。点击提示框中的 OK 按钮关闭它。输入下面的内容并按 Enter 键。你期望发生什么呢？

```
setTimeout(doEndTimer,3*1000);
```

3 秒钟后，提示框出现了，因为那是超时的长度。当函数运行时，还应该看到其他东西。你也会看到一个整数的显示。如果重复调用 setTimeout，就会看到显示另一个值。这个值通常比前一个值大 1。这个数字是计时器的"ID"，这可以用来识别一个超时，以便可以取消它。我们不打算这么做，所以可以忽略这个值。

试着让网页支持设定多个烹饪时间吧。尝试为"溏心蛋"(4 分钟)、"正常鸡蛋"(5 分钟) 和"全熟蛋"(10 分钟) 添加相应的按钮。为此，需要在程序中再添加两个按钮和两个 JavaScript 函数。

若想知道我是怎么做的，请查看 Ch02-09 Selectable Egg Timer 中的文件。我的方案还可以显示计时器的状态。

为煮蛋定时器添加声音

煮蛋定时器很实用，但如果它不只是能在鸡蛋煮好后显示提示框，而是更完善一点儿的话就更好了。网页可以包含用来播放声音的 audio 元素。

```
<audio id="alarmAudio">
  <source src="everythingSound.mp3" type="audio/mpeg">
  Your browser does not support the audio element.
</audio>
```

audio 元素包括另一个 src 元素，指定了音频数据的来源。在本例中，音频被存储在一个名为 everythingSound.mp3 的 MP3 文件中，这个文件被存储在服务器上。如果浏览器不支持音频元素，就显示元素内的文本。我给了这个元素一个 ID，以便 doEndTimer 函数中的代码可以找到音频元素，并要求它播放 MP3 文件。

```
function doEndTimer() {
  alarmSoundElement = document.getElementById("alarmAudio");
```

```
  alarmSoundElement.play();
}
```

这段代码看起来像 Ch02-08 Paragraph Update 示例程序中的代码。在那个程序中，getElementById 方法是获取一个要更新的段落元素。在前面的函数中，getElementById 方法正在获取一个要播放的音频元素。音频元素提供了播放音频的 play 方法。文件的其余部分与原来的煮蛋定时器完全一样。试着用一下这个程序吧，一旦鸡蛋煮好，就会听到一个令人印象深刻的声音。

控制音频播放

煮蛋定时器页面没有显示任何表示音频元素的东西。它"隐藏"在 HTML 里面。可以修改 audio 元素，使其在网页上显示播放控件。在 Elements 窗口添加 controls 这个词即可。

```
<!DOCTYPE html>
<html lang="en">

<head>
  <title>Ch02-11 Sound playback</title>
</head>


<body>
  <audio controls>
      <source src="everythingSound.mp3" type="audio/mpeg">
    Your browser does not support the audio element.
  </audio>
  </body>
</html>
```

这是一个 MP3 文件播放页面的完整来源。访问这个页面的话，可以看到一个简单的播放控件，如图 2.13 所示。

图 2.13 播放音频

这是用 Edge 浏览器时看到的播放控件。其他浏览器的外观略有不同，但基本的控件都是一样的。按最左边的播放控件就可以开始播放。

图像显示程序

本章的最后一个示例程序展示了 JavaScript 如何改变屏幕上显示的图像的内容。既可以用这种技术来实现幻灯片放映，也可以让用户选择图像来显示。想要更新的图像必须有一个 ID：

```
<img src="seaside1.JPG" id="pageImage"></p>
```

这个 img 元素显示文件 seaside.JPG 中的图片。JavaScript 程序可以通过修改图片的 src 属性来改变显示的图片，使其指向不同的图片文件：

```
var pic = document.getElementById("pageImage");
pic.src="fairground.JPG";
```

这两条语句获得了对图像的引用，然后将 img 元素的 src 属性设置为引用 fairground.jpg 的图像。这将更新浏览器所显示的图像。注意，这是一个重复的模式，你已经见过好几次了。程序获得对显示元素的引用，然后对其进行修改。可以在 Ch02-12 Image Picker 示例中找到完整的图像选取器。

 动手实践

自己动手建页面

现在有足够的知识自己动手建页面了，其中包含计时器、图像和按钮。下面有一些想法供大家思考。

- **制作"心情"页面** 该页面将显示标有"快乐""悲伤""忧郁"等的按钮。当用户点击按钮时，该页面将显示一个适当的信息，并播放一段适当的音乐。
- **制作"健身"页面** 用户将点击按钮选择锻炼的时长，页面将显示锻炼的说明并启动该锻炼的计时器。
- **制作幻灯片** 用户点击按钮，页面就会显示一连串的图片。要做到这一点，可以对 setTimeout 进行多次调用，从而触发不同时间的图片变化，既可以 2 分钟一个，也可以 4 分钟一个，以此类推。

技术总结与思考练习

本章充分讲解了什么是万维网及其工作机制，技术要点总结如下。

- HTTP(超文本传输协议) 供浏览器用来向网络服务器请求页面数据。

- 到达浏览器的数据通过使用 HTML 进行格式化，网页包含对浏览器的命令 (例如强调这个词)，使用标签 (例如 <em>) 来标记出文本中的元素。元素可以包含文本、图像、音频和预格式化的文本。元素还可以包含指向其他网页的链接，既可以是一个页面的本地链接，也可以是其他服务器上的链接。

- HTML 文本可以包含符号定义。符号包括 <(小于) 和 >(大于) 等字符，用于标记标签，也可以用于将表情符添加到网页里。

- 一个 HTML 文档包括一行标识该文档为 HTML 的字样，然后是包含在 HTML 元素中的标题和正文元素。文档的主体可以包含 <script> 元素，用来存放 JavaScript 代码。

- 网页可以包含按钮元素，当按钮被激活时运行 JavaScript 函数。

- JavaScript 代码通过包含页面所有元素的文档对象与 HTML 文档进行交互。文档提供了程序可以调用的方法来与之交互。getElementById 方法可以用来获得对具有特定 ID 的页面元素的引用。

- JavaScript 程序可以包含变量。变量是被命名的存储位置。变量可以被赋予一个值，并存储这个值供以后使用。赋值操作由等号 = 来表示。

- JavaScript 函数可以通过 id 属性定位文档中的元素，然后使用元素行为来改变元素的属性。这就是 JavaScript 程序如何更新段落中的文本或改变图像的源文件的过程。

- setTimeout 方法可以用来在未来的某个时间调用 JavaScript 函数。

为了加强对本章的理解，请深入思考以下关于 JavaScript、计算机、程序和编程的问题。

1. 互联网和万维网有什么区别？

   互联网是一种将大量计算机连接在一起的途径。万维网只是互联网的一种应用。如果互联网是一条铁路，万维网就是为客户提供特定服务的客运列车。

2. HTML 和 HTTP 有什么区别？

HTTP 是指超文本传输协议。它用于建立网页浏览器和网络服务器之间的对话。浏览器使用 HTTP 来请求页面。然后，服务器给出响应，如果找到了页面，就同时给出该页面。问题和响应的格式是由 HTTP 定义的。页面内容的设计是用超文本标记语言表达的。这相当于告知浏览器，如"在这里放一张图片"或"使这部分文本成为一个段落"。

3. 什么是 URL ？

URL 是浏览器想要读取的资源的地址。它以某种东西开头，用来确定请求的是什么类型的东西。如果以 HTTP 开头，就意味着浏览器希望得到一个网页。URL 的中间部分是持有要阅读的网页的服务器的网络地址。URL 的最后部分是网页在服务器上的地址。这是一个文件的路径。如果省略了路径，那么服务器将返回一个默认文件的内容，有时是（但不总是）文件 index.html。

4. 建网站时，图像和音频等文件应该放在哪里？

要放置图像和音频文件，最佳的地方是网站文件所在的文件夹。因此，包含 index.html 的文件夹也可以包含这些图像和音频。然而，资源的路径可以包括文件夹，所以完全可以组织一个网站，使所有的图像和音频文件与网页分开存放。下一章将介绍具体做法。

5. 为什么不应该在所有网页上使用预先格式化的文本？

<pre>..</pre> 元素允许页面设计人员告诉浏览器，文本块已经被格式化了，浏览器不需要进行任何额外的布局。这对于显示具有固定格式的程序列表等内容很有用，但它不允许浏览器为目标设备做任何考虑。网页设计的一个基本原则是，浏览器应该负责页面布局。页面本身应该包含一些提示，比如"在这里取一个新的段落"，并允许浏览器来渲染最终的外观。

6. 为什么应该使用 <em> 而不是 <i> ？

<i>（斜体）标签意味着"使用斜体字"。<em> 标签的意思是"使这个文本突出"。如果浏览器运行在不支持斜体字的设备上，那么要求它强调文本（可以通过改变颜色或颠倒黑白来实现），比选择一个它无法显示的字符类型要有用得多。

7. HTML 标签和元素是怎样的关系？

标签是 <p> 标记，表示这个文本是给浏览器的指令，而不是要在页面上显示的东西。一个完整的标签序列（可能有一个开始标签和一个结束标签）标志着网页中的一个完整元素。

8. **每个 HTML 标签都必须有一个开始元素和一个结束元素吗？**

不一定。很多标签都有。例如，`<p>` 标志着一个段落的开始，`</p>` 标志着段落的结束。但有些标签，例如 `<br>`（另起一行），就不需要这样。

9. **能把一个元素放在另一个元素里面吗？**

可以。段落元素可以包含强调文本的元素，而音频元素包含的是识别音频来源的元素。

10. **属性 (attribute) 和属性 (property) 有什么区别？**

网页的 HTML 源代码包含属性 (attribute) 的元素。例如，`<img src="seaside1.JPG">` 将创建一个图像元素，其 src 属性 (attribute) 设置为 `seaside1.JPG` 文件中的图像。在 JavaScript 中，程序所处的网页是由一个包含对象集合的文档对象表示的。每个对象代表页面上的一个元素。每个元素对象都有一个属性 (property)，映射到一个特定的页面属性 (attribute)。一个 JavaScript 程序可以改变一个图像元素的 `src` 属性，使其显示不同的图片。简而言之，属性是在 HTML 中设置的原始值，而属性 (property) 是这些值的表现形式，可以在 JavaScript 程序中操作。

11. **什么是引用？**

在现实生活中，引用可以是引导你前往某处的导航。在 JavaScript 程序中，引用被程序用来寻找一个特定的对象。对象是一个数据和行为的集合，代表程序正在处理的东西。JavaScript 使用对象来表示网页上的元素。每个元素都由一个对象来表示。引用是一个数据块，持有一个特定对象的位置。

12. **函数和方法有什么区别？**

JavaScript 包含的函数是有名字的 JavaScript 代码块，我们用过 `doEndTimer` 这样的函数。方法用来保存对象中的函数，我们用过文档对象提供的 `getElementById` 方法。

第 3 章
层叠样式表 (CSS)

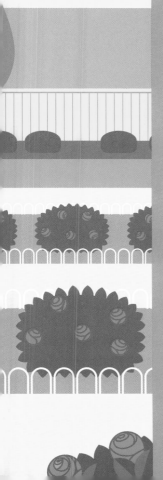

本章概要

在前面的两章中，我们学习了如何使用 HTML 来设计网页以及如何使用 JavaScript 来为网页添加一些行为。然而，或许你已经注意到，自己创建的网页看起来与平时访问的网站上的网页不太一样，它们缺乏色彩和设计感。本章将探索如何管理网页的外观，使其更具有吸引力。在这一过程中，你将掌握一些关于 JavaScript 编程的重要知识，同时着手开发一些有趣的应用程序和游戏。

把握风格

首先，可以考虑一下什么是"风格"。显然，它是一种有和没有会表现得泾渭分明的东西。好几个人说我没有任何"风格"。但是在网页设计的样式方面，我还是略通一二的，我还可以讲讲如何创建样式，并将其应用到网页上。网页中的一个元素的样式包括这几项：前景颜色和背景颜色，字符设计 (字体) 的类型文本大小以及边距等等。可以把样式看成是应用于某个东西的所有设置。接下来，先从为一些文本设置样式开始说起。解决了如何将样式应用于文档中的单个元素后，再继续探讨如何更简单地对文档中各种元素的样式进行修改。

用色

我们可以从为页面添加颜色开始。网页上的 HTML 元素的定义可以包含描述该元素的属性。可以给一个元素添加属性来设置该元素的前景颜色。

```
<p>This is an ordinary paragraph</p>
<p style="color:red">This is a red paragraph.</p>
```

前面介绍了样式是如何应用于一个段落的。第一个段落是普通的。图 3.1 显示了它是如何出现在页面上的。

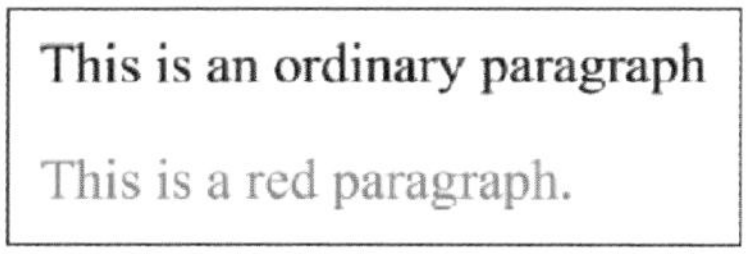

This is an ordinary paragraph

This is a red paragraph.

图 3.1　有样式的文本

HTML 标准包含一组颜色定义，可以通过名称来指代。编辑代码时，Visual Studio Code 会显示一个小小的颜色预览，如图 3.2 所示。

```
<p>This is an ordinary paragraph</p>
<p style="color:■red">This is a red paragraph.</p>
```

图 3.2　Visual Studio 颜色预览

编辑 HTML 源代码时，如果开始在 style 中输入颜色的话，Visual Studio Code 还会提供一个颜色菜单，如图 3.3 所示。

图 3.3　Visual Studio 颜色选择器

　　样式的设置多种多样。当开始输入 style 命令时，Visual Studio 的交互式帮助将显示所有可能的设置。样式设置可以通过用分号分隔来组合成一个单行的样式描述。下面这行代码将会生成在黄色背景上显示红色文本的样式：

```
<p style="color:red; background: yellow;">Red on Yellow.</p>
```

 动手实践

鼠标移过后进行颜色突出显示

　　现在，应该很熟悉下面这种 JavaScript 程序模式了。

　　1. 将一个 JavaScript 函数附加到一个事件上。

　　2. 当该函数运行时，它得到一个对文档中某个元素的引用。

　　3. 然后，该函数会改变该元素的一个属性，以此来改变文档的外观。

　　我们用这个方法做过一个对按键点击做出响应的程序，以及一个在时间间隔过后运行一个函数的程序。现在，要使用完全相同的模式来制作一个网页，当你把鼠标移到文本上面时，它就会突出显示文本。你肯定在网页上看到过这样的事。请看下面的代码。

```
<!DOCTYPE html>
<html lang="en">
<head>
<title>Ch03-02 Color Change on Mouse Over </title>
</head>
<body>
<p onmouseover="doMouseOver();" id="mouseOverPar"> Roll your mouse over this
paragraph.</p>
```

```
<script>
    function doMouseOver()
    {
        var par = document.getElementById("mouseOverPar");
        par.style="color: red";
    }
</script>
</body>
</html>
```

能看出这段代码使用了什么事件以及函数 doMouseOver 是如何改变文本颜色的吗?

前面代码中使用的事件是 onmouseover, 程序利用文本段的 style 属性使其变成红色。当浏览器检测到鼠标移动到这段文本上时, 将调用 doMouseOver 函数。函数 doMouseOver 获得一个对该段落的引用, 然后设置该段落的样式, 使其变为红色。

现在, 来看看代码的实际运作情况。找到 Ch03 HTML\Ch03-02 Color Change on Mouse Over 文件夹。双击该文件夹中的 index.html 文件, 打开该页面。在左上角, 你会看到一个简单的页面, 上面写着 "Roll your mouse over thisparagraph" (鼠标悬停在此段落上)。把鼠标移到文本上, 看看会发生什么。应该能看到文本变成了红色, 这正是我们想要的, 但你也应该注意到了一些其他的东西。这种表现是我们想要的吗? 我想, 你可能会更喜欢让鼠标不在文本上时, 文本变回黑色。

我们已经发现了第一个 bug。程序中的 bug 指的是不希望出现的行为。寻找和修复 bug 是软件开发的一个重要部分。在这个案例中, 这个 bug 出现的原因是我们没有想清楚 rollover 的实际含义。我们可能觉得, 当鼠标离开文本时, 浏览器会自动让文本变回原始颜色, 但程序并不是这么运作的。在你看来, 怎样才能解决这个问题呢?

这个问题可以通过添加另一个事件来解决。事实证明, 网页上的一个元素可以在鼠标离开它时以及鼠标在它上面移动时产生事件。需要用到一个 onmouseout 事件, 把它连接到一个函数中, 再把段落的文本颜色设置为黑色。试着自己去修改程序, 让它能正确地运作吧! 用 Visual Studio Code 编辑 index.html 文件, 修改完成后保存, 然后用浏览器测试看看。

如果想参考我的解决方案, 请看 Ch03 HTML\Ch03-03 Color Change on Mouse Over Working 文件夹。这个方法是可行的, 但我们要介绍一个更简单的方法。

程序员观点

bug 与程序员不离不弃，永世共存

你将不得不对制造 bug 感到习以为常。我虽然已经是一名资深程序员，但我写的代码仍然有 bug。而且我在编写更多程序时大概还会制造出更多的 bug。需要记住的是，制造一个 bug 是可以的，但制造一个错误却是万万不行的。当客户在的程序中发现一个 bug 时，你就会得到一个错误。程序员通过测试来发现 bug。而不充分的测试就会引发错误，致使 bug 进入最终产品中。只要写出一段程序，就要对其进行测试。前文中的"突出显示文本"程序的测试方法是显而易见的——把鼠标移过去，看看会发生什么，这就可以了。当我们编写一些更大的程序时，就会发现测试方法可能很复杂。

请注意，bug 也是由不明确的要求造成的。我一开始说的是想让某个文本在光标经过时改变颜色。我们程序的第一个版本的确做到了这一点，所以也可以说它并没有 bug。当我们注意到鼠标移开文本时文本仍是红色，才意识到这不是自己想要的。这充分说明了一件重要的事：在开始构建程序之前，先考虑清楚想让程序做什么。这件事同时也昭示了"原型"程序的作用，它能用来确定解决方案是否能够完全满足客户的需求。

使用字体

关于计算机的许多事情中，字体是各大计算机厂商已经达成共识的"同意保留各自不同的意见"。

他们都认为，一种看起来像这样的字体是必需的。

（这称为细等线（serif），因为字符设计中的线条在有装饰细节的衬线。）

他们也都认为，一种看起来像 **this** 的字体是必需的。

（这称为无细等线（sans-serif），因为它没有多余的衬线。）

然而，各大厂商并没有就它们的名称达成一致。例如，无衬线体可以称为 Arial 或 Helvetica。

选择文本的字体

这意味着在选择用于网页的字体时，不能要求使用特定的某个字体，因为我们不知道别人会用什么类型的计算机来浏览这个网页。因此，我们要指定一个字体家族。可以指定一个想使用的字体列表，浏览器将按顺序查找它可以使用的字体。

```
<p style="font-family:Arial, Helvetica, sans-serif"> This is in sans-serif font </p>
```

前面的样式要求使用 Arial，其次是 Helvetica，最后是 sans-serif。大多数计算机都有无衬线字体，所以列表中的最后一项作为“总括”。列表中的第一项是一个特定的字体名称，而列表中的最后一项则是一种更抽象的字体类型。举个例子，假设我在挑选晚餐要吃的蔬菜，第一项将是“炸薯片”(一种特定的菜式)，而最后一项将是“土豆”(我想要的特定种类的蔬菜)。字体的选择也如此。请注意，选择一套字库时，这套字体中字符的粗体和斜体的设计也会包含进去，如图 3.4 所示。

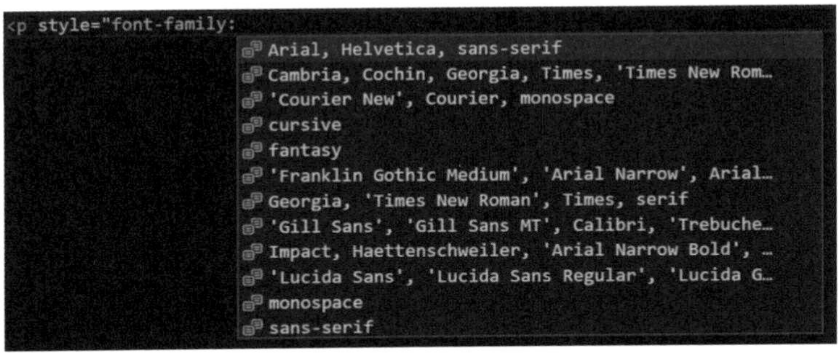
<p style="font-family:
Arial, Helvetica, sans-serif
Cambria, Cochin, Georgia, Times, 'Times New Rom…
'Courier New', Courier, monospace
cursive
fantasy
'Franklin Gothic Medium', 'Arial Narrow', Arial…
Georgia, 'Times New Roman', Times, serif
'Gill Sans', 'Gill Sans MT', Calibri, 'Trebuche…
Impact, Haettenschweiler, 'Arial Narrow Bold', …
'Lucida Sans', 'Lucida Sans Regular', 'Lucida G…
monospace
sans-serif

图 3.4　Visual Studio Code 字体选择器

Visual Studio Code 不仅在前面选择样式颜色时可以提供很大的帮助，还会弹出按照字母顺序排列的字体建议。如图 3.5 所示，Visual Studio Code 提供了一个适用于网页的字体范围。在 Ch03 HTML\Ch03-04 Fonts in JavaScript 的范例文件夹中，可以找到生成这个页面的源代码。

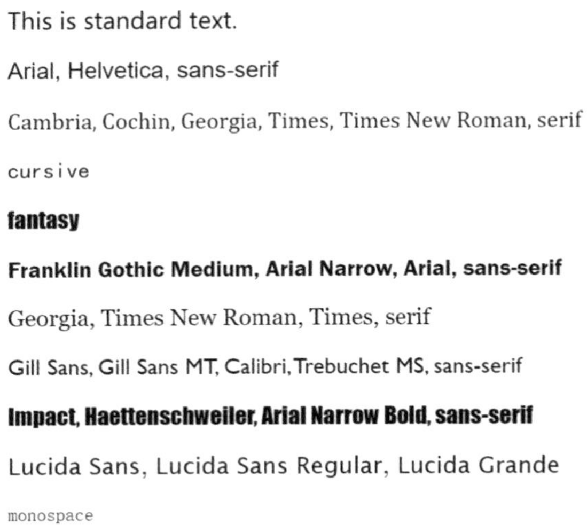
This is standard text.
Arial, Helvetica, sans-serif
Cambria, Cochin, Georgia, Times, Times New Roman, serif
cursive
fantasy
Franklin Gothic Medium, Arial Narrow, Arial, sans-serif
Georgia, Times New Roman, Times, serif
Gill Sans, Gill Sans MT, Calibri, Trebuchet MS, sans-serif
Impact, Haettenschweiler, Arial Narrow Bold, sans-serif
Lucida Sans, Lucida Sans Regular, Lucida Grande
monospace

图 3.5　字体样例

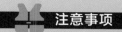

注意事项

字体可能是个雷区

不得不承认，我很难分辨图 3.5 中 `Cambria` 字体和 `Georgia` 字体之间有什么区别。但有些人可以，而且他们可能对此非常在意。请确保与客户共同确定要使用什么字体。我在自己的网页中不会常用很多字体。通常，我的标题会用一种衬线体，普通文本会用一种无衬线体，反之亦然。一个页面中可以使用很多字体，但这并不意味着这样做就是对的。

如果一个字体的名称包含空格（例如 `Times New Roman`），就要确保在字体系列设置中用单引号括住这个名称。从图 3.5 中还可以看出，不同的字体，有的尺寸也各有不同，这可能会影响到页面布局。

选择字体的大小

在写这本书的时候，我并不太担心字体大小。我知道标题字号必须大于正文的字号，但我并不太关心具体的字号是多少。在设计网页时也应该如此。换句话说，如果想让标题文字比较大，就为标题选择 H1 格式，而不是更改标题文字的大小。

如果想指定网页中文本的大小，有许多种单位可以使用。英寸、厘米、像素、点或显示器尺寸的百分比都可以用来表示尺寸，但我推荐使用 em 单位。标准大小的文本的 em 值为 1。如果想要文字更小，就用小于 1 的 em 值；例如，em 值为 0.5 意味着标准尺寸的一半大。em 单位使得所有的字体大小都是相对的，而不是绝对的。这通常是很理想的。我们作为网页的创建者，需要确保文本在所有设备上都有良好的阅读体验。如果设置一个绝对的尺寸的话，在一些设备上，文本可能看起来很完美，而在另一些设备上，则会显示为乱码。如果想让文本比该字体的正常尺寸大一倍，就把 `font-size` 设为 2，以此类推，如下所示：

```
<p>This is normal text.</p>
<p style="font-size:1em">This is 1 em.</p>
<p style="font-size:2em">This is 2 em.</p>
<p style="font-size:0.5em">This is 0.5 em.</p>
```

图 3.6 展示了上述 HTML 元素的页面显示效果。在 Ch03-05 Font Sizes 文件夹中，可以找到这些例子的源代码。

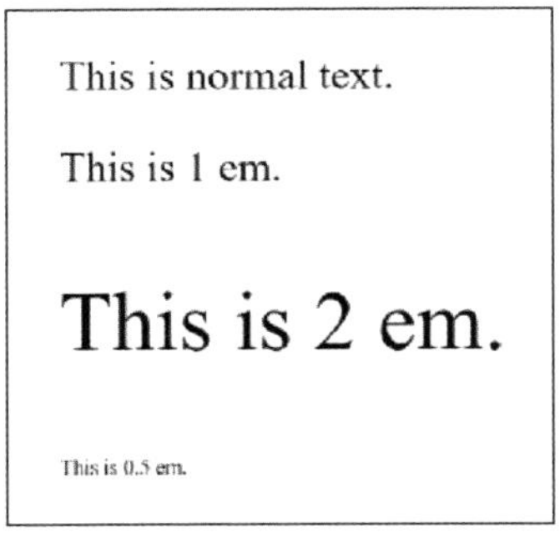

图 3.6　字体大小

文本对齐

　　我们还可以在一个样式命令中添加一个元素，告诉浏览器如何排列文本。默认情况下 (除非另有指定)，文本将以每一行从最左边开始。可以用 `test-align` 给一个样式添加一个文本对齐方式，如下面的 HTML 代码和图 3.7 所示。

```
<p style="text-align: left;">This text is aligned at the left hand margin of
the page and the words
    will wrap with a ragged edge.
    This is the normal format of text</p>
<p style="text-align: center;">This text is aligned in the center.
    Useful for headings and quotations.</p>
<p style="text-align: right;">This text is aligned at the right margin of the page.</p>
<p style="text-align: justify;">This text is aligned at the left and right margins of
the page.
    This makes the text look like the pages of a book or a column in a newspaper.</p>
```

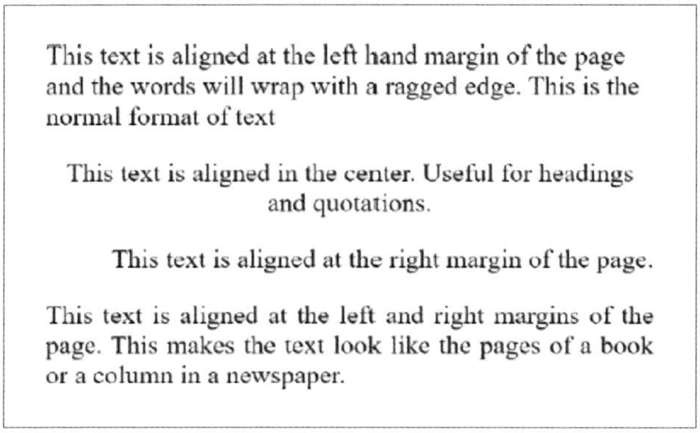

图 3.7　文本对齐

开发一个走动的时钟

利用在屏幕上显示大号文本的能力，可以创建一个大型时钟。不过，想做到这一点的话，得先知道 JavaScript 程序如何能获得当前时间，即时钟要显示小时、分钟和秒。还需要创建一个每秒运行的程序来更新时间。

 动手实践

获取显示的时间

前面创建的程序已经与 Document 对象进行了交互，它代表构成网页的 HTML。为了获取时间，需要创建另一种类型的对象，即 Date 对象。现在就来看看具体是怎么做的。找到 Ch03 HTML\Ch03-07Clock Display 文件夹，双击该文件夹中的 index. html 文件，打开该页面。我们将获取时间并将其显示在时钟上。按 F12 功能键打开"开发者工具"并移到控制台窗口。输入以下 JavaScript 语句：

```
var currentDate = new Date();
```

前面提到过 var，程序新建变量的方式。这里，新建的变量叫 currentDate，用来指代一个新建的 Date 对象。new 意味着"新建一个对象"。我们以前不需要创建任何对象，因为程序在运行时使用的是现有的对象。Date 对象是用来"命令" JavaScript 处理日期和时间的。

当一个新的 Date 对象创建时，会被设置为当前的日期和时间。变量 currentDate 是一个引用，指向的是新创建的 Date 对象。前面，我们在网页中创建一个可以随时更新的段落元素的引用时，用过这个功能。如果想回忆一下的话，请看 Ch02-08 Paragraph Update。我们可以通过调用对一个对象的引用的方法来向该对象提问。输入以下内容：

```
alert(currentDate.getHours());
```

以上语句使用了 getHours 方法，它是 Date 对象的一部分。这个方法会返回一个包含日期的小时值的数字。该语句在警告中显示这个数字。还有一些方法可以获得分和秒的值。每个方法都有一个反映其作用的名称。试试能否用它们来显示这些时间值。注意，每个方法的名称后面必须加上左右括号（和），让 JavaScript 明白你想调用这个方法。第 7 章将进一步介绍方法调用。

现在输入以下语句，用时、分、秒值来设置变量：

```
var hours = currentDate.getHours();
var mins = currentDate.getMinutes();
```

```
var secs = currentDate.getSeconds();
```

有了 `hours`、`mins` 和 `secs` 的变量之后，就可以用它们来创建一个字符串来显示时间。该字符串将包含由 ":" 字符分隔的时间值。输入以下语句来创建时间字符串：

```
var timeString = hours+":"+mins+":"+secs;
```

该语句创建了一个 `timeString` 变量，其中包含我们想要显示的时间。`hours`、`mins` 和 `secs` 变量中的值被转换为文本。可以用一个 `alert` 函数来查看这个字符串：

```
alert(timeString);
```

检查一下出现在 `alert` 函数中的时间，你会发现它显示的是好几秒之前。这是因为输入这些语句的时候花了一些时间。`currentDate` 的值是日期和时间的快照。对最终的时钟程序而言，这是小事一桩，因为时间值被读取后将立即显示出来。我们现在知道了如何将时间值转换成一个可以显示的字符串。时钟显示程序的 HTML 包含一个有 `id timePar` 的段落。输入以下语句：

```
var outputElement = document.getElementById("timePar");
outputElement.textContent=timeString;
```

这种形式的语句我们之前就用过。第一条语句创建了一个变量，指的是用来显示时间的输出元素。第二条语句把该元素的 `textContent` 属性设置成 `timeString` 变量的内容。让时间显示出来。

这个页面的 HTML 包含一个可以实现我们刚才输入的一切代码的函数。输入以下语句来调用这个函数：

```
doClockTick()
```

日期和时间更新为当前日期和时间。按 F12 功能键关闭浏览器中的开发者工具。

走动的时钟

我们已经知道了如何创建一个包含当前时间的字符串以及并用大号字体来显示它。现在，需要想办法来让时钟"走起来"。第 2 章在创建煮蛋定时器时，我们用过一个 `setTimeout` 函数，在达到指定的超时值之后调用 JavaScript 的函数。在 JavaScript 中，还有一个 `setInterval` 函数也很有用，它以一定的间隔调用函数。和 `setTimeout` 函数一样，时间间隔是以毫秒为单位。

```
setInterval(doClockTick,1000)
```

前面的语句将每隔一秒调用一次 doClockTick 方法。这个函数会时时刻刻地更新时钟。应用程序的最后一部分是启动间隔计时器的方法。让用户按个按钮来启动时钟也行得通（煮蛋定时器就是这样工作的），但最好是在页面打开时就开始计时。当网页上的某个元素被加载时，onload 事件可以被用来调用一个函数，本例中是一个显示了小时、分钟和秒数的时钟，如图 3.8 所示。

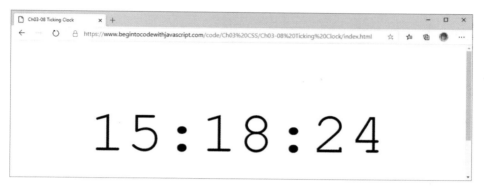

图 3.8　走动的时钟

在 Ch03-08 Ticking Clock 范例文件夹中，可以找到下面的 HTML 代码。

```
<!DOCTYPE html>
<html lang="en">
<head>
    <title>Ch03-08 Ticking Clock</title>
</head>
<body onload="doStartClock();">          当页面加载完成后，调用 doStartClock
    <p id="timePar" style="font-size:10em;font-family: 'Courier New',Courier,
monospace;text-align: center;">00:00:00 </p>          这是设定时钟显示方式的段落
    <script>
        function doStartClock()          启动时钟的函数
        {
            setInterval(doClockTick, 1000);          每秒调用一次 doClockTick
        }

        function doClockTick()          将时钟更新为当前时间
        {
            var currentDate = new Date();
            var hours = currentDate.getHours();
            var mins = currentDate.getMinutes();
            var secs = currentDate.getSeconds();
```

```
            var timeString = hours + ":" + mins + ":" + secs;

            var outputElement = document.getElementById("timePar");
            outputElement.textContent = timeString;
        }
    </script>
    </body>
</html>
```

代码分析

走动的时钟

　　针对这段代码，你可能有一些疑问。如果没有的话，我可以试着提出一些问题。一定要彻底搞懂这些内容，因为它们为 JavaScript 编程的一些重要方面奠定了根基。

　　问题 1：var 和 new 有何区别？

　　解答：var 和 new 这两个命令看起来非常相似，因为它们似乎都与创建某种东西有关，但你可能不清楚到底发生了什么。在 var 的例子中，程序正在创建一个新的变量。

```
var age=21;
```

　　这将创建一个 age 变量，它被设置为数字 21(虽然我远远不止 21 岁)。

```
var outputElement = document.getElementById("timePar");
```

　　这会创建一个 outputElement 变量，它被设置为由 document 对象的 getElementByID 传递的结果。可以回过头去读读第 2 章中的"HTML 和 JavaScript"一节，重新理解这是如何运作的。因此，如果想创建一个变量 (比如一个命名的位置，我们可以将一些东西储存在里面) 时，就使用 var。下一章将更详细地介绍变量。

　　当程序想创建一个新的对象时，就会使用 new。new 后面是要创建的对象类型的名称。

```
var currentDate = new Date();
```

　　这就创建了一个名为 currentDate 的新变量 (这就是 var 的作用)，然后将这个变量设置为指向使用 new 创建的 Date 对象。由此可见，var 是用来创建变量的，new 是用来创建对象的。

　　问题 2：当我在使用控制台时，必须在每个语句后面加上分号吗？

　　解答：你可能已经注意到，如果不把分号放在最后，控制台命令仍然可以工作。当你在控制台中输入 JavaScript 语句时，按下 Enter 键即可结束。这意味着 JavaScript 知道你什么时候完成了语句，因为你已经按了 Enter 键。但是，如果想在一个命令行中输入多个语句，就必须用分号来分隔它们。我喜欢总是加一个分号，这样，人们在读我写的代码时，就能准确地知道我打算什么时候结束我的语句。

问题 3：为什么一个函数名称要用双引号括起来，而另一个却没有？

解答：这个时钟程序使用了两个函数。一个是 `doStartClock`，开始运行时钟。另一个函数 `eddoClockTick`，每秒钟更新一次时钟。当使用 body 元素的 `onload` 属性加载页面时，函数 `doStartClock` 被调用。

```
<body onload="doStartClock();">
```

使用 `setIntervalfunction` 每秒钟调用 `doClockTick` 函数。

```
setInterval(doClockTick, 1000);
```

你可能会想，为什么 `doStartClock` 的名字是用双引号括起来的，而 `doClockTick` 却不是。至少，我希望你是这样想的，因为理解这种区别会帮助你理解 JavaScript 和 HTML 的工作方式。在 HTML 的 onload 事件中，要执行的动作是一个包含 JavaScript 语句的字符串，这些语句在元素被加载时被遵守。我们使用的这个字符串叫 `doStartClockmethod`，但它可以是任何 JavaScript 语句。

```
<body onload="var x=99;alert(x);">
```

这完全是合法的 HTML 代码。加载时执行的 JavaScript 创建了一个 x 变量，将其值设置为 99，然后显示一个警告，显示这个值。然而，`setInterval` 函数给出一个每秒被调用的函数的引用，而不是一个包含一些 JavaScript 代码的字符串。你可能想知道为什么这两个事件以不同的方式工作。这是因为 `onloadevent` 是 HTML 元素的一部分，而 `setIntervalfunction` 是从 JavaScript 代码中调用的。

问题 4：为什么在时钟开始的时候，要过一秒钟才会出现时间？

解答：如果加载这个例子，你会发现时间需要过一秒钟才能出现。在页面加载后的一秒钟内，时间显示为 0:0:0。如果仔细想想，就会明白这正是程序的工作原理。`setInterv` 函数以一秒钟的间隔调用 `doClockTick` 函数，但这意味着程序必须等待这个间隔过后才能显示时钟。你能想出解决这个问题的办法吗？

解决办法很简单。程序必须从 `doStartClock` 函数中调用 `doClockTick`。由于 `doStartClock` 方法是在页面加载时被调用的，这将导致显示在开始时被更新。可以在 Ch03-09 Clock Quick Start 文件夹中找到我写的版本。

文本周围的空距

书页上的文字并不会延伸到纸的边缘。本书是有页边距的。有些段落（例如，前面的"代码分析"）的页边距与其他文本不同。这使段落图显得很突出。一个样式可

以表达一个段落周围的边距大小。它也可以描述一个段落的边距。前面的段落有一个
外边距，一个边框，边框内的文本周围有"填充"。

```
<p style="margin: 20px;
    border:1px;
    border-style: solid; border-color:blue; padding: 10px;">
    This is some text in a blue box.</p>
```

边距和边框的尺寸用我们以前没见过的单位表示，叫 px，是像素的简称。

我本可以花些时间画个图来说明页边距、边框和填充值是如何用来控制页面上的
文字布局的，但事实证明，浏览器会帮我做这个。从图 3.9 可以看到上述 HTML 的开
发者视图，可以在 Ch03 HTML\Ch03-10 Margins 代码文件夹中找到。图 3.9 右下方的
图显示了 margin、border 和 padding 这三个元素是如何相互配合的。

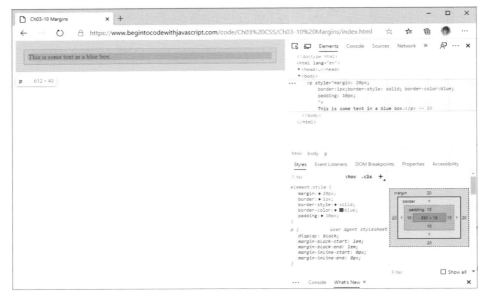

图 3.9   边距显示

我用 px 单位指定 margin、border 和 padding 的大小，px 单位是一个绝对单
位，相当于目标显示器上的一个点。在为屏幕上绘制的图像指定尺寸时，就会用到这
种单位。如果想要精确的布局，就可以使用这些单位来对文本和图形进行精确布局。
px 单位的大小与用于设置图像大小的单位相匹配，因此，文本和图形可以结合起来，
制作精确对齐的页面。在 Ch03-11 Fixed Width Paragraphs 代码文件夹中，可以找到下
面的 HTML 代码，它将一张图像和一段描述性文字放入一个蓝框中，如图 3.10 所示。

```
<p style="margin: 20px;
    border:1px;
```

```
border-style: solid;
border-color:blue;
padding: 10px;
width:400px;
font-family: Arial, Helvetica, sans-serif;
text-align: justify;
">
<img src="seaside.JPG" alt="Waves crashing on a deserted beach" width="400">
This picture was taken on New Year&quot;s Day 2020 at Hornsea sea front.
Hornsea is a village on the north eastern coast of England.</p>
```

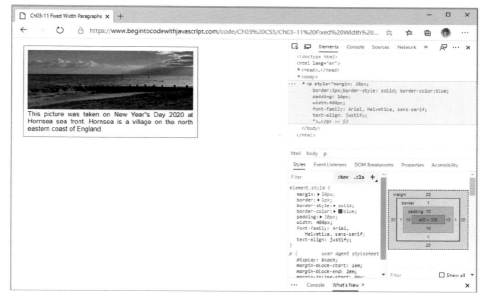

图 3.10　文本和图形

还有很多事情可以用样式来做。要想了解它们，最好是利用 Visual Studio Code 的弹出式帮助功能来了解命令选项，然后试用一下。

样式表

HTML 文档可以使用 style 属性来为文档中的任何元素添加样式。幸运的是，HTML 提供了一种方法来简化对文档的样式应用。我们可以在一个 HTML 文档中添加一个样式表来对文档中的元素应用样式。样式表添加在文档头部的 <style> 和 </style> 标签之间，如下所示。

```
<!DOCTYPE html>
<html lang="en">
```

```
<head>
    <title>Ch03-12 Changing styles</title>
    <style> ──────────────────────────────── 样式元素
        p { ──────────────────────────────── p 样式选择器
            color: blue;
            font-family: Arial, Helvetica, sans-serif;
        } ──────────────────────────────── p 设置结束
    </style>
</head>


<body>
    <p>
        This is a modified paragraph.</p>
</body>


</html>
```

　　可以用样式表来设置元素的样式属性。从选择器 (selector) 开始设置样式，要为什么元素指定样式。我们想为 <p> 元素设置样式，因此这就是前面样式表中指定的内容。样式表的变动让文档中的所有 <p> 元素显示为蓝色文本，使用 Arial、Helvetica 或 sans-serif 字体。一个样式表可以为多个元素提供样式设置。

创建一个样式表文件

　　创建网站时，设计师通常会想出一个可应用于所有页面的"整体风格"标准。如前面的例子所示，可以在每个页面的 <head> 部分进行整体风格的设置。但这样做会导致改变网站样式变得很麻烦，因为每个文档都需要分别编辑。为了方便起见，样式设置可以存储在一个单独的文件中。然后，在 HTML 标题中添加一个 <link> 元素，再指定要添加的样式表文件。

```
<head>
    <title>Ch03-13 Stylesheet File</title>
    <link rel="stylesheet" href="styles.css">
</head>
```

　　这段 HTML 代码展示了具体工作机制。link 元素包含 rel 属性，告诉浏览器这个链接涉及的是什么资源类型。在本例中，该链接与一个样式表相关联。href 属性给出了链接，指向其中包含样式信息的文件。在前面的 HTML 页面中，包含样式信息的文件是一个名为 styles.css 的本地文件，它和 HTML 页面保存在同一个文件夹中。然而，这个文件可以保存在不同的文件夹中，甚至可以把它保存在另一个服务器上。真正的样式表文件中包含样式指令：

```
p {
    color: blue;
    font-family:Arial, Helvetica, sans-serif;
}
```

程序员观点

把样式和布局分开是个好主意

网页由布局（页面上有什么以及它在哪里）和样式（页面的外观）组成。将这些元素进行分门别类是个明智的选择。我可以用整本书来讲如何设计网页样式，但那样的话，并不好看，因为我不擅长设计。我宁愿找一个对字体和颜色很在行的设计师，让他们把这些东西做好。把样式信息放在一个单独的文件里，意味着我可以完全脱离样式来设计应用程序的布局和行为。

计算机科学家经常提到项目中的"关注点分离"（separation of concerns，SOC），不同的人做不同的工作。在项目开始时，每个人都就各部分如何协作达成共识，然后他们可以只做自己的那部分工作。在 HTML 和样式的案例中，我会告诉设计师我会用 <p>、<h1> 和 <h2> 来处理不同级别的文本，然后，设计师可以在这些样式的外观上下功夫。我们之后编写大型的 JavaScript 程序时，会探索一种将程序代码与 HTML 分离的方法，来实现另一种层面上的分离。

创建样式类

要是我们正在开发一个简单的网络应用程序，或许段落和标题样式就足以表达所有的格式化要求。然而，一个更复杂的应用程序还需要用到其他样式。例如，我们可能想用不同格式来显示一个地址。它可能得是红色的，使用 monospace，并且右对齐。为此，可以在文档的样式表中添加一个新的样式类 address：

```
.address {
    color: red;
    font-family:'Courier New', Courier, monospace;
    text-align: right;
}
```

注意，这看起来和修改 `<p>` 的样式的方式差不多，但 address 类有一个前置的点 `.`，表示这是一个新创建的样式类：`.address`。然后，我们就可以指定这个类提供一个段落的样式。

```
<p class="address"> This is an address paragraph.</p>
```

一个元素的 class 属性指定了一个 CSS(层叠样式表) 样式类，该样式类将用来为该元素设置样式。这意味着前面这段文字将在页面的右侧以红色和单行体的样式出现。在 Ch03 CSS\Ch03-14 Address Style folder 中，可以看到效果。根据需要，可以创建很多样式类。如果是和设计师协作的话，记得先约定各种元素分别用什么样式名称，然后，创建 HTML 文件元素，这些元素上标记着哪些类用于格式化它们。

 动手实践

探索样式表

可以使用浏览器的开发者工具来看看样式表是如何工作的。找到 Ch03 CSS\Ch03-14 Address Style Class 文件夹，用浏览器打开 index.html 文件。页面中显示了用红色 monospace 字体样式的地址文本。按 F12 功能键打开开发者工具，从中选择 Sources 标签，打开源代码窗口。

这里可以看到 index.html 和 style.css 这两个文件。点击它们可以查看它们的内容。之后，构建更复杂的网页时，你会发现这个视图非常有用。可以用它来查看你所访问的所有网页的源代码，不过，不要因为它们看起来很复杂而感到气馁。

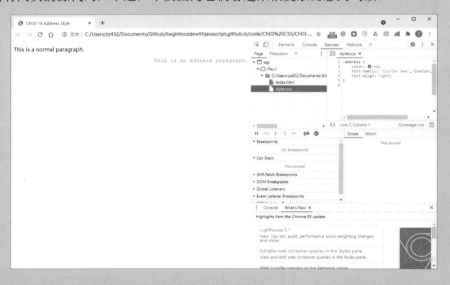

使用 <div> 和 <span> 对文档部分进行格式化

我们可以为任何想要格式化的文本元素添加 class 属性，但有时将一个样式类同时应用于多个项目会方便得多。在前面的 address 样式的例子中，我们想标记所示地址中的所有段落。我们可以去单独标记每个段落，但要是能同时标记它们就更好了。有了 <div> 和 <span> 这两个元素，就可以同时标记所有段落。它们用来创建可以分配样式类的区域。

```
<!DOCTYPE html>
<html lang="en">

<head>
    <title>Ch03-15 Address Style with div</title>
    <link rel="stylesheet" href="styles.css">
</head>

<body>
    <div class="address">
        <p>Rob Miles</p>
        <p>18 Pussycat Mews</p>
        <p>London</p>
        <p>NE14 10S</p>
    </div>
</body>

</html>
```

前面的 HTML 用 address 类对地址的所有段落进行格式化，因为它们被划为同一段。div 元素指定了文档中的一个段落。每个 div 元素都标志着一个文本段的开始和结束。这意味着我们不能用 div 元素来设置一个段落中某些单词的样式。如果想用特定的样式来格式化段落中的一部分，可以使用 span 元素。

```
<p>An HTML document can use the
<span class="codeInText">style</span>
attribute to add style to any element in a document.</p>
```

在前面的例子中，我想让 style 这个词在文本中突出显示，因为它是一个 HTML 元素的名字。我已经创建了一个 codeInText 类，并用它来给句子中的单词 style 应用样式。这种情况下就不能用 div，因为 div 会使句子被分成几行。Ch03 HTML\Ch03-16 Code Style with span 的例子中显示了应该怎么做。span 元素和 div

元素可以互相嵌套，但把 div 放在 span 中意义不大，因为这会导致文本行被断开。当然，一定要确保，任何"嵌套"都是合乎规范的。想要进一步了解这个问题的话，请回头看看第 2 章中的"程序员观点：不要滥用浏览器"。

层叠样式表

你可能好奇为什么把它们称为"层叠样式表"。这个名字是指样式从一个元素"层叠"到它所包围的所有元素。

```
<!DOCTYPE html>
<html lang="en">
<head>
<title>Ch03-17 Cascading Styles</title>
</head>
<body style="color: blue;">
<p>This is an ordinary paragraph.</p>
<p style="color:red">This is a red paragraph.</p>
<p style="background: yellow;">This has a yellow background.</p>
</body>
</html>
```

该文件包含三个样式元素。第一个应用于文档主体。接下来的两个应用于正文中的元素。body 元素的样式是蓝色的。body 元素包含两个段落元素，所以这个设置会逐级应用到这些段落，如图 3.11 所示。

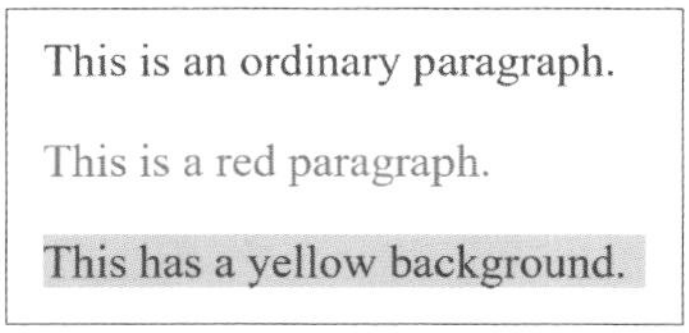

This is an ordinary paragraph.

This is a red paragraph.

This has a yellow background.

图 3.11　层叠样式的作用

由于应用于 body 元素，所以普通段落的文本是蓝色的。因为段落的样式中的颜色设置覆写了层叠样式，所以红色段落是红色的。然而，有黄色背景的文本是蓝色的，因为这个段落的样式并没有修改外围字体的颜色，而是修改了文本背景的颜色。规律是，样式设置从外围元素中"继承而来"，除非它们被"覆写"。

程序员观点

管理样式的目的是突出设计感

在阅读这本书的时候，我希望你能明白一点：很多解决方案之所以开发出来，都是为了使生活更轻松。举个例子，你有可能会遇到这样的问题：向客户展示自己建立的解决方案时，客户表示他们想要橙色背景上的鲜粉色[①]文字（是的，这个配色已经广为人知了）。如果你将文本样式应用在每个 HTML 元素上，就必须得从头到尾地对文档进行处理，并按照客户的要求进行修改。但是，如果正确使用了样式表，只需更改一个文件就可以完成所有修改了。

组织和规划是编程中很重要的环节。本章介绍了一些可以用来创建和管理 HTML 页面外观的优秀工具。

使用选择器来突出显示颜色

在前面的动手实践中，使用 onmouseover 事件触发了一个 JavaScript 函数来改变段落中文本的颜色。当时，我说有一种更简单的方法可以使文本在用户将鼠标滑过时变为高亮显示。

```
.rollover {
    color:black;
}


.rollover:hover {
    color:red;
}
```

以上样式表创建了一个叫 rollover 的样式。这个样式有两个定义：第一个定义是将颜色设置为黑色，第二个定义则有一个额外的选择器 hover。这个选择器规定了样式的变体应该用在什么情况下。hover 选择器指定当鼠标悬停在一个被设置为 rollover 类的元素上时，就会应用某个样式。这个样式把颜色设置为红色。在 Ch03 CSS\Ch03-18 Rollover with CSS 文件夹中，查看这个页面，看看这是如何运作的。

选择器能做的事情还有很多。可以用它们来为未访问的链接或选定的项目设置

[①] 译注：即 Shocking Pink；hex. #FC0FC0，RGB：(252, 15,192)，CMYK：0:94:2:1。乔丹在 2021 年 11 月推出一款专为女生打造的同色运动鞋。据称，这一款粉是意大利高定时装设计师埃尔莎·斯基亚帕雷利 (1890—1973) 在 1937 年的创举，她首次将这一亮丽的粉色融入裙装中，如著名的龙虾装。

样式，甚至可以用它们来设置一个段落的第一个字母。下面的 Mozilla 网页中有完整的参考。这些内容需要努力学习才能彻底理解，但这个工具很强大，网址为 https://developer.mozilla.org/en-US/docs/Web/CSS/CSS_Selectors。

技术总结与思考练习

本章阐述了什么是样式以及如何管理样式，主要涉及以下技术要点。

- 在 HTML 页面中，一个元素的定义可以包括一个样式属性，描述该元素应该如何显示，比如让文本变成红色。

- 一个元素的定义也可以包括事件属性，当一个特定事件发生时，就执行一段 JavaScript 代码，例如当用户将鼠标指针移到特定元素上时，触发 onmouseover 事件代码。

- 文本元素的样式信息可以包含用于绘制文本的字体。字体被指定为一个字库，其中包括要显示的文本的所有变体 (如斜体和粗体)。在指定字体选项时，提供一些不同的 font-family 值是常规做法，因为不同系统对流行字体的称呼有所不同。

- HTML 文档中元素的大小可以用多种方式指定。如果想改变文本相对于其他文本的大小，应该用 em 单位来表示大小，其中 1 的 em 值是"标准大小"的文本。

- 使用 text-align 属性可以使文本在 HTML 页面上保持一致。

- 可以使用 setInterval 函数以一定的时间间隔来调用 JavaScript 函数。我们用它创建了一个走动的时钟。

- 一个元素的样式可以包括对 margin(边距)、padding(填充) 和 border(边框) 的定义。margin 是指元素周围的边距。border 可以用各种风格和颜色绘制，可以设置粗细。padding 用于设置项目和 border 的间距。

- 在指定 HTML 元素的边框和边距的大小时，可以使用 px 单位。以 px 单位表示的值代表一个像素数，相当于图像中一个像素的大小。使用 px 单位意味着在牺牲便携性 (例如，页面在某些设备上可能看起来过大或过小) 的前提下对项目的布局进行绝对控制。

- 样式表包含可以分配给 HTML 文档中的元素的样式设置。样式设置可以对 `<p>`、`<h1>` 和 `<h2>` 等样式进行修改，也可以创建全新的样式，用 `class` 属性分配给元素。

- 样式表可以保存在一个独立于 HTML 页面的文件中。页面标题中包含一个 `Link` 元素用来识别要使用的样式表文件。这样，页面的内容和样式表之间就完全分离了。

- 样式以一种从外围元素层叠下来的方式应用于元素上。例如，如果一个文档的主体的样式被设置为红色文本，这一设置就会层叠应用于该文档中的所有元素上。然而，文档内的段落颜色样式属性会覆写这个层叠设置。

- `div` 元素和 `span` 元素是作为其他元素的容器存在的。应用于 `div` 元素和 `span` 元素的样式属性会层叠到它们所包含的所有元素中。使用 `div` 元素时，浏览器会在 `div` 元素的开头和结尾插入换行符。`span` 元素则不会这样，所以 `span` 元素适用于对句子中的某些单词应用样式。

为了加强对本章的理解，请深入思考以下关于样式和样式表的问题。

1. **任何元素都可以添加样式属性吗？**

   可以。在 HTML 文件中设置脚本元素的字体可能不明智，但这样做并不会报错。

2. **如果给一个项目添加一个不相关的样式，会怎样？**

   不会报错。比如，你可以为 HTML 文件的 `<script>` 部分设置字体，这样做虽然不会报错，但并不明智。

3. **如果设置的样式相冲突，会怎样？**

   最新应用的样式将是最终的那个。举个例子，如果文档正文的文本颜色被设置为黑色，但正文中段落的文本颜色被设置为红色，那么文本将会是红色的。这就是层叠的工作机制。

4. **CSS 文件是一个程序吗？**

   不是。JavaScript 程序规定了要执行的一系列动作。CSS 文件包含一些样式设置项目，用于分配 HTML 元素。

5. **对于 CSS 样式类，redText 这个名称怎么样？**

   建议不要起这种名字。如果客户希望样式的颜色改为蓝色，再改样式类的名称很麻烦。样式类的名称应该反映出它的用途。例如，可以用 `displayName` 类来显示名字，用 `displayAddress` 类来显示地址。如果一个样式被显示为红色，应该反映在样式类的设置中，而不是名称中。

6. 可以把 CSS 文件和包含网页的 HTML 文件分别存储在不同的服务器上吗？

可以。获取 CSS 文件的链接元素包含一个 URL，可以指向其他机器上的文件。

7. span 和 div 分别在什么情况下使用？

想控制一些元素的样式，在页面中组成一个分区时，就可以使用 `div`。分区指的是整个地址、订单或报告等。换行符会把分区与页面的其他部分隔开。想要修改段落中的一小部分单词的样式时，`span` 就可以派上用场了。举个例子，可以用 `span` 来突出显示这个句子中的 `code` 这个词。在这种情况下，你肯定不希望文本中会出现换行符。

8. id 和 class 有什么区别？

网页上的一个元素可以有一个 id 值和一个 class 值的设置。id 值在 HTML 文档中是该元素唯一的标识。JavaScript 代码可以通过元素的 id 值来定位元素。class 值指定应用于该元素的样式。一个文档中的大量元素可以有相同的 class 值。这样一来，改变这些元素的样式就变得非常容易，因为设计师只需要改变样式表中类的定义，就可以将其应用于所有的元素。

9. em 单位和 px 单位有什么区别？

这确实是比较容易引起困扰。尤其因为 em 应用于文本时也意味着"强调 (emphasized)"。em 值为 1 指的是当前字体中"标准"字符的大小。所以，我可以在 em 值中指定一个大小，这样就可以使文本相对于其他部分的文本更大或更小。我不想为文本大小设置一个绝对值，因为正如我们平时看到的，不同的字体有不同的"标准"文本大小，并且，我不希望在字体改变时所有的东西都变得过大或过小。如果想表达某些内容比其他内容大，但又不想将其设定为一个具体的尺寸，那么 em 值就非常有用了。

px 值指的是屏幕上像素的数量。现代高分辨率屏幕上的像素非常小，以至于这可能不是一个精确的映射，但重点是 px 值可以更精确地放置内容，特别是图像，因为图像也是用像素尺寸来确定大小的。如果想非常精确地排列元素，就可以使用 em 值。

10. **关于 CSS，这就是全部内容了吗？**

当然不是。本章仅仅触及了皮毛。CSS 还可以用来制作动画，为图像制作淡入淡出效果，还有许多各种各样的事情。最棒的是，来自 Visual Studio Code 等工具的交互式帮助和浏览器中的开发者控制台可以用来对样式进行实验，发现更多细节。多探索，多试验，这是很值得的。正如我们在研究 `rollover` 样式选择器时看到的那样，可以用样式表的行为来替代 JavaScript 代码。HTML 网页开发的规则之一是，在开始写 JavaScript 代码之前，千万记得试试能否用样式表来获得想要的效果。写某个程序能获得某种特定的效果，但并不意味着这个效果必须得通过写程序才能达到。

第 II 部分
JavaScript 编程基础

　　这一部分将开始介绍如何编写 JavaScript 应用程序，如何创建能在浏览器内运行的完整程序，介绍数据存储和处理的基本编程知识，继续讨论如何构建解决方案，并将一个大程序分解成较小的组件。最后，介绍软件对象以及如何使用它们来创建自定义数据存储类型。

第 4 章
数据处理

本章概要

　　本章中，我们将一起创建更多的 JavaScript 程序。你会发现，计算机本质上就是一个数据处理器，而程序要告诉计算机如何处理数据。本章将介绍程序如何使用变量来存储数据，将学习 JavaScript 如何管理程序所能存储的各种数据，以及 JavaScript 如何在程序中管理变量的可见性。在本章的结尾，我们将一起创建实用的程序。

计算机用于处理数据

人类擅长制造工具的物种。我们通过发明一些工具来使生活变得更加方便，这种行为已经持续了几千年。从发明犁这样使耕作更高效的手工操作装置开始，到二十世纪，我们进入了电子设备时代，现在又进入了计算机时代。

随着计算机变得更小、更便宜，它们已经逐渐融入人们的日常生活中。许多设备（如智能手机）都是靠内置的计算机才能运转的。不过，我们需要记住计算机的作用：负责将以往需要用到脑力的操作自动化。计算机并不聪明，它只是服从执行接收到的指令。

计算机处理数据的方式就像香肠灌肠机处理肉一样：一些东西被放进一端进行处理，然后从另一端出来。程序告诉计算机要做什么，就像教练在橄榄球队或足球队比赛前给队员指示一样。教练可能会说："如果对手从左侧进攻，杰里和克里斯就负责防守，但如果他们把球踢到球场中央，杰里就去追球。"然后，当比赛开始时，球队要拿出必胜的决心来面对比赛。

然而，计算机程序和球队的行为方式相比，有一个重要的区别。当足球队员听到一些无意义的指令时，会意识到这是无意义的。假如教练说："如果他们向左边进攻，杰瑞就唱国歌的第一节，然后以最快的速度跑向出口。"球员肯定会反对。

不幸的是，程序并不知道它所处理的数据的敏感性，就像香肠灌肠机不知道什么是肉一样。即使把一辆自行车放进去，机器也会试图把它做成香肠。把无意义的数据放进计算机，计算机就会用这些信息做无意义的事情。就计算机而言，数据只是一种信号模式，必须以某种方式对其进行操作，从而产生另一种信号模式。计算机程序是一连串的指令，告诉计算机如何处理输入的数据，以及输出的数据应该有什么格式。

数据处理应用的典型例子包括下面几种，如图 4.1 所示。

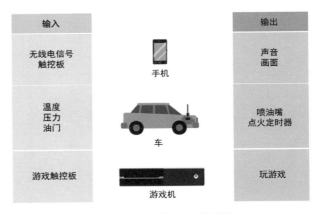

图 4.1　设备中的嵌入式计算机

- 智能手机——手机中的微型计算机从收音机中获取信号并将其转换为声音。同时，它从麦克风中获取信号，并将其转化为位模式，从收音机中发送出去。
- 汽车——发动机中的微型计算机从传感器获取信息：当前的发动机速度、道路速度、空气中的含氧量、加速器设置等。微型计算机产生电压来控制化油器的设置、火花塞的时间和其他能优化发动机性能的事项。
- 游戏机——计算机从控制手柄处获取指令，并利用这些指令来控制游戏机为玩家创建的虚拟世界。

如今，大多数复杂设备都有用于优化其性能的数据处理组件，而正是因为我们能内置这种能力，有些设备才得以存在。物联网 (IoT) 的发展正在将计算机引入一个广阔的领域。要把数据处理看得比处理公司的工资单更重要。这两件事都是在计算数字并打印结果 (计算机的传统用途)。为了驱动一些设备，作为软件工程师的我们不可避免地要花费大量时间将数据处理组件安装到这些设备中。由于这种嵌入式系统的存在，才使得许多人根本注意不到自己实际上是在使用计算机。

程序员观点

软件也可能关乎生死

记住，看似无害的程序也可能危及生命。举个例子，医生可能会用你编写的电子表格来计算病人的药物剂量。在这种情况下，程序中的一个错误可能会导致病人受伤 (我不认为医生会这样做，但谁也说不准)。想要详细了解糟糕的软件设计致人受伤甚至死亡的可怕事件，比如 Therac-25 事件 [①]。

用于处理数据的程序

图 4.2 展示了计算机的工作流程。数据被输入到计算机中，由计算机进行处理，然后再输出数据。数据采用的形式以及输出的含义完全由我们决定，程序也是如此。

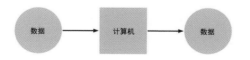

图 4.2　计算机用于处理数据

---

① 译注：1985 年到 1987 年，加拿大 AECC 公司开发的同名放射线疗法机器在软件互锁机制上有缺陷，导致辐射能量变成正常计量的 100 倍，最终造成 6 名美国和加拿大的患者由于过量辐射而意外死亡。

另一种方法是将程序看作一个菜谱，如图 4.3 所示。

在图中的例子中，厨师扮演的是计算机的角色，而菜谱是控制厨师处理原料的程序。一个菜谱可以用到许多不同的原料，一个程序也可以处理许多不同的输入。比如，程序可以获取用户的年龄和想看的电影，并提供一个输出，根据收视率决定用户是否要去看这部电影。

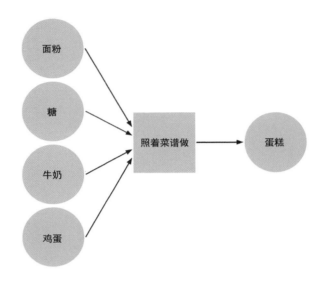

图 4.3　菜谱和程序

JavaScript 用于处理数据

图 4.4 从数据处理的角度展示了早期示例程序之一 Ch02-08 Paragraph Update 的工作原理。程序的输入是 HTML 页面上的一个输入框，而输出是 HTML 页面中的一段文字。在这种情况下，JavaScript 程序代码在 doUpdateParagraph 函数中，当用户点击页面上的一个按钮时，doUpdateParagraph 函数就会运行。这个函数不会对输入的数据进行任何处理，只是把文本从输入元素转移到输出元素中。

这是在接下来几章中经常要用到的一种程序结构。我们可以通过改变网页内运行的函数中的指令来改变程序的作用。函数中的语句将作用于数据，并通过求值表达式产生新的值。

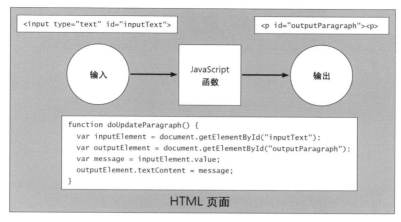

图 4.4　JavaScript 用于处理数据

表达式用于处理数据

表达式可以简单到只包含一个值 (比如 2 或 Rob Miles)，也可以包含运算符和操作数。图 4.5 展示了一个有两个操作数和一个运算符的简单表达式。做实际工作的东西被称为运算符。在 2+2 的例子中，有两个操作数 (两个值 2) 和一个操作符 +。当把一个表达式输入到 JavaScript 命令提示符中时，它会识别操作数和操作符，然后输出答案。

图 4.5　表达式

第 1 章中，我们输入了一些表达式并得到了输出结果。现在再来输入更多表达式。

　代码分析

JavaScript 表达式求值来计算

之前图 4.4 中显示的函数并没有处理任何数据，只是将文本从输入端转移到输出端。JavaScript 中的数据处理是通过表达式的计算来完成的。表达式可以很简单，只含一个值 (这被称为字面意思，因为它是完全按字面意思理解的)。表达式也可以执行复杂的计算。不妨来创建一些表达式，以便更好地理解。

问题 1：JavaScript 能算出 2+2 的结果吗？

解答：希望如此。转到示例文件夹 Ch04 Working with data/Ch04-01 Empty Page。按 F12 功能键打开网页的开发者视图，选择 Console 标签。输入表达式 2+2 并按 Enter 键。

JavaScript 控制台会计算收到的任何表达式，然后返回结果。在这个例子中，它已经计算出 2+2 等于 4。我们可以用控制台做更多的实验来研究表达式。从现在开始，我不展示浏览器的截图，而只截出在控制台中看到的输出。换句话说，之前的表达式是下面这样的：

```
> 2+2
<- 4
```

输入的文本显示为 black，来自 JavaScript 的输出显示为 blue，而命令提示符显示为 brown。

问题 2：如果求 2+3*4 的值，会怎样？

解答：* 运算符表示乘法。JavaScript 用 * 来代替数学中使用的 × 符号。在数学中，在执行加法之前应先执行更优先的操作，如乘法和除法，所以我希望前面的表达式能计算出 14 的结果。首先计算 3*4，得到的答案是 12，然后将其加到数值 2 中。如果在控制台中试一下，应该会看到期望的结果：

```
> 2+3*4
<- 14
```

问题 3：如果求 (2+3)*4 的值，会怎样？

答案：括号内的运算应该优先执行，所以在前面的表达式中，(2+3) 会计算出 5 这个值，然后将 5 乘以 4，得到的结果是 20。

```
> (2+3)*4
<- 20
```

问题 4：如果求 (2+3*4 的值，会怎样？

答案：这个表达式相当有趣，你应该用控制台试一试。这种情况下，JavaScript 会对自己说："要处理的这个表达式不完整，还需要一个右括号。"因此，控制台会等着你输入更多内容。如果输入右括号完成表达式，数值就会被计算出来，并显示结果。如果需要的话，甚至可以在第二行添加更多的总和。

```
>  (2+3*4
       )
<- 14
```

问题 5：如果求)2+3*4 的值，会怎样？

答案：如果 JavaScript 在看到左括号之前就看到了右括号，它就会立刻知道某个地方出现了问题，并显示一个错误。

```
>  )2+3*4
(x) Uncaught SyntaxError: unexpected token ')'
```

注意，`shell` 命令正在尝试通过识别错误的字符来帮助你找出错误。

脚本语言

我们可以用控制台来进行这样的对话，因为 JavaScript 是一种"脚本"编程语言（线索就在名字里）。可以把控制台想象成一位"机器人演员"，它会执行收到的任何 JavaScript 语句。换句话说，用 JavaScript 语言告诉控制台你想让程序做什么。如果这些指令对"机器人演员"来说没有意义，它就会说它无法理解这些指令（通常用红色的文本）。拿到一个程序，然后对其中的指令采取行动，这个过程被称为"解读程序"。演员以诠释戏剧本为生；计算机通过解读程序指令来为我们解决问题。

程序员观点

并不是所有编程语言都和 JavaScript 一样

并非所有编程语言的解读方式都和 JavaScript 的脚本语言的解读方式相同。有时，程序指令被转换为计算机硬件所能理解的非常低级的指令。这个过程称为编译，而执行这种转换的程序称为编译器。编译后的指令可以被加载到计算机中执行。这种技术产生的程序可以运行得非常快，因为当被编译过的低级指令被执行时，计算机不必弄清楚指令的含义，并且指令可以直接执行。

你可能认为这意味着 JavaScript 是一种慢如"龟速"的计算机语言，因为每次运行 JavaScript 程序时，"机器人演员"在执行每条命令之前都得弄清楚其含义。但其实这没什么大不了的，因为现代计算机的运行速度非常非常快，而且 JavaScript 使用了一些巧妙的方法，可以在程序运行的同时对其进行编译。

数据和信息

我们知道，计算机是处理数据的机器以及程序会告诉计算机如何处理数据，现在来更深入地探讨数据和信息的性质。人们交替使用数据和信息这两个词，但区分这两个词很重要，因为计算机和人类看待数据的方式完全不同。图4.6展示了这一区别。

图 4.6   数据和信息

图4.6中的两个项目包含相同的数据，只是左边的图像更接近于文件在计算机中的存储方式。计算机使用数值来表示文本中的每个字母和空格。如果你仔细研究这些数值，可以找出对应的每一个数值。最开始的数值87代表一个大写W，在右边的文档中第一个常规段落的开头是 When。

由于计算机保存数据的方式，在数字到字母的映射下面还存在另一层。每个数字都被计算机作为一个独特的开和关的信号模式，或1和0来保存。在计算领域，每个1或0称为一个比特位。关于计算机如何在这一层面运作以及这些运作如何构成所有编码的基础的精彩讲解，请参阅查尔斯·佩措德的经典著作《编码的奥秘》。代表大写W的值87可以用以下形式表示：

```
1010111
```

这是该值的二进制表示。我没有足够的篇幅来讨论二进制的工作原理（《编码的奥秘》中已经讨论过），但可以把这个比特位看成是"87是由1加2加4加16加64组成的"。

模式中的每一个比特位都告诉计算机硬件是否存在一个特定的 2 次方。如果现在无法完全理解这一部分，不要太担心，但要记住，就计算机而言，数据是计算机存储和操作的 1 和 0 的集合。

另一方面，信息则是人们对数据的解释，用来表示某种意义。严格来说，计算机处理的是数据，人类处理的是信息。

例如，计算机可以在内存的某个地方保存以下比特位模式：

```
11111111 11111111 11111111 00000000
```

你可以认为这意味着"你在银行透支了 256 元"或"你处于地表下 256 英尺"或"32 个灯的开关中有 8 个关"。从数据到信息的转变，通常在人类阅读输出的时候进行。

我之所以如此较真儿，是为了让你记住这个至关重要的点：计算机并不"知道"它所处理的数据意味着什么。对计算机而言，数据只是以比特位的模式存储，是用户使这些模式有了意义。当你收到一张银行对账单说账户里有 8 388 608 元，而你实际上只有 83 元时，请记住这一点。

如前所述，JavaScript 是用来处理数据的。包含 JavaScript 状态的脚本通过浏览器的解读后，产生一些输出。而且，在运行 JavaScript 程序的计算机中，数据值是由一系列 1 和 0 的比特位模式 (代表开和关) 表示的。现在，我们需要了解程序如何通过变量来存储和操作正在处理的数据。

程序中的变量

我们已经在 JavaScript 程序中用过相当多的变量了。变量是程序记事的方式，可以将变量视为可以按名称引用的存储位置。在这个位置上存储什么，以及给这个位置起什么名字，都取决于用户。可以在 JavaScript 程序中创建一个变量，方法是为该变量想一个名字，然后在该变量中输入一个值。也许有人迫切需要做一些加法。在这种情况下，程序中的第一个语句可能是下面这样的：

告诉 JavaScript 程序正在创建一个变量

```
var total;
```
变量名

如果想计算系列数字的总和，就需要一些东西来存储总值。以上语句创建了一个 `total` 变量。程序将把 `total` 的初始值设置为 0，然后把每个数字累加到上面。为了设置 `total` 变量的初始值，这里用了一个赋值语句：

```
total = 0;
```

语句中的等号告诉 JavaScript，程序正在执行一个赋值操作。等号左边的变量名指定了赋值的目的地 (放置结果的地方)，右边的表达式提供了存储在变量中的结果。

当 JavaScript 在表达式中看到一个变量名时，会从变量中获取数值并使用该数值。以下语句应该很好理解：

```
total = total + 1;
```

语句右边的是一个表达式，它将产生一个结果。JavaScript 得到变量 total 的值，并把它加上 1，然后把这个结果放到变量 total 中。换句话说，以上语句的效果是将 total 中的值增加 1。

 动手实践

使用变量

我们通过开发工具来了解一下 JavaScript 中的变量。启动浏览器，导航到 Ch04 Working with data/Ch04-01 Empty Page 文件夹中的页面。按 F12 功能键打开"开发者视图"。从创建一个 total 变量开始：

```
> var total;
```

一旦按下 Enter 键，JavaScript 就会新建一个变量，但它给出了一个相当奇怪的回应：

```
> var total;
<- undefined
```

这是因为每次控制台执行一个语句时，都会显示该语句产生的值。新建一个变量并不会创建一个值，所以控制台将该值显示为 undefined(未定义)。如果输入一个为变量 total 赋值的语句，就可以看到这种现象。输入下面的语句，看看结果：

```
> total = 0;
<- 0
```

在 JavaScript 中，赋值的结果就是被赋的初始值，所以这个语句会产生结果为 0 的值。让我们试着执行在文中看到的加法：

```
> total = total + 1;
<- 1
```

这段语句算出了 total+1 的值 (也就是 0+1)，并将这个值赋给了 total 变量。这意味着 total 现在包含的值是 1。再次执行以下语句：

```
> total = total + 1;
```

```
<- 2
```

　　每次执行加法语句时，`total` 的数值都会变大 1。这个表达式可能看起来很混乱。如果学过数学方程式，应该记得等号 "=" 意味着一个值等于另一个值。从数学的角度来看，上面生成的语句显然是错误的，因为 `total` 不能等于 `total` 加 1。然而，一定要记住，在 JavaScript 中，等号运算符意味着 "赋值"。所以，表达式 `total+1` 在右边求值，然后赋值给左边的变量。在 JavaScript 中，创建一个变量并立即为其赋值是完全可以的：

```
> var total=0;
```

　　如果你这样做，会注意到控制台显示的结果是未定义的，因为正如本节开始时所讲的，一个创建变量的语句不会返回一个值。如果没有在一个变量中设置一个值，JavaScript 会将该变量标记为 `undefined` 的值。输入下面的语句来创建一个新的变量 `emptyTest`：

```
> var emptyTest;
```

　　现在可以调查新创建变量 `emptyTest` 所持有的值。如果只是输入 `emptyTest` 变量，控制台将持有存储在 `emptyTest` 变量中的值：

```
> emptyTest
<- undefined
```

　　注意，这并不意味着变量 `emptyTest` 不存在。相反，它意味着变量 `emptyTest` 不持有一个值。变量 `emptyTest` 的内容是未定义的，我们可以像传递其他值一样传递这个未定义的值：

```
> emptyCopy=emptyTest;
<- undefined
```

　　现在有一个叫 `emptyCopy` 的变量，它持有 `emptyTest` 的副本。这两个变量都持有未定义的值。若是在计算中使用未定义的值，不会得到错误，但将得到一个不是数字的结果：

```
>      emptySum=emptyTest + 1;
<- NaN
```

　　这种计算不会对程序造成问题，只是会产生不对的结果。JavaScript 对未定义变量和不存在变量进行了区分。如果用户试图查看一个不存在的变量的值，会发生一些意想不到的事情。输入名称 notDefined 并按下 Enter 键：

```
>notDefined
Uncaught ReferenceError: notDefined is not defined at <anonymous>:1:1
```

这个 notDefined 变量并不存在，所以 JavaScript 给出了一个错误信息。

JavaScript 标识符

　　JavaScript 中，对象的名称为"标识符"。我们为新建的第一个变量使用了 total 标识符。写程序时，必须为该程序中的变量定义一个标识符。JavaScript 对标识符的形式有如下规定：一个标识符必须以字母、美元字符 $ 或下划线 _ 开头，并且可以包含字母、数字或下划线 _。

　　total 这个名称完全符合规则，xyz 也是。然而，标识符 2_be_or_not_2_be 会被驳回，因为它以数字开头。另外，JavaScript 对字母大小写敏感，比如，FRED 和 fred 会被 JavaScript 认为是不同的标识符。

程序员观点

创建有意义的标识符

令我感到震惊的是，有些程序员居然会用 X21 或 silly 或 hello_mum 这样的标识符。我从来不会这样做。我会尽力让程序通俗易懂。所以，我会使用 length 或者 windowLengthInInches 这样的标识符。我的窗口长度标识符使用的格式是，标识符内每个字的第一个字母都是大写字母。这称为"骆驼拼写法"，因为名称中的大写字母就像骆驼背上的驼峰一样，要高一些。另一个惯例是用下划线字符来分割标识符中的单词：window_length_in_inches。我认为这两种方法都可以，只不过骆驼拼写法在 JavaScript 中更为常见。我不在乎你具体会用哪一种，但我在乎你能否在整个程序中一致地使用。

无论选择哪种方法来构成标识符，都要尽力使创造的标识符有意义。如果标识符适用于一个特定的对象，那么标识符名字中就要包含那个对象名。如果那个东西有特定的测量单位，那么也要把单位加上。例如，要存储客户的年龄时，我会创建一个名为 customerAgeInYears 的变量。

JavaScript 允许创建任何长度的标识符，较长的标识符不会降低程序的速度。但是，冗长的名字对用户来说可能有点难以理解，所以应该尽量把它们控制在例子中所示的长度以内。

代码分析

代码错误和测试

你现在应该已经习惯了这样的想法：如果给一个 JavaScript 程序错误的指令，就会发生错误的事情。然而，请看下面的 JavaScript 语句，目的是为 total 变量的值加 1：

```
Total = total + 1
```

问题 1：以上语句中有一个错误，应该是为 total 变量加 1。这会产生什么错误呢？

解答：本章的前面部分用到过一个类似的语句，其目的也是要为 total 变量加 1。看起来我们在这里做的是同样的事情，但事实并非如此。这个语句和我们前面看到的语句有一个关键的区别：这条语句将计算结果赋给一个新创建的名为 Total 的变量。之所以会发生错误，是因为尽管我们用 var 这个词来告诉 JavaScript 我们正在定义一个变量，但 JavaScript 并不会一直对这个变量进行操作。如果把一些东西赋给一个 JavaScript 以前没有见过的变量，JavaScript 就会用指定的名字新建一个新变量。

在运行该语句时，JavaScript 不会报错，但它也不会正确地更新 total 的值。而是会新建一个 Total 变量，这是一个逻辑错误。对 JavaScript 而言，这条语句是完全规矩的，但它在运行时会做错事。

我在本书的开头提到过，JavaScript 有一些功能让我头疼，这就是其中之一。因为如果只犯了简单的打字错误，并不会收到 JavaScript 的错误或警告信息，只会得到一个能运行但没有正确工作的程序。

问题 2：如何避免逻辑错误？

解答：应对逻辑错误，只有依赖于测试。我们需要用一些已知的数值（知道总数的数值）来运行程序，然后验证答案是否与测试总数一致。如果答案是合理的，就可以初步信任程序代码。然而，即使程序通过了所有的测试，也仍然可能存在着问题，因为可能会有故障没被这些测试发现。

测试通过并不能证明程序的成功，只能证明它不会像测试失败那样糟糕。

如果在创建程序时添加测试的效果是最好的。我们每次创建新程序时都会讨论该怎么测试。

```
total = Total + 1
```

问题 3：前面的语句也包含 total 变量的拼写错误。不过，这次是等号右边的名称拼错了。当这个程序运行时，会发生什么？

解答：JavaScript 会拒绝运行这个语句。它将告诉你，你正在使用一个 Total 变量，但它之前没有见过这个变量。有时，拼写错误会在程序运行前检测到，但有时则可能不会。

听到我建议使用长且有意义的名字时，你可能会觉得我是在给你添麻烦，因为名字越长，越有可能有输入错误。目前，解决这个问题的方法之一是使用编辑器的文本复制功能，将名字从程序的一个部分复制到另一个部分。

执行计算

我们知道，JavaScript 表达式是由运算符和操作数组成的。运算符确定要执行的动作，而操作数则由运算符来处理。现在，我们可以更加详细深入地解释这一部分。表达式可以简单到只有一个值，也可以复杂到涉及大型计算。下面是几个数字表达式的例子：

```
2 + 3 * 4
-1 + 3
(2 + 3) * 4
```

这些表达式是由 JavaScript 从左到右进行求值的，就像用户阅读它们一样。同样，就像在传统数学中一样，乘法和除法优先执行，其次是加法和减法。JavaScript 通过给每个运算符一个优先级顺序。当 JavaScript 计算一个表达式时，它会找到所有具有最高优先级的运算符并优先执行它们。然后，再寻找优先级次之的运算符，以此类推，直到得到结果。求值的顺序意味着，表达式 2+3*4 的计算结果为 14，而不是 20。

如果想强制改变一个表达式的求值顺序，可以在想先求值的表达式元素周围加上圆括号，就像前面的式子一样。如果你想的话，也可以把圆括号放在圆括号中，前提是要确保左括号和右括号一样多。我比较倾向于通过在所有数字周围加上括号来使表达式变得更清晰明了。

表达式的求值，不要太纠结，通常都是按照我们预期的方式求值的。下表列出了一些运算符，描述了它们的作用和优先级。这些运算符按照优先级的顺序排列。

运算符	用法
-	一元负号运算符。这是 JavaScript 在负数中找到的 + 运算符，表示正负转换
*	乘法。注意使用 * 而不是数学上更正确但令人困惑的 x
/	除法。由于在编辑过程中很难将一个数字放在另一个数字上，所以用此字符来代替
+	加法
-	减法。注意，一元减法中也使用同样的符号

这个列表并不包含所有运算符，但对现在来说已经足够了。因为这些运算符对数字起作用，所以通常称为"数字运算符"。然而，其中一个运算符，即"+"运算符，可以在字符串之间应用，就像前面我们看到的那样。

代码分析

计算结果

问题： 看看以下语句是否能算出 a，b 和 c 的值：

```
var a = 1;
var b = 2;
var c = a + b;

c = c * (a + b);
b = a + b + c;
```

解答： a=1，b=12，c=9。解决这个问题的最好方法就是像计算机一样依次处理每条语句。当我这样做时，会在一张纸上写下变量值，然后在进行计算时更新每个变量。这样做意味着我可以在无需运行程序的情况下预测它会做什么。

整数和实数

我们知道，JavaScript 认识两种基本的数据类型，分别为文本数据和数字数据。现在，我们要更深入地了解数字数据的工作原理。有两种数字数据——整数和实数。整数没有小数部分。到目前为止，我们编写的每一个程序都使用了整数。计算机完全按照输入的数字来存储整数的值。另一方面，实数包含小数，在计算机中不可能总是准确保存。

作为程序员，需要选择用哪种数据类型来存储每个值。

代码分析

整数与实数

可以通过观察一些使用整数或实数的案例来了解它们之间的区别。

问题 1： 我想构建一个可以计算头发数量有多少的设备，应该把这个值存储为整数还是实数？

解答：这里应该将值存储为整数，因为头发不可能有半根。

问题 2：我想在 100 个人身上使用头发计数器，并计算出他们每个人平均的发量。应该把这个值存储为整数还是实数？

解答：得出结果时，我们会发现平均数包括小数部分，也就是说，这种情况应该用一个实数来存储它。

问题 3：我想在程序中记录一个产品的价格，应该使用整数还是实数？

解答：这是个很棘手的问题。你可能认为价格应该保存为一个实数，例如，1.5人民币 (1.5 元)。但是，其实也可以把价格存储为整数，即 150 分。在这样的情况下，使用的类型取决于该数字的使用方式。如果只是记录销售产品时的总金额，可以用整数来保存价格和总数。但是，如果还借钱给别人买自己的产品，并准备计算要向他们收取多少利息，就需要一个小数部分来更精确地保存这个数字。

程序员观点

选择用什么方式来存储变量取决于你想用变量来做什么

用整数来计算头发数量是理所当然的。但是，可能会有人争辩说，100 个人的平均发量也可以用整数来表示。因为计算出的平均数肯定上千了，一根头发的零头不会增加多少有用的信息，所以完全可以放弃小数部分，四舍五入到整数。当你考虑怎样在程序中表示数据时，必须考虑到它将如何使用。

实数和浮点数

实数类型有一个小数部分，也就是小数点之后的部分。实数并不总是完全按照输入到 JavaScript 程序中的方式存储的。数字映射到计算机内存中的方式是存储一个尽可能接近原始值的数值。存储的数据通常被称为浮点表示法。计算机内存越大，存储过程的准确性就会越高，但永远无法精确地保存所有的实数。

不过这并无大碍。像圆周率这样的数值永远不可能被精确保存，因为它们"永远算不尽"。我的一本书中记录了 π 的值，这个值的小数点后有 100 万位，但我仍然不能说这是 π 的精确值。我只能说，书中的数值比任何人需要的都要精确无数倍。

当我们考虑如何存储数字时，需要考虑范围和精度。精度规定了数字存储的精确程度。一个特定的浮点变量可以存储为 123 456 789.0 或 0.123 456 789 的值，但不能存储 123 456 789.123 456 789，因为它没有足够的精度来存储 18 位数字。浮点存储的范围决定了可以将小数点"滑"多远来存储非常大或非常小的数字。例如，我们可以存储 123 456 700 这个数值，也可以存储 0.000 123 456 7。对于 JavaScript 中的浮点数，我们有 15 到 16 位的精度，并且可以将小数点向右滑动 308 位 (用于存储巨大的数字) 或向左滑动 324 位 (用于存储极小的数字)。

在使用计算机时，将实数对应为浮点表示法确实带来了一些挑战。事实证明，0.1(十分之一) 这个数值可能无法被计算机准确保存。代表 0.1 的存储值会非常接近 0.1，但并不完全等于这个值。这会对我们写程序的方式产生影响。

代码分析

浮点变量和误差

我们可以通过使用浏览器中的 JavaScript "开发者视图"做一些实验来了解浮点值的工作原理。输入数字形成的表达式，可以查看 JavaScript 计算的结果。

问题 1：如果试着将一个不能被准确保存的值存储为浮点值，会怎样？

解答：我们知道 0.1 这个值在计算机中是无法准确保存的，所以不妨在开发者视图中输入这个值，看看会得到什么结果。在浏览器中进入控制台窗口，输入以下内容：

```
> 0.1
<- 0.1
```

现在，你可能觉得我一直在骗你，因为我说 0.1 这个值不能被准确保存，然而现在，JavaScript 却返回了 0.1 这个值。但其实说谎的不是我，而是 JavaScript。JavaScript 的打印程序在打印数值时，会对它们进行四舍五入。换句话说，如果要打印的数字是 `0.100 000 000 000 000 005 511 15` 或类似这样的数，JavaScript 就会直接打印 0.1。

问题 2：这种四舍五入真的会发生吗？

解答：我可以向你保证，在打印时数值是四舍五入的，误差只是被隐藏起来了。但如果我们进行一个简单的计算，就可以引入一个足够大的误差来避免被 JavaScript 四舍五入。在 JavaScript Shell 中输入以下算式，并观察返回的结果。

```
> 0.1+0.2
<- 0.30000000000000004
```

0.1 加 0.2 的结果应该是 0.3，但是由于数值是以二进制浮点数的形式保存的，所以计算结果包含一个足以避免被四舍五入的误差。

然而，这种不够精确对编程而言并无大碍，因为传入的数据通常都不要求特别精确。例如，要想为头发计数器增加测量头发长度的功能的话，我很难用超过十分之一英寸 (2.4 毫米) 的精度来测量头发的长度。对于头发数据分析而言，大约三或四位数的精度就足够了。

还有一个值得注意的是，这些问题与 JavaScript 没有关系。大部分甚至所有现代计算机都使用电气和电子工程师协会 (IEEE)1985 年制定的标准来存储和处理浮点数值。所有在计算机上运行的程序都会以同样的方式处理数值，所以 JavaScript 中的浮点数与其他语言中的浮点数没有什么不同。

JavaScript 的浮点值与其他语言中的浮点值的唯一区别在于，JavaScript 中的浮点变量占用 8 个字节的内存，是 C 语言、C++ 语言、Java 语言和 C# 语言中的浮点类型的两倍 (Python 除外)。在这些语言中，JavaScript 浮点变量相当于一个双精度的值。

创建随机骰子

我们可以通过创建一个随机骰子网页来探索 JavaScript 中整数和浮点值的区别。当用户一按下按钮时，就随机生成一个在 1 到 6 之间的数值。JavaScript 有一个内置的 `Math` 库，其中包含一个 `random` 函数，可以用来生成一个 0 到 1 的实数 (但不包括 1 这个值)。我们来研究一下这是如何运作的。

 动手实践

随机数生成

让我们来看看 JavaScript 中的随机数。启动浏览器，导航到 Ch04 Working with data\Ch04-02 Computer Dice 文件夹中的页面。按下按钮，生成一个随机数，每次按下按钮，都将得到一个新的随机数。

Digital Dice

Roll the Dice

Rolled: 4

按 F12 功能键打开"开发者视图"，调用 `Math` 库中的 `random` 函数生成一个随机数：

```
> Math.random()
```

按下 Enter 键时，JavaScript 将计算出一个伪随机数并显示结果。这个数字之所以称为伪随机，是因为它是作为从一个特定的种子值产生的数值序列之一来计算的。种子值是由 JavaScript 使用当前时间选择的，所以，一个程序每次运行都会得到不同的序列。

```
> Math.random()
<- 0.01479622790601498
```

如果你得到的数字和上面打印的数字一样，我会非常非常惊讶 (因为你必须和我在同一时间运行程序)。这会随机生成一个介于 0 和 1 之间的数字。多调用几次 random 函数的话，你会发现每次得到的数字都不同。如果尝试的次数足够多，可能会得到数值 0，不过，永远不可能得到数值 1，这一点很重要。

random 函数返回一个介于 0 和 1 之间的值。可以通过用 Math.random() 乘以想要的范围来扩大生成随机数的范围。这里，我想将范围扩大 6 倍。试着输入以下语句：

```
> Math.random()*6
```

这将产生一个 0 到 6 之间的结果，但不包括 6(因为 random() 不可能返回 1)。

```
> Math.random()*6
<- 1.342641962710725
```

接下来，把小数部分去掉。JavaScript 提供了另一个叫 floor 的 Math 函数，它可以把数字的小数部分去掉，无论这个小数部分有多大。

```
> Math.floor(1.9999)
```

1.9999 这个值非常接近 2，但 floor 函数将整个小数部分都去掉了。对随机数也可以使用 floor 函数。

```
> Math.floor(Math.random()*6)
```

这是个需要学习的重要内容：表达式可以被送入函数调用中。以上语句从 random 函数中得到一个值，将其乘以 6，然后将结果送入 floor 函数。多次重复这个语句的话，会看到 0、1、2、3、4、5 这些值随机出现。我们想要一个介于 1 和 6 之间的值，所以要在当前表达式的基础上加 1：

```
> Math.floor(Math.random()*6)+1
```

这就是程序的“主脑”。在“开发者视图”中选择 Element 标签页，然后展开 <script> 元素，查看 doRollDice 函数，如下所示。

该函数的中间有一条语句，将 spots 变量的值设置为 1 到 6 之间的随机数。怎样改动程序才能使其生成 1 到 20 之间的一个数字呢？

```
> Math.floor(Math.random()*20)+1
```

前面的事实证明，这非常简单，只需要将随机值乘以 20，而不是 6，就可以了。

处理文本

前面介绍了如何使用持有数字的变量。其实，程序还可以创建持有文本字符串的变量。

```
var customerName = "Fred";
```

这条语句与用来创建 total 变量的语句几乎完全一样，区别只在于，被赋予的值是文本字符串。字符串用定义文本的界限的双引号包围。双引号字符被称为定界符，因为它们定义了文本的界限。定界符不是被存储的字符串的一部分，所以 customerName 变量只包含 Fred 这个词。

customerName 变量与 total 变量不同，它持有文本而不是数字。我们可以在任何可以使用字符串的地方使用这个变量。

```
var message = "the name is" + customerName;
```

在被赋值的表达式中，customerName 变量中的文本被添加到 "the name is" 字符串的末端。由于 customerName 当前持有字符串 "Fred"(前面的语句中设置了这一点)，上述赋值将创建另一个名为 message 的字符串变量，其中包含 "the name is Fred"。我们以前看到过 + 运算符，用来把两个数字加在一起。在这种情况下，该运算符可以进行连接，也就是把两个字符串组合在一起。

JavaScript 字符串定界符

双引号 " 可以作为一个定界符，在程序中标记字符串的开始和结束。但要是想输入一个包含引号字符的字符串该怎么办呢？在这种情况下，可以使用单引号 ' 来标记字符串的开始和结束：

```
var message = 'Read "Begin to code with JavaScript". It is an amazing book';
```

如果想输入一个既包含单引号又包含双引号的字符串的话，可以使用反引号 ` ——也称为"尖音符"——来限定字符串：

```
var message = 'Read "Begin to code with JavaScript". It's an amazing book';
```

如果希望输入的字符串中包含两种引号和反引号的话，一定会得到个令人惊叹的字符串。这种情况下，可以利用转义序列来输入。

字符串中的转义序列

利用转义序列，可以让字符串中包含引号字符。通常情况下，字符串中的每个字符代表该字符本身。换句话说，一个字符串中的 A 代表 'A'。然而，当 JavaScript 看到反斜杠"\"字符时，就会查看该转义字符后面的文本，以决定描述的是什么字符，这就是所谓的转义序列。可以在 JavaScript 字符串中使用许多不同的转义序列。下表列出了最有用的一些转义序列。

转义字符	含义	作用
\\	反斜杠字符	在字符串中输入一个反斜杠
\'	单引号 (')	在字符串中输入一个单引号
\`	反引号 (`)	在字符串中输入一个反引号
\"	双引号 (")	在字符串中输入一个双引号
\n	Unicode 换行符	结束这一行，并换行
\t	Unicode 制表符	向右移动到下一个制表位
\r	Unicode 回车符	将打印位置返回到该行的开始位置

Unicode 是计算机科学领域里的一项业界标准，它为每种语言中的每个字符设定了统一并且唯一的二进制编码。第 2 章的"显示符号"一节提到过 Unicode。

处理字符串和数字

可以创建涉及字符串的表达式，但唯一能在两个字符串之间使用的运算符是之前介绍过的 + 运算符。还可以创建含有字符串和数字的表达式，但需要更仔细。

代码分析

结合字符串和数字

我们可以通过使用"开发者视图"来回答一些问题，从而进一步了解字符串和数字在 JavaScript 程序中的组合方式。

问题 1：如果在字符串中加入数字的话，会怎样？

解答：JavaScript 将数字和字符串视为不同类型的数据。不妨把它们加在一起，看看会怎样：

```
> "hello" + 99
<- "hello99"
```

这条语句将数字值 99 添加到字符串 "hello" 中。JavaScript 会自动将数字转换为字符串，从而得到以上结果。不过，如果在字符串中加入好几个数字，可能会得到奇怪的结果。

问题 2：如果在字符串中加入好几个数字，会怎样？

解答：JavaScript 将数字转换到字符串的方式会导致一些有趣的结果：

```
> 1 + 2 + "hello" + 3 + 4
<- "3hello34"
```

JavaScript 从头开始处理表达式。把 1 和 2 相加，生成 3 的值。后来看到了字符串，于是想把这个数字变成字符串。于是它把 3 这个数字转换成了字符串，并和 "hello" 加到一起。接着它把发现的其他东西也转换成了字符串，并加在了一起。如果想让数值在转换为字符串之前先进行计算的话，可以利用括号。

```
> (1+2) + "hello" + (3+4)
<- "3hello7"
```

我并不认可这种编程方式，因为它有点令人困惑。如果真的想创建一个如上图所示的输出结果，我会把它分解成几条独立的语句。

```
var calc1 = 1 + 2;
var calc2 = 3 + 4;
var result = calc1 + "hello" + calc2;
```

这样的语句能使程序的用户看得明白，程序会在显示这些数值之前先完成计算。

将字符串转换为数字

我们已经了解到，JavaScript 将数字变量和文本变量视为不同类型的数据。并且当 JavaScript 认为合适的时候，它会自动将数字转换为字符串，只不过有时可能会弄巧成拙。有时候，我们的程序需要将字符串转换为数字。假设我们要创建一个加法计算器网页。用户输入两个数值并按下按钮后，就会显示这两个数字的总和。图 4.7 显示了如何用这个网页来解决 "2+2 等于几" 这个司空见惯的问题。

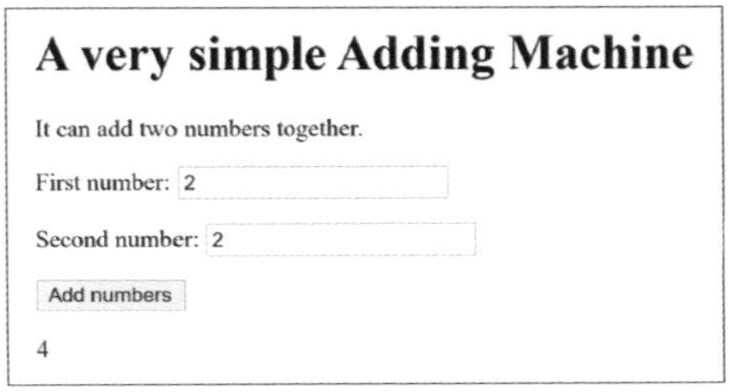

A very simple Adding Machine

It can add two numbers together.

First number: 2

Second number: 2

Add numbers

4

图 4.7 加法计算器

该页面包含两个用于输入数值的输入栏，一个用于得出计算结果的按钮以及一个显示结果的段落元素。我们基本知道该怎样创建这个应用程序，但还有一件事需要研究：用户要输入作为文本字符串添加的数字。我们需要想办法把这些字符串转换为可以相加的数字。

 动手实践

将字符串转换成数字

JavaScript 对数字和字符串进行了区分，我们来研究一下这是如何运作的。打开示例文件夹 Ch04 Working with data\Ch04-03 Adding Machine 中的网页，这是一个加法计算器。输入两个数字并按下添加数字按钮，正确的答案便出现了。现在，按 F12 功能键，打开 "开发者视图"，选择 Control 标签，在控制台窗口中查看控制台提示符。输入以下数字，并按 Enter 键：

> 2+2

控制台显示了我们预期的答案：

<- 4

现在输入不同的表达式：

> "2"+"2"

这个表达式将字符串 "2" 添加到了字符串 "2" 上。

```
<- 22
```

创建变量时，可以在操作中看到区别。通过输入以下内容创建这两个变量：

```
> var stringTwo = "2"
> var numberTwo = 2
```

JavaScript 提供的 typeof 函数可以识别出用户提供给它的变量是什么类型。试着利用它查看 name 和 age 这两个变量的类型。

```
> typeof(stringTwo)
<- "string"
> typeof(numberTwo)
<- "number"
```

JavaScript 提供了一个名为 Number 的函数，它将尝试把接收到的任何东西转换为数字。可以利用它来把字符串版本的 "two" 转换成数字版本：

```
> var convertedTwo = Number(stringTwo)
```

这条语句创建了一个 convertTwo 数字变量，包含 stringTwo 持有的数字。convertedTwo 的类型是数字：

```
> typeof(convertedTwo)
<- "number"
```

将"开发者工具"窗口打开备用。

开发应用程序

我们已经学到了许多编程知识，足以动手创建一些实用的应用程序了，来试试吧。

开发加法计算器

知道可以用 Number 函数将字符串类型转换为数字类型后，就可以开始创建加法计算器了。页面内元素的 HTML 代码如下：

```
<h1>A very simple Adding Machine</h1>
<p>It can add two numbers together.</p>
<p>
  First number: <input type="text" id="no1Text" value="0">
```

第一个数字输入

```
</p>
<p>                                                        第二个数字输入
   Second number: <input type="text" id="no2Text" value='0'>
</p>
<p>                                                        触发运算的按钮
   <input type="button" value="Add numbers" onclick="doAddition();"></button>
</p>

                                                          显示结果的段落
<p id="resultParagraph">
   Result displayed here.
</p>
```

HTML 中的每个元素都和图 4.7 的项目相对应。有两个文本输入框供用户输入要添加的值。这些区域的 ID 是 no1Text 和 no2Text。另外还有一个输出段落，用来显示结果，ID 是 resultParagraph。用户点击按钮时，doAddition 函数被调用来计算结果并显示结果。这个函数从输入中提取文本，将其转换为数字，然后进行计算。

input 元素从用户那里读取文本字符串。这对读取字母很有效，但对读取数字，效果就大打折扣了。

```
                                                     获取一个对持有用户输入的元素的引用
var no1Element = document.getElementById("no1Text");
var no1Text = no1Element.value;                      从用户输入元素中获取文本
var no1Number = Number(no1Text);                     将文本转换为数字
```

这段代码获取用户输入的第一个值，并将其转换为可用于计算的数字。Number 函数执行转换；前两条语句获取对持有数字文本的输入元素的引用，然后从该元素中获得文本。程序用类似的语句获取第二个输入元素中的数值：

```
var result = no1Number + no2Number;
```

该语句用于加法计算，并将其存储在一个名为 result 的变量中。这部分代码是程序中进行数据处理的。其余的 HTML 和 JavaScript 语句提供了输入和输出。函数要做的最后一件事是为用户显示结果。我们为此写过好几个函数了。计算结果是通过修改网页上的段落文本来显示的：

```
var resultElement = document.getElementById("resultParagraph");
resultElement.innerText = result;
```

第一条语句得到一个对 resultParagraph 元素的引用，第二条语句将 innerText 设置为计算结果 result 的值。注意，result 变量持有一个数字，但 JavaScript 会自动将其转换为文本进行显示。前面也出现过这种将数字自动转换为文本的情况。

注意事项

输入数字无效

创建程序时，必须考虑到可能会出现什么样的错误。例如，如果用户被要求输入数字 2，完全有可能出现以下这种情况：

First number: two

我们用 Number 函数将文本转换为数值。如果 Number 函数能够将 two 转换成数值 2 的话，就令人印象深刻了，但不幸的是，Number 函数做不到这点。相反，它认为 two 不是数字，因此将返回 NaN，意思是"非数字"。任何涉及非数字的 JavaScript 计算都会产生 NaN 结果，所以输入这种文本会导致以下情况：

First number: two

Second number: two

Add numbers

NaN

好消息是，当用户输入这样的文本时，程序并没有给出类似于 -8399608 这样的结果，但它仍然不够完美。下一章会介绍如何让程序检查输入的数字是否有效，并显示恰当的警告信息。然而，要想防止出现这样的错误，最好的方法是从源头上扼杀发生这种错误的可能性。我们可以告诉浏览器，给定的输入元素必须是一个数字而不是文本。

```
First number: <input type="number" id="no1Text" value="0">
```

以上 HTML 语句展示了该如何做到这一点。现在输入的类型是数字，当用户输入东西时，输入元素将只接受数字。如果在智能手机上使用这个输入框，会得到一个数字键盘来输入数值，而不是一个全键盘。在 Windows 系统中，微软的 Edge 浏览器甚至显示了上箭头和下箭头按钮来改变元素的数字值。

It can add two numbers together.

First number: 2

Second number: 2

请注意，即使指定了输入栏的类型是数字，在程序中使用输入栏时，仍然会从中得到一个文本字符串。不过，可以确定的是，我们从元素中得到的文本只包含数字。在示例文件夹 Ch04 Working with data\Ch04-04 Number Adding Machine 中可以找到这个版本的页面。

> **程序员观点**
>
> **错误处理是编程中的重点**
>
> 专业程序员至少要像写程序代码一样，用同样多的时间来研究可能出现的错误。还得花很多时间来考虑怎样通过测试来证明程序是有效的。这就是为什么哪怕看起来很简单的程序，程序员都需要花很长时间才能创建好的原因之一。

计算比萨订单

我参加过许多编程马拉松活动，并进行了严谨的科学研究，最终得出一个精准的数字：每份比萨正好够 1.5 人食用。换句话说，如果我有 30 个学生，就需要订购 20 份比萨，以此类推。我决定制作一个网页，用于根据给定的学生人数计算出需要订购多少比萨。用户输入学生人数，然后点击计算比萨按钮来显示结果。以下是我的第一版代码，得到的结果如图 4.8 所示。

```html
<!DOCTYPE html>
<html>

<head>
  <title>Ch04-05 Pizzcalc Vesion 1</title>
  <link rel="stylesheet" href="styles.css">        使用样式表添加一些样式
</head>

<body>
  <h1>&#x1f355; Pizza Calculater</h1>
  <p>Calculates the number of pizzas you&rsquo;ll need.</p>
  <p>
    Number of students: <input type="number" id="noOfStudentsText" value="0">
  </p>                                               学生人数的输入元素
  <p>
```

```
  <input type="button" value="Calculate pizzas" onclick="doPizzaCalc();">
  </button>                                                          显示结果的按钮
</p>


<p id="resultParagraph">                                             显示结果的段落
  Result displayed here.
</p>


<script>
  function doPizzaCalc() {                                           计算结果的函数

  var noOfStudentsElement = document.getElementById("noOfStudentsText");
  var noOfStudentsText = noOfStudentsElement.value;
  var noOfStudents = Number(noOfStudentsText);
                                                                     获得学生人数
  var noOfPizzas = noOfStudents / 1.5;                               进行计算
                                                                     获得显示结果的段落
  var resultElement = document.getElementById("resultParagraph");
  resultElement.innerText = "You need" + noOfPizzas + "pizzas.";
  }                                                                  显示结果
  </script>
</body>

</html>
```

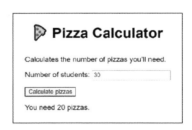

图 4.8　比萨计算器

　　这是第一版比萨计算器。我利用比萨饼的表情符 (🍕) 把一块漂亮的比萨放在了标题上。在输入图 4.8 中的数据后，该页面运行良好。如果我有 30 个学生，程序算出我需要订购 20 份比萨。但如果输入其他数量的话，会产生一些问题，如图 4.9 所示。

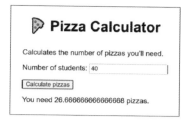

图 4.9　不是整个比萨

我不能向比萨店订三分之二块比萨，所以需要想办法把比萨的数量转换为整数。同时，我还需要考虑转换的方式。如果只用骰子程序中使用过的 floor 函数的话，floor 函数会去除小数部分，因此会计算出 26 份比萨的订单。但这会导致我准备的比萨只够 39 个人吃，有个学生只能饿着肚子。有几种方法可以解决这个问题，我认为，最好的方法是在订单中再增加一份比萨。

```
var noOfPizzas = Math.floor(noOfStudents / 1.5) + 1;
```

动手实践

完善比萨程序

加载 Ch04 Working with data\Ch04-05 Pizzacalc Version 1 文件夹中的示例程序，并使用上述语句进行修改。之后，当输入的学生人数为 40 时，程序就会建议订购 27 份比萨。接着修改程序，让程序总是向下取整，得到最接近的比萨数量。在 Ch04 Working with data\Ch04-05 Pizzacalc Version 2 中可以找到总是向上取整的版本。

还可以修改程序的样式表，使 `<h1>` 和 `<p>` 的样式看起来更美观。

程序员观点

永远不要自以为是

为客户编写比萨计算器的时候，不要擅自决定程序在需要订购非整个比萨时应该做什么。客户可能想让比萨的数量"向下取整"，以降低成本。这种情况下，要是程序多加了一份比萨，可能会导致客户不满。又或者，客户可能想赢得慷慨的好名声，在这种情况下，就需要让程序"向上取整"。

作为程序员，永远不要认为自己知道程序该做什么。客户的想法永远是最重要的。不然，你就得为多出来的一份比萨买单。

温度转换器

　　加法计算器和比萨计算器都有一个有趣的共性：结构很相似。加法计算器还需要一个额外的输入（要加的第二个数字），但它的工作方式与比萨计算器相同。我们还可以用这个模式来开发第三个程序来实现华氏度和摄氏度之间的温度转换。试着创建一个页面来进行温度转换。可以参考以下小节中的提示。

换算公式

　　要想将温度从华氏度转换为摄氏度的话，需要从华氏度的值中减去 32，然后将结果除以 1.8。以下语句展示了具体细节。它假定你已经创建了一个包含华氏温度的 `fahrenheit` 变量：

```
var centigrade = (fahrenheit-32)/1.8;
```

简化温度值的显示

　　在比萨计算器的例子中，JavaScript 喜欢在显示数字时有很多小数位。要是程序把 60 华氏度转换为 15.55555555 摄氏度的话，看起来就很不简洁。`toFixed` 方法可以用来为数字变量创建具有固定小数位数的字符串。以下语句将创建一个 `resultString` 变量，其中包含只有一个小数位的数字字符串。也就是说，15.5555555 的温度将被转换为包含 15.6 的字符串。

```
var resultString = centigrade.toFixed(1);
```

显示温度计表情符

　　你可能想在网页上添加一个温度计表情符。这需要在 HTML 源代码中添加两个符号。以下 HTML 代码会显示带有温度计表情符的标题。

```
<h1>&#x1f321;&#xfe0f; Fahrenheit to Centigrade</h1>
```

　　在 Ch04 Working with data\ Ch04-07 Fahrenheit to Centigrade 这个文件夹中，可以找到我的代码。大家可以试着自己动手编写任何一种自己喜欢的转换器，比如将英尺转换成米、将克转换成盎司或将升转换成加仑。

添加注释

　　对于复杂的程序，添加注释很重要，这可以使程序的代码更加清晰易懂。注释不是为计算机写的，而是为阅读程序的人写的。

```
/* 鉴于每份比萨可供 1.5 个学生食用，我们把学生人数除以 1.5，得到要订购的比萨数量。
```

> 然后去掉小数部分，并加上 1。注意，这意味着针对某些学生人数会买多一些比萨。
> */
> `var noOfPizzas = Math.floor(noOfStudents / 1.5) + 1;`

程序中的这些注释非常清楚地说明了如何计算比萨的数量以及背后的原因。如果没有这个注释，就必须知道函数中之所以有 1.5 这一个特定的数字，是因为已经确定了每份比萨可以供多少个学生食用。用字符 /* 和 */ 包围注释文本，可以写多行注释。当浏览器看到 JavaScript 程序中的字符序列 /* 时，就会忽略之后的文本，直到看到表示结束注释文本的 */。程序中的任何地方都可以添加注释，浏览器会完全忽略它们。也可以创建单行注释：

`var centigrade = (fahrenheit-32)/1.8; // 使用标准转换公式`

上面的注释是一个单行注释。它始于字符序列 //，并在行尾结束。我们可以在语句的末尾或单独的一行中加入这类注释。如果用 Visual Studio Code 来编写程序，就会发现注释是用绿色突出显示的。

编写程序时应该将可读性放在第一位。前面讲过，在为变量选择标识符时，要确保名称能够描述变量的用途。添加注释也可以使程序更加容易理解。

有些人说，写程序有些像写故事。对此，我并不完全认同。我见过有些计算机指南写得像小说似的，但程序则是另一回事。我认为，虽然程序本身不是那种小说，但好的程序确实具有优秀文学作品的一些特点。

- **程序应该容易阅读**。在任何时候，都不应该强迫迷茫的读者回溯或脑补作者假定已经具备的知识。程序中所有的名字都应该表达其意义，并相互之间应有区分。
- **程序应该使用正确的标点符号和语法**。各个部分应以清晰一致的方式排列。
- **程序应该看起来很美观**。好的程序应该有合理的布局。不同的部分需要缩进，并且语句在页面上以规范的格式分布。
- **程序应该清楚地显示修改过程序的人以及上一次修改的具体时间**。写代码的时候应该把自己的名字标注上。如果对程序进行了修改，也应该说明修改的原因。

程序的优劣很大程度上取决于程序员添加的注释。没有注释的程序就像一架可以自动驾驶却没有窗户的飞机。它可能会飞向正确的地方，但从内部很难分辨出它到底要去往何方。

慷慨地添加注释吧！它们对程序的可读性有很大的帮助。有时，即使是自己的代码，也可能会忘记它是如何运作的，这时，注释的作用就体现出来了。注释还可以让人们了解程序的特定版本、最后一次修改的时间和原因以及程序作者是谁。即使程序是你亲自写的，注释也能派上用场。从现在开始，示例代码中都会包含适量的注释。

程序员观点

不要在注释中添加太多细节

加注释是一种非常明智的行为，但也不要做得太过了。

记住，阅读程序的人应该都懂 JavaScript，所以不需要向他们解释太多细节：

```
goatCount = goatCount + 1; // 在 goatCount 上加上 1
```

我认为，对于读代码的人而言，这种注释简直是在侮辱他们的智商。只要命名合理，许多代码本身就可以充分表达自己的意图。

HTML 注释

注意，这些注释只在程序的 `<script>` 部分起作用。像在第 2 章中看到的那样，可以在 HTML 代码中添加注释，但需要用不同字符序列来标记注释的开始和结束。

```
<!-- Rob's Pizza Calculator Page Version 1.0 -->
```

注释的开始标记为 `<!--`，结束标记为 `-->`。和 JavaScript 注释一样，两者之间的文本会被浏览器忽略。

全局变量和局部变量

在本节的开始处，我们想开发加法计算器，用来计算一些数字的总和。现在是时候动手构建了。假设有位客户想计算一些数字的总和，而我们要为她编写这个程序。经过和她的交流，对应用程序的以下设计达成了一致。

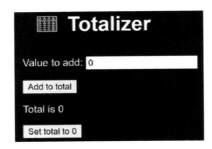

图 4.10   加法计算器

客户希望程序有一个现代风格的黑色背景，并包含算盘表情符。背景可以通过使用设置应用程序颜色方案的样式表来创建。算盘的表情符编号是 `&#x1f9ee;`。

客户希望输入一个数值并点击 Add to total(添加到总和) 按钮后，数值就会被添加到总和中。她还希望当完成了一组求和后，可以点击一个按钮将当前总和设置为零。你答应了她的要求。

程序员观点

良好的规范是成功的关键

图 4.10 所示的示例页是加法计算器规范的一个良好开端。为所有工作设定一个可靠的规范是非常重要的，即使是为熟人工作。应用程序快照的好处在于，它准确地展示了什么是"完成"。不过，还有一些问题有待解答。

加到总和中的数字是否有上限？可以在加法计算器中输入负数，以做减法吗？总和应该始终增加吗？知道了这些问题的答案后，我才能决定加法计算器是否应该检测并拒绝无效输入。客户可能认为不该输入负值(或者可能从未想过这个问题)。无论如何，作为程序员，需要明确程序应该如何运行。不然，可能会引起客户的误会。

全局变量

加法计算器很有趣，因为它是我们编写的第一个需要在函数调用之间"记住"一些东西的程序。到目前为止，我们创建的每个程序都是从输入元素中获取数据，对其进行处理，然后显示结果。在数据处理过程中，为存储数据而创建的任何变量，在处理过程结束后就被清除了。例如，温度转换器，它接收以华氏度输入的温度并将其转换为摄氏度。

```
function doTempConvert() {
                                                          获取对输入元素的引用
  var fahrenheitElement = document.getElementById("fahrenheitText");
  var fahrenheitText = fahrenheitElement.value;           从输入元素获取文本
  var fahrenheit = Number(fahrenheitText);                将文本转换为一个数值

  var centigrade = (fahrenheit-32)/1.8;                   将数值转换为摄氏度
                                                          获得一个对输出元素的引用
  var resultElement = document.getElementById("resultParagraph");
```

```
var resultString = centigrade.toFixed(1) + "degrees Centigrade";
resultElement.innerText = resultString;
}
```

构建结果字符串

将结果字符串放在输出元素上

一旦函数结束，函数中的所有变量都将被清除。它们称为"局部变量"，因为是函数的局部部分。这就是 JavaScript 管理使用 var 创建的变量的方式。大多数时候，这正是我们需要的。我们不希望程序使用之前调用函数时留下的任何数值。然而，加法计算器需要保留总值，以便在连续调用向其添加数值的函数时使用。换句话说，我们需要下面这样的代码：

```
var total=0; // Global variable to hold the total

/* This function reads the value from the valueText element
   and adds it to the global total value */
function doAddToTotal() {

    var valueElement = document.getElementById("valueText");
    var valueText = valueElement.value;
    var value = Number(valueText);

    total = total + value; // update the global total value

    // Display the updated total
    var resultElement = document.getElementById("resultParagraph");
    var resultString = "Total is" + total;
    resultElement.innerText = resultString;
}
```

total 变量很特别，它存在于任何 JavaScript 函数之外，是全局变量，因为它可以被应用程序中的任何函数使用。我在 total 变量的声明上方添加了一个注释，因为我想使全局变量在代码中更明显。

程序员观点

全局变量好比双刃剑

有的程序员可能认为程序不该使用全局变量，因为全局变量很难控制，可能引发问题。我可以确保我的函数中所有变量都包含正确的值。这是因为每次函数运行时，它都会为每个变量制作干干净净的新副本，但全局变量存在于函数之外。我不能认为它是"干净的"，因为我不知道其他函数有没有对它做过什么。其他程序员的错误可能会导致我的函数出错,这样就糟了。如果其他函数发生变化,全部函数的内容都可能会显示不正确的结果。然而,全局变量是让加法计算器运作起来的最简单的方法。

程序员会谈到了函数的副作用:函数可能会改变它们所运行的系统状态。在加法计算器的例子中,doAddToTotal 函数的副作用是通过用户输入的数字增加 total 的值。这是一个有意设计出来的副作用。但避免意料之外的副作用是很重要的。

代码分析

全局变量和副作用

理解局部变量和全局变量的区别是非常重要的,需要考虑下面这些问题。

问题 1:如何判断一个变量是不是全局变量?

解答:全局变量是在任何函数之外声明的。下面的 total 变量不属于任何函数,因此它是全局变量。该变量在创建时被设置为 0。

```
var total=0;
```

第 3 章的“创建走动的时钟”一节中,有一个名为 onload 的 JavaScript 函数,该函数在网页被加载时运行。程序可以在 onload 函数中初始化(但当然不能声明)全局变量。

问题 2:如果重新加载网页的话,全局变量的值会被保留吗?

解答:不,当页面被重新加载时,JavaScript 环境被重置,并创建新的全局变量。

问题 3:在浏览器中查看同一页面的多个标签的话,标签之间是否共享一个全局变量?换句话说,如果打开了多个加法计算器页面,它们会不会共享 total 值?

解答:不,每个网页都运行一个独立的 JavaScript 环境。

问题 4:加法计算器中的其他函数有副作用吗?

解答:有的。用于将总和清零的函数被调用时,会将 total 的值设置为 0。

```
/* This function clears the total value and updates the display*/
function doZeroTotal(){
  total=0; // set the global total to 0

  // update the display
  var resultElement = document.getElementById("resultParagraph");
```

```
resultElement.innerText = "Total is 0";
}
```

　　这个函数将 total 值设置为 0，然后更新显示，以反映这个改动。

　　问题 5：怎样才能创建一个在不使用页面时也能存储总值的加法计算器？

　　解答：浏览器提供了本地存储功能，网页未被激活时，可以用本地存储来存储数值。第 9 章将用它创建一个通讯录。加法计算器可以用本地存储来保存总和，当加法计算器页面关闭时，总和仍然存在。

　　在 Ch04 Working with data\Ch04-08 Totalizer 文件夹中，可以找到我写的加法计算器，其中包括样式表 (用于设置颜色方案)。

 动手实践

制作几个聚会游戏

　　作为程序员，要想炫技，最好的方式莫过于用编程技巧制作一些有趣的聚会游戏，至少我是这么认为的。利用 CSS 和 JavaScript 的知识可以制作出看上去很不错的聚会游戏。许多游戏都是随机构建的。我们已经学会用 JavaScript 创建随机数了，因此不妨来看看是否可以用随机数来制作一些游戏。

《钢铁意志》(Nerves of Steel)

　　可以用创建随机数的方法和第 2 章中用来制作煮蛋定时器的 setTimeout 函数来制作《钢铁意志》(Nerves of Steel) 聚会游戏。该游戏的玩法如下。

　　1. 玩家按下 START(开始游戏) 按钮。

　　2. 程序显示 Players stand(玩家站立)。

3. 然后，程序随机暂停 5 到 20 秒。程序暂停时，玩家坐下，注意看谁最后一个坐下来。

4. 当暂停时间结束后，程序显示 Last to sit down wins(最后坐下的人获胜)。还站着的玩家被淘汰，最后坐下的人获胜。

这是第 2 章的煮蛋定时器的一个衍生版。这个程序不是设置固定的时间 (5 分钟)，而是随机选择一个时间。如果在游戏开始时把要暂停多少秒显示出来的话，游戏会更有挑战性。若想进一步完善游戏，还可以添加声音效果来标记暂停时间的开始和结束。

《猜大小》(High and Low)

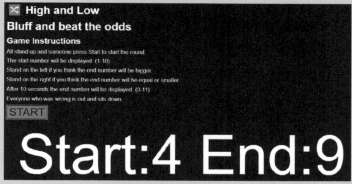

还用随机数创建一个叫《猜大小》(High and Low) 的游戏。这个游戏是这么玩的：

1. 玩家按下 Next Round(下一回合) 按钮。

2. 程序随机显示一个 1 到 10 区间的数字。

3. 然后，程序休眠 20 秒。当程序处于休眠状态时，玩家决定下一个数字会比刚才显示的数字大还是小。选择 High 的玩家站在右边，选择 Low 的玩家站在左边。

4. 接着，程序再次生成 1 到 10 之间的数字，猜错的人将被淘汰出局。然后，剩下的玩家重新运行该程序，直到决出一位赢家。

这个游戏可以变得非常有战术性，玩家有时要冒着巨大的风险选择一个可能性很小的答案才能进入下一轮。

添加声音

游戏中可以添加声音。玩家等待时可以播放"滴答"的时钟声效，在计时结束时则会响起"叮"的一声。要想做到这一点，程序需要能启动和停止播放音频。还需要重置滴答声，以便从头开始播放音频。HTML 提供的 play 方法和 pause 方法可以用来控制音频。HTML 还提供了可以用来进行读取或设置的 `currentType` 属性。我的程序中，`tickAudio` 元素是这样的：

```
<audio id="tickAudio">
<source src="tick-track.mp3" type="audio/mpeg">
</audio>
```

我可以按以下方式开始播放。第一条语句的作用是把播放位置设置为 0，这样音频就可以从头开始播放了。第二条语句的作用是播放音频。

```
tickSoundElement.currentTime=0;
tickSoundElement.play();
```

想让滴答声停止时 (当计时器结束时)，可以像下面这样：

```
tickSoundElement.pause();
```

请注意，这里没有可以用来停止播放音频的命令。在 Ch04 Working with data\Ch04-09 Nerves of Steel 和 Ch04 Working with data\Ch04-10 High and Low 文件夹中可以找到我创建的这些小游戏。可以在它们的基础上自己动手创建其他的游戏。

技术总结与思考练习

本章充分介绍了 JavaScript 是如何存储和操作数据的，主要涉及以下知识点。

- 从本质上来说，计算机就是用来处理数据的。程序接收数据，对其进行处理，并输出更多的数据。计算机处理数据的方式是由程序本身来决定。

- 我们创建的 JavaScript 程序从输入元素中获取数据，并通过更新一个段落元素显示的文本来显示数据。

- 计算机中的数据处理是通过表达式的求值来进行的。表达式包含操作数 (要处理的值) 和运算符 (指定要对操作数做什么)。在表达式 2+3 中，操作数是 2 和 3，运算符是 +。

- 程序并不知道它所处理的数据的性质。当人类将数据解释为信息时，数据就具有更多意义了。

- 变量是一个已命名的存储位置，它持有程序正在使用的值。变量可以用 `var` 来创建。

- 变量可以作为表达式的操作数使用。赋值运算符用于在变量中设置一个值。

- 变量可以在使用前创建，在这种情况下，它们包含一个表示为"未定义"的值。当被赋值时，变量将获得一个适合该值的类型。目前为止，我们用到的两种类型分别是数字 (一个数值) 和字符串 (文本字符串)。

- 表达式中的运算符根据其优先级进行求值。这个优先级可以通过使用括号来改变顺序。

- 程序中的数字可以是实数 (有小数部分) 或整数 (整数)。JavaScript 提供了 Math 函数，用于从浮点数中获取整数。floor 函数的作用是去除小数部分，而 round 函数则会将实数四舍五入到最近的整数。

- 程序源代码中的文本可以用双引号 "、单引号 ' 或反引号 ` 字符来限定。转义字符 \ 在字符串中用于输入定界符和一些非打印字符。

- JavaScript 的 Number 函数用于将字符串转换为数值。如果这种转换无法实现，Number 函数会返回 NaN(不是数字)。所有涉及 NaN 值的数字计算都会生成 NaN 的结果。

- 注释可以通过用 /* 和 */ 字符序列限定边界来添加到程序中。一个单行注释由字符序列 // 开始，并延伸到包含注释的行末。

- 通过在所有 JavaScript 函数之外声明一个变量，可以使其成为全局变量。全局变量很有用，因为它们可以让函数之间共享值，但也要谨慎使用，因为全局变量有风险。一个函数中的错误可能会将全局变量设置为另一个值，导致其他函数的调用结果失败。函数对全局变量的内容带来的改变称为"副作用"。

为了进一步理解本章的内容，请深入思考以下关于变量的问题。

1. 所有的计算机程序都必须有用户的输入吗？

    许多程序都有来自用户的输入，它们用这个输入来产生相应的输出。然而，并不是所有程序都有输入。《钢铁意志》和《猜大小》这两个小游戏在显示数字之前就已经从随机数字中获得了输入。

2. undefined 和 NaN 有何区别？

    JavaScript 变量通常持有一个值。但是，它也可以持有 undefined(未定义) 和 NaN(非数字) 这样的特殊值。如果一个变量已经被创建，但还没有被赋予一个值，那么它就是"未定义"的。NaN(非数字)这个值用来表示一个计算没有产生数字结果的情况。`Number` 函数用于将文本字符串转换为数字，如果因为提供的字符串不包含数字字符而无法转换的话，就会返回 NaN 结果。

3. 变量名太长的话，会导致程序运行速度变慢吗？

不会。但它们能让人更快地理解程序。

4. 运算符和操作数有什么区别？

运算符是一种操作符。操作数是指被操作的对象。在"猫坐在垫子上"这个句子中，我认为操作数是"猫"和"垫子"，而运算符是"坐"。

5. 实数和整数之间的区别是什么？

实数有小数部分。圆周率的值就是个实数，因为它有小数部分 (3.1416)。整数没有小数部分。整数值在程序中用于计数，比如农场里有多少只羊。实数则用于计算值，比如农场里的羊的平均重量。

6. 程序所能容纳的最长字符串的能有多长？

字符串的长度没有限制。如果愿意，甚至可以在一个字符串中存储整本书的内容。

7. 可以在 JavaScript 函数中创建全局变量吗？

不可以。全局变量的重点在于它存在于所有函数之外。当函数停止运行时，在函数主体内创建的变量会被清除。然而，我们有时需要一些变量，其值在函数调用之间一直存在。这些变量被声明为全局变量，可以被所有函数访问。

8. 如何创建包含双引号字符的字符串，并对其进行定界？

我通常用双引号来标记程序中文本字符串的开始和结束。如果想在字符串中加入双引号，可以选择两种方法。第一种是在字符串中使用转义序列 \"。另一种方法是使用单引号 ' 或反引号 ` 来给含有双引号字符的字符串定界。

第 5 章
程序中的决策机制

本章概要

　　前面我将计算机比喻成香肠灌肠机，它接受一个输入，对其进行处理，然后产生一个输出。这是一种思考计算机工作原理的好方式，但计算机的作用远不止于此。现实生活中的香肠灌肠机会把将使用者放进去的任何东西都做成香肠，而计算机并没有这么机械，它会针对不同的输入，用不同的方式做出反应。本章将学习如何使程序对不同的输入做出反应，还将了解到计算机以这种方式工作所带来的责任，因为你必须确保程序所做的决定是合理的。

布尔思维

第 4 章讲到 JavaScript 用变量来表示不同类型的数据。我认为，通过第 4 章的学习后，你会永远把头发数量与整数联系起来，把头发的平均长度与实数（浮点值）联系起来。现在，让我们来认识另一种用逻辑思维来看待数据值的方式：布尔值。布尔类型的数据只能是二选一：true 或 false。布尔值可以用来表示一个人有没有头发。

JavaScript 中的布尔值

程序可以创建容纳布尔值的变量。和 JavaScript 的其他数据类型一样，JavaScript 根据从使用变量的上下文来推断变量的类型。

```
var itIsTimeToGetUp = true;
```

上述语句创建了一个名为 itIsTimeToGetUp 的变量，并将其值设为 true。在这种情况下，我似乎没有赖在床上的机会。为了能在床上多躺一会儿，我们可以改变赋值，将其设置为 false：

```
var itIsTimeToGetUp = false;
```

true 和 false 都是关键字，内置在 JavaScript 中。JavaScript 中一共有 63 个不同的关键字，其中几个在前面出现过，例如函数。当 JavaScript 看到关键字 true 或 false 时，就会将其视为布尔值来处理。

JavaScript 认为数字或文本的值要么是"真值"，要么是"虚值"。所有数值都被认为是"真值"，除非它们是零、空字符串、非数字（NAN）或未定义值，这些值就是"虚值"。

代码分析

布尔值

布尔值是一种新的数据类型，程序可以对其进行操作。现在，我们对布尔值有一些疑问。

问题 1：如果要显示一个布尔值的内容，会怎样？

```
alert(itIsTimeToGetUp);
```

解答：无论要显示什么数值，JavaScript 都会尝试将该数值转换为人类能够理解的内容。就布尔值而言，它会显示 true 或 false。

问题 2：是否存在可以进行逻辑转换的名为 Boolean 的 JavaScript 函数呢？就像 Number 函数可以进行数值转换一样？

解答：确实是有的。Boolean 函数将"真值和虚值"的规则应用于提供给它的值。

```
> Boolean(1);
<- true
> Boolean(0);
<- false
```

将 Boolean 函数应用于 0，结果为 false，任何其他的数字值都会被视为 true。

问题 3：负数会被视为 false 吗？

解答：不。最好把"真值"看作是"一个存在的值"，而不是代表正负的东西。对一个负数使用 Boolean 函数，产生的结果为 true。

```
> Boolean(-1);
<- true
```

问题 4：false 字符串会被视为 true 吗？

解答：是的。如果理解了这一点，就可以称自己为"真值专家"了。除了空字符串以外的任何字符串都被视为 true。

```
> Boolean("false");
<- true
> Boolean(" ");
<- false
```

问题 5：无穷大的值会被视为 true 还是 false？

解答：第 1 章第一次接触到 JavaScript 时，我们尝试了用 1 除以 0。我们发现，这种无效的计算会产生一个无穷大的结果。探究无穷大是 true 还是 false，最好的方法是问一问 JavaScript：

```
> Boolean(1/0);
<- true
```

计算 1/0 会产生一个无穷大的结果，这个结果被 Boolean 函数视为 true。

问题 6：如果要求 JavaScript 进行一个荒唐的计算，比如用一个数字除以一个字符串，结果得到 NaN 这个特殊值。NaN 被视作 true 还是 false 呢？

解答： NaN 被 JavaScript 视为 false。数字 1 除以字符串 Rob 的结果是 NaN，如果把 NaN 应用于 Boolean 函数，这个值被视为 false。

```
> Boolean(1/"Rob");
<- false
```

问题 7： 如果程序将布尔值与其他的值结合起来，结果会是什么？

解答： 在第 4 章介绍"处理字符串和数字"一节中，我们发现将数字与字符串结合时，数字值会自动"转换"成一个字符串。当布尔值与其他类型的值结合时，也会发生类似的情况。一个 true 值等同于数字 1 和字符串 true，一个 false 值等同于 0 和字符串 false。

```
> 1 + true;
<- 2
> "hello" + true;
<- "hellotrue"
```

请注意，与数字一样，这种转换并不能倒转过来进行。正如我们必须使用 Number 函数将字符串转换成数字一样，必须使用 Boolean 函数将其他类型的值转换成遵守"真值和虚值"规则的值。

在第 3 章中，创建了一个显示时间的时钟。这个程序利用 JavaScript 提供的 Date 对象来获取当前的日期和时间：

```
var currentDate = new Date();
var hours = currentDate.getHours();
var mins = currentDate.getMinutes();
var secs = currentDate.getSeconds();
```

以上语句的作用是获取当前时间的 hours、mins 和 secs 的值。可以用这些值来编写一些 JavaScript 来决定是否应该起床了。请注意，hours 值是 24 小时制的，意味着它在一天内从 0 走到 23。

布尔表达式

我们已经说过，JavaScript 表达式是由运算符（确定操作）和操作数（确定被处理的项目）组成的。图 5.1 显示了第一个表达式，它显示了 2+2 的计算结果。

图 5.1　算术运算符

一个表达式可以包含一个比较运算符，如图 5.2 所示。

图 5.2　比较运算符

含有比较运算符的表达式的评估结果要么是 true 要么是 false。这个表达式中的 > 运算符意味着"大于"。这个表达式的意思是小时数大于 6。换句话说，如果 hours 值大于 6，这个表达式就为 true。我需要在 7 点以后起床，所以需要在 7 点定个闹钟。返回 true 或 false 的表达式称为"逻辑表达式"。

比较运算符

比较运算符如下表所示。

运算符	名称	作用
>	大于	如果左边的值大于右边的值，则为 true
<	小于	如果左边的值小于右边的值，则为 true
>=	大于或等于	如果左边的值大于或等于右边的值，则为 true
<=	小于或等于	如果左边的值小于或等于右边的值，则为 true
==	等于	如果左边的值和右边的值可以被转换为相等的值，则为 true
===	全等于	如果左边的值和右边的值是同一类型并且持有相同的值，则为 true
!=	不等于	如果左边的值和右边的值不能被转换为相等的值，则为 true
!==	不全等	如果左边的值和右边的值不是同一类型或不持有相同的值，则为 true

程序可以在表达式中用比较运算符来设置布尔值。

```
itIsTimeToGetUp = hours > 6;
```

这条语句将把 itIsTimeToGetUp 变量设置为：如果 hours 值大于 6，则为 true；如果 hours 值小于等于 6，则为 false。请记住，只有一个等号的运算符执行的是赋值，而不是测试。如果这看起来很难理解，可以试着读一下语句。"itIsTimeToGetUp 等于 hours 值大于 6"很好地解释了自己的行为。

代码分析

检查比较运算符

问题 1：等于运算符 == 是如何工作的？

解答：如果两个操作数持有相同的值，等于运算符 == 就会判定为 true。

```
> 1==1;
<- true
```

等于运算符 == 也可以用来比较字符串和布尔值。

```
> "Rob"=="Rob";
<- true
> true == true;
<- true
```

当值被用于表达式时，JavaScript 会转换它们。这也发生在等于运算符上，当布尔值 true 在表达式中使用等于运算符时，会被转换为 1。

```
> 1 == true;
<- true
```

在进行比较之前，true 被转换为 1，因此 JavaScript 返回 true。请注意，将真值与任何其他值进行等于比较时，都会返回 false，因为 true 总是被转换为 1。

```
> 2 == true;
<- false
```

问题 2：等于 == 和全等于 === 这两个运算符有什么区别？

解答：我们刚刚看到了上面的 == 等于运算符是如何在比较前转换数值的，这意味着该运算符可以用来比较不同类型的值。

```
> true == 1;
<- true
```

在前面的例子中，该语句将一个布尔值与一个数字进行比较，得到结果 true，这是因为 true 在被比较之前被转换成整数值 1。

全等于运算符 === 在比较两个值之前不进行任何转换。用全等于运算符 === 将布尔值 true 与 1 进行比较，得到的结果是 false。

```
> true === 1;
<- false
```

JavaScript 返回的结果为 false，这是因为全等于运算符 === 的一边是布尔值 true，而另一边是数字 1。如果你像我一样，认为用程序比较数字和布尔值是否相等并得到 true 非常不合理的话 (因为直接比较数字和布尔值没有意义)，那么可以使用全等于运算符 === 来确保这一点。

问题 3： 怎样才能记住每个运算符？

解答： 我学习编程的时候，是把 <= 运算符中的 < 联想成字母 L，让我联想到 <= 意味着"小于或等于"[①]。

问题 4： 可以在其他类型的表达式之间应用关系运算符吗？

解答： 可以。如果在两个字符串形式的操作数之间应用关系运算符，它将使用字母比较法来确定顺序。

```
> "Alice" < "Brian";
<- true
```

按字母顺序，Alice 这个名字出现在 Brian 之前，所以 JavaScript 返回 true。

 注意事项

等于运算符和浮点值

在第 4 章中，我们了解到浮点数有时只是程序中使用的实数值的近似值。换句话说，有些数字并不是精确存储的。

写程序测试两个变量是否持有相同的浮点数时，这种实数值的近似值会引发严重的问题。请看我在 Edge 浏览器的"开发者视图"中输入的以下语句：

```
> var x = 0.3;
> var y = 0.1 + 0.2;
```

以上语句创建了 x 和 y 这两个变量，它们都应该持有 0.3 这个值。x 变量被直接赋予了 0.3 的值，而 y 变量的 0.3 的值是通过计算 0.1+0.2 得出的结果得来的。如果要检测这两个变量是否相等，你觉得会得到什么结果？

[①] 英文中小于为 LESS，L 和小于符号看起来相似。

```
> x == y;
<- false
```

这个表达式使用了等于运算符 ==，如果左右两个操作数持有相同的值，就会得到 true 作为结果。然而，JavaScript 认为 x 和 y 是不相等的，因为 x 变量的值是 0.3，而 y 变量的值是 0.30000000000000004。这说明用来比较浮点值从而确定它们是否相等的程序代码出现了一个问题。小到几乎可以忽略不计的浮点误差会导致我们认为相等的数值并不会被程序评估为相等的。

如果程序需要比较两个浮点值是否相等，最好的办法是，如果它们相差极小，就判定它们相等。如果不这样做，你可能会发现程序的表现和预想中的不同。

从 JavaScript 的 Date 对象返回的日期和时间值是以整数形式提供的，可以毫无顾虑地测试这些值是否相等。

逻辑运算符

目前为止，该不该起床只取决于时间的 hours 值。

```
itIsTimeToGetUp = hours > 6;
```

如果 hours 值大于 6(也就是从 7 点开始)，以上语句就会把 itIsTimeToGetUp 的值设置为 true，但我们可能想在 7 点半时起床。为了能够做到这一点，需要有办法检测什么时候 hours 值大于 6 且 minutes 值大于 29。JavaScript 提供了如下所示的三个逻辑运算符，可以用来处理布尔值，这或许能帮助我们解决这个问题。

运算符	作用
!	如果它所处理的操作数是 false 的，则结果为 true 如果它所处理的操作数是 true 的，则结果为 false
&&	如果左边的值和右边的值都是 true 的，则结果为 true
||	如果左边的值和右边的值有一个是 true 的，则结果为 true

&&(与) 和运算符在两个布尔值之间应用，如果两个值都为 true，则返回 true。还有一个 ||(或) 运算符，也被应用在两个布尔值之间，如果其中一个值为 true，则返回 true。第三个是 "！"(非) 运算符，可以用来反转布尔值。

代码分析

逻辑运算符

　　我们可以用 Edge 浏览器中的开发者视图研究逻辑运算符的行为。直接输入表达式并观察它们是如何输出的。请不要被下面开发者控制台示例中的 `<and>` 字符的使用方式所迷惑。

　　问题 1：以下表达式的结果是什么？

```
<- !true;
```

　　解答：！运算符的作用是反转一个布尔值，把 true 变成 false。

```
> !true;
<- false
```

　　问题 2：以下表达式的结果是什么？

```
> true && true;
```

　　解答：&&(与) 运算符两边的操作数都是 true，所以结果为 true。

```
> true && true;
<- true
```

　　问题 3：以下表达式的结果是什么？

```
> true && false;
```

　　解答：当 &&(与) 运算符的两边 (操作数) 都为 true 时，结果才会为 true，所以这里的结果不出意料，是 false。

```
> true && false;
<- false
```

　　问题 4：以下表达式的结果是什么？

```
> true || false;
```

　　解答：因为 ||(或) 运算符的两边只要有一个为 true，结果就为 true，所以这个表达式的结果为 true。

```
> true || false;
<- true
```

问题 5：到目前为止，前面的例子都只使用了布尔值。结合布尔值和数字值又会怎样呢？

```
> true && 1;
```

解答：事实证明，JavaScript 很乐意使用和结合布尔值与数字值。然而，前面的表达式不会返回 true，而是返回 1。

```
> true && 1;
<- 1
```

这可能有点令人迷惑，但从中可以看出 JavaScript 是如何处理逻辑表达式的。JavaScript 从左到右"浏览"逻辑表达式，找到第一个可以用来确定表达式结果的值后，就将这个值返回。

在前面的表达式中，当 JavaScript 一检测到左边的操作数为 true，就会如此判断："啊哈！现在 &&(与) 表达式的值是由右边的值决定的。如果右边的值是 true，结果就是 true。如果右边的值是 false，结果就是 false。"所以该表达式只返回右侧的操作数。可以通过颠倒操作数的顺序来检验这种行为：

```
> 1 && true;
<- true
```

除了 0 以外的任何数值都为 true，所以 JavaScript 会返回右边的操作数，在这个例子中，就是 true。也可以从 ||(或) 运算中看到这种行为。JavaScript 只浏览逻辑运算符的操作数，直到它能确定结果是 true 还是 false。

```
> 1 || false;
<- 1
> 0 || True;
<- True
```

可以尝试用其他的数值来充分理解其中的原理。

我们想构建一些接收小时和分钟的数值来决定是否响起闹铃的 JavaSript 程序。我们可以试着通过编写以下语句来开发在 7:30 之后触发的闹铃：

```
var itIsTimeToGetUp= hours>6 && minutes>29;
```

&& 和运算符应用于两个布尔表达式的结果，如果两个表达式都为 true，则返回 true。如果 hours 值大于 6，并且 minutes 值大于 29，以上语句就会把 itIsTimeToGetUp 变量设置为 true。你可能觉得这就是我们想要的结果。然而，这条语句是错误的。可以通过测试找出 bug：

小时	分钟	预期结果	观察到的结果
6	00	false	false
7	29	false	false
7	30	true	true
8	0	true	false

表格显示了四个时间以及预期结果 (应该发生的) 和观察到的结果 (实际发生的)。其中一个时间的观察结果不符合预期。8 点时，`itIsTimeToGetUp` 的值被设置为 `false`，这是错误的。

我们设置的条件是，如果 hours 值大于 6 且 minutes 值大于 29，则结果为 true。这意味着如果 minutes 值小于 29，就为 false。这就是为什么在 8 点整时，结果是 false。为了解决这个问题，我们需要一个稍微复杂一点的测试：

```
var itIsTimeToGetUp= (hours>7) || (hours==7 && minutes>29);
```

我加了括号来显示这两个测试是如何利用 ‖(或) 运算符来的。如果 hours 值大于 7，就不用管 minutes 值是多少。如果 hours 值等于 7，就需要测试 minutes 值是否大于 29。用以上语句重新对表格中的时间进行测试的话，会发现这次显示的结果符合预期。这说明设计用于执行类似判断时，有一点至关重要：必须设计出能确保程序正确运行的测试。

if 结构

现在，我想创建一个程序来告诉我是否到了起床时间。这可以通过 JavaScript 的 if 结构和刚刚创建的布尔值来控制程序的执行。图 5.3 显示了 if 结构的组合方式。

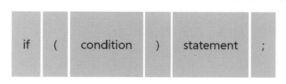

图 5.3　if 结构

条件控制着语句的执行。换句话说，如果条件是真值，则执行该语句，反之则不执行。

```
if (itIsTimeToGetUp) alert("It is time to get up!");
```

如果到了起床时间，以上语句会显示一个闹钟提示框。这个例子在示例文件夹 \Ch05 Making Decisions in Programs\Ch05-01 Alarm Alert 中，如果在早上 07:30 之后访问这个页面，就会出现一个提示框。

```html
<!DOCTYPE html>
<html lang="en">

<head>
    <title>Ch05-01 Alarm Alert</title>
</head>

<body onload="doCheckAlarm()">
    <script>
        function doCheckAlarm() {
            var currentDate = new Date();
            var hours = currentDate.getHours();
            var mins = currentDate.getMinutes();
            var itIsTimeToGetUp = (hours>7) || (hours==7 && minutes>29);

            if (itIsTimeToGetUp) alert("It is time to get up!");
        }
    </script>
</body>

</html>
```

控制提示的 if 结构

这是闹钟提示框页面的全部文本。请注意，实现程序智能化的语句只是代码的一小部分。

if 结构的行为是由条件控制的。条件不一定是变量，也可以是逻辑表达式：

```javascript
if ((hours>7) || (hours==7 && minutes>29)) alert("It is time to get up!");
```

用以上语句的话，就不需要用 itIsTimeToGetUp 变量了。不过，我很喜欢这个变量，因为它可以帮助用户理解程序正在做什么。

添加 else 语句

许多程序希望在条件为 true 时执行一个动作，在条件为 false 时执行另一个动作。在 if 结构中，可以添加 else 元素来确定在条件为 false 时要执行什么语句，如图 5.4 所示。

图 5.4　带有 else 语句的 if 结构

else 这部分语句要添加到条件语句的末尾。if 包括关键字 else，else 后面是条件为 false 时要执行的语句。可以利用它来让闹钟程序在没到起床时间时显示一条信息。

```
if(itIsTimeToGetUp)
    alert("It is time to get up!");
else
    alert("You can stay in bed");
```

根据用户运行程序的时间，这个程序会显示不同的信息。注意，虽然我把语句分散到了几行中，但内容和图 5.4 中的结构是一致的。

代码分析

if 结构

问题 1：if 结构中必须包含 else 这部分语句吗？

解答：不需要。else 有时非常有用，但具体取决于程序试图解决什么问题。

问题 2：如果条件永不为 true 的话，会发生什么？

解答：如果一个条件永不为 true，它所控制的语句将永不运行。

问题 3：为什么示例中 if 条件下面的语句缩进了几个空格？

解答：这个语句不需要缩进，即使我们把所有的代码都放在同一行，JavaScript 也能理解我们想让程序做什么。缩进是为了让程序更易于理解。它表明 if 结构下面的语句是由上面的条件控制的。这种缩进很常见，你会发现这种行为被固定到 Visual Studio Code 编辑器中。也就是说，如果输入 if 结构并在条件部分的末尾按 Enter 键，Visual Studio Code 会自动缩进下一行。

创建语句块

if 条件控制单个语句的执行。然而，有时你可能想在条件为 true 时执行多个语句。举个例子，如果想在起床时播放一段起床铃声并同时显示一条信息的话，程序就需要在一个条件中控制多个语句。我们可以创建一个语句块来为这样的任务编写代码。

一个语句块是一连串 JavaScript 语句，包含在一对大括号 {} 内。前面研究和编写的程序中就出现过语句块。这些程序的所有函数中的语句都包含在一个语句块中。可以在程序的任何地方创建一个语句块，它相当于一条语句。

```
if (itIsTimeToGetUp) {
    alarmAudio.play();
    outputElement.textContent = "It is time to get up!";
}else {
    outputElement.textContent = "You can stay in bed";
}
```

以上代码可以显示一条信息并播放起床铃声。这个程序在 Ch05 Making Decisions in Programs\Ch05-03 Alarm Alert with sound block 示例文件夹中。该程序使用"大自然的声音"作为铃声，有些人可能觉得这有点刺耳，但它确实能把我唤醒。请注意，在前面的代码中，我用大括号把条件的 if 和 else 部分的语句都包含在了语句块中，尽管 else 部分没有必要这样做，因为它只包含一条语句。我这样做是为了进一步增强大家的理解。这也意味着额外添加由 else 部分来控制的语句会更容易，因为我可以直接把它们放在语句块内。

利用决策语句来开发应用程序

知道如何在程序中做出判定后，就可以开始创建更有用的软件了。假设你的邻居经营着一个主题乐园，他为你提供了一份工作。主题乐园里的一些游乐设施按年龄限制部分游客进入，他想在主题乐园中安装一些电脑，让游客可以通过电脑知道自己可以玩哪些游乐设施。他需要相应的电脑软件，如果你能做好软件的话，他会送你游乐园的通票，这是一个非常诱人的条件。他向你提供了公园里的游乐设施的信息，如下表所示。

游乐设施	年龄限制
河景游船	无
嘉年华旋转木马	3 岁及以上
丛林探险	6 岁及以上
山路疾驰	12 岁及以上
云霄飞车	12 岁及以上，90 岁及以下

你和他讨论了如何设计程序的用户界面 (用户界面是游客在使用程序时看到的页面) 以及使用程序时的操作步骤。在这个程序中，游客需要选择想要游玩的设施并输入自己的年龄，然后点击按钮，即可知道自己是否可以玩该游乐设施，参见图 5.5。

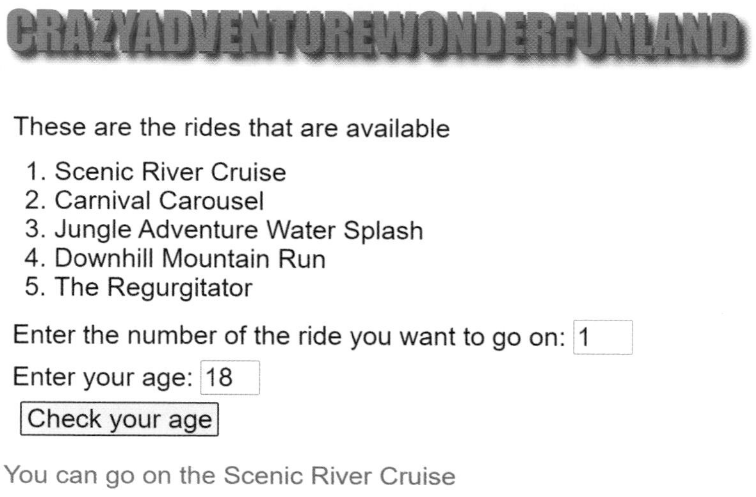

CRAZYADVENTUREWONDERFUNLAND

These are the rides that are available

1. Scenic River Cruise
2. Carnival Carousel
3. Jungle Adventure Water Splash
4. Downhill Mountain Run
5. The Regurgitator

Enter the number of the ride you want to go on: 1

Enter your age: 18

Check your age

You can go on the Scenic River Cruise

图 5.5　主题乐园的游乐设施

程序员观点

和客户一起设计用户界面

你可能觉得这种界面设计起来很简单，并且客户不会很在意用户界面的外观和功能。这个想法显然是错误的。我有过一段非常糟糕的经历。当时，我骄傲地向客户展示我已经做好的程序，客户却说这不是他们想要的，并且这个程序"非常难用"。我现在明白了这是自己的失误。我不应该展示完成后的设计，而应该一开始就和客户一起设计，这样能省去很多功精力和时间。

构建用户界面

首先，创建 HTML 网页和应用程序的样式表。在第 3 章中，我们了解到，最好将保存页面元素样式的样式表文件和页面布局分开。把 JavaScript 程序代码与 HTML 布局分开也是一个好主意。把 JavaScript 代码放到语言扩展名为 .js 的文件中即可。接着，可以在 HTML 文件的开头添加一个这个文件名的元素：

```
<script src="themepark.js" ></script>
```

上面的 HTML 被添加到 HTML 文档的 <head> 部分，其中包含 HTML 文档中 JavaScript 文件 themepark.js 中的内容。在下面的 HTML 文件中，可以看到它的使用情况。

```html
<!DOCTYPE html>
<html lang="en">


<head>
    <title>Ch05-04 Theme Park Ride Selector</title>
    <link rel="stylesheet" href="styles.css">          包括 CSS 文件
    <script src = "themepark.js" ></script>            包括 JavaScript 文件
</head>


<body>
    <p class="menuHeading">CRAZYADVENTUREWONDERFUNLAND</p>
    <p class="menuText">These are the rides that are available</p>
    <ol class="menuRideList">                          开始列出游乐设施列表
        <li>Scenic River Cruise</li>
        <li>Carnival Carousel</li>
        <li>Jungle Adventure Water Splash</li>
        <li>Downhill Mountain Run</li>
        <li>The Regurgitator</li>
    </ol>
    <p class="menuText">Enter the number of the ride you want to go on:
      <input class="menuInput" type="number" id="rideNoText"
      value="1" min="1" max="5"> </p>
    <p class="menuText">Enter your age:
      <input class="menuInput" type="number" id="ageText"
      value="18" min="0" max="100"> </p>
    <button class="menuButton" onclick="doCheckAge()">Check your age</button>

    <p class="menuAnswer" id="menuAnswerPar"></p>
</body>


</html>
```

这是游乐设施选择器的 HTML 文件，它用到了我们前面没见过的一些 HTML 特性。我们可以通过使用 `<ol>` 标签包围一些 `<li>` 列表元素来创建一个有序的项目列表。浏览器自动给这些元素编号。页面上的每个元素都被分配了一个具有特定样式的类。每个样式的设置都在名为 style.css 的独立 CSS 样式表文件中。这个文件的一部分如下所示：

```css
.menuHeading {
    font-size: 4em;
```

```
    font-family: Impact, Haettenschweiler, 'Arial Narrow Bold', sans-serif;
    color: red;
    text-shadow: 3px 3px 0 blue, 10px 10px 10px darkblue;       ┐ 这种样式为文本添加阴影
}


.menuText,.menuRideList, .menuButton, .menuInput, .menuYes, .menuNo    ┐ 这些设置将被应用于所有的类
{
    font-family:Arial, Helvetica, sans-serif;
    font-size: 2em;
    color:black;
}


.menuYes
{
    margin: 30px;
    color:green;
}
... remainder of classes are defined here ...
```

menuHeading 类用于格式化标题。它将标题设置为 Impact 字体，并为文本添加两个阴影。第一个阴影是蓝色的，紧贴文本，为每个字符提供了 3D 效果。第二个阴影是较深的蓝色，且比较分散，其作用是让字符看起来在页面中更加突出。在图 5.5 中可以看到这种效果。每个阴影都是由一个颜色值定义的，前面还有三个值。前两个值给出了阴影与文本的 x 和 y 偏移量，第三个值决定了阴影的“扩散”程度。第一个阴影完全没有扩散，而第二个阴影的扩散大小为 10px，设置了图 5.5 中标题行的文字样式。

样式表还将一些共享设置应用于所有的菜单输入类。这意味着所有这些类的字体都被设置了一次，并且可以很容易地改变字体。若是类都有一系列共同的特征，以这种方式分组就是个很棒的主意。记住，类会汇总所有设置，然后用于分配给该类的 HTML 元素。因此，menuYes 类将把所有这些设置放在一起，有些是其他菜单设置所共有的，有些则是该类所特有的：

```
font-family:Arial, Helvetica, sans-serif;
font-size: 2em;


color: green;
```

添加代码

完成用户界面的设计后，就要开始添加实现应用程序行为的 JavaScript 代码了。当游客点击按钮来检查他们的年龄时，doCheckAge 函数就会运行。该函数得到所选游乐设施的编号和游客的年龄值，然后测试这些值，看组合是否可行。这个函数的第一部分与先前创建的加法器的工作方式相同，它从 HTML 的输入元素中获取文本，并用 Number 函数将文本转换为数字。

```
var rideNoElement = document.getElementById("rideNoText");
var rideNoText = rideNoElement.value;
var rideNo = Number(rideNoText);                        获得输入的游乐设施编号

var ageElement = document.getElementById("ageText");
var ageText = ageElement.value;
var ageNo = Number(ageText);                            获得游客的年龄
```

当这些语句完成后，rideNo 和 ageNo 这两个变量就包含了游乐设施的编号和游客的年龄。docheck Age 函数接下来要获得对用于显示结果的段落的引用。看一下用户界面的 HTML 代码，可以发现这个段落的 ID 是 menuAnswerPar：

```
var resultElement = document.getElementById("menuAnswerPar");
```

现在，程序已经有了输入数据和输出结果的地方，可以对游乐设施的使用做出决定了。如果游客选择了 1 号游乐设施 Scenic River Cruise(河景游船) 的话，因为河景游船没有年龄限制，所以这段代码是对 1 号游乐设施的一次单独测试。如果游客选择了这个游乐设施，我们就将结果元素的样式类设置为 menuYes 类，这样做是为了改变该元素的样式，把文本变成绿色。然后，该段的内部文本被设置为 You can go on the Scenic River Cruise，这样就可以为游客显示这句话了。

```
if(rideNo==1) {
    // This is the Scenic River Cruise
    // There are no age limits for this ride
    resultElement.className="menuYes";
    resultElement.innerText = "You can go on the Scenic River Cruise";
}
```

如果用户没有选择 1 号游乐设施，那么程序必须测试 2 号游乐设施 Carnival Carousel（嘉年华旋转木马）是否被选中。

```
if(rideNo==2) {
    // This is the Carnival Carousel
```

```
    // riders must be 3 or over
    if(ageNo<3) {
        resultElement.className="menuNo";
        resultElement.innerText = "You are too young for the Carnival Carousel";
    }
    else {
        resultElement.className="menuYes";
        resultElement.innerText = "You can go on the Carnival Carousel";
    }
}
```

以上代码展示了具体过程。该程序的工作原理是将一个条件语句嵌套在另一个条件语句中。注意看我是如何用布局来明确表示哪些语句是由哪个条件控制的。

现在，有了适用于嘉年华旋转木马的代码，可以用它来作为其他游乐设施的代码的基础。为了使程序在 3 号游乐设施 Jungle Adventure Water Splash(丛林涉水探险)中正常工作，需要检查是否有不同的游乐设施编号，并根据不同的年龄值接受或拒绝游客。记住，这个游乐设施要求游客必须满过 6 岁。

```
if(rideNo==3) {
    // This is the Jungle Adventure Water Splash
    if(ageNo<6) {
        resultElement.className="menuNo";
        resultElement.innerText =
            "You are too young for Jungle Adventure Water Splash";
    }
    else {
        resultElement.className="menuYes";
        resultElement.innerText = "You can go on Jungle Adventure Water Splash";
    }
}
```

利用与前两个游乐设施相同的操作，你可以非常轻松地写出 Downhill Mountain Run(山路疾驰)的代码。但最后一项游乐设施 Reguritator(云霄飞车)，是最难的。这个游乐设施非常惊险，以至于主题乐园的所有者担心乘坐它的老年人的健康，所以增加了最高年龄和最低年龄的限制。该方案必须检测出 90 岁以上以及 12 岁以下的用户。需要设计一系列条件来处理这种情况。

处理 Reguritator 的代码是目前为止最复杂的程序部分。为了弄清楚它是如何工作的，需要进一步了解如何在程序中使用 if 结构。考虑下面的代码：

```
if(rideNo==5) {
    // This is the Regurgitator
```

当游客选择 3 号游乐设施时，该条件为 `true`，并且该条件控制的代码块中的所有语句只有在所选的设施是云霄飞车时才会运行。换句话说，该代码块中的任何语句都不需要问"所选游乐设施是云霄飞车吗？"因为只有在游客选择云霄飞车的情况下，这些语句才会运行。这导致程序中一个语句的选择决定了该语句的运行环境。我喜欢通过添加注释来使代码更容易理解：

```
if(rideNo==5) {
    // This is the Regurgitator
    if(ageNo<12) {
        resultElement.className="menuNo";
        resultElement.innerText = "You are too young for the Regurgitator";
    }
    else {
        // get here if the age is 12 or above
        if(ageNo>90) {
            resultElement.className="menuNo";
            resultElement.innerText = "You are too old for the Regurgitator";
        }
        else {
            resultElement.className="menuYes";
            resultElement.innerText = "You can go on the Regurgitator";
        }
    }
}
```

这些注释让程序变得稍微长了点儿，但也使其更加清晰。这段代码是处理云霄飞车的完整结构。若是想知道它的作用，最好的办法是用不同年龄值依次测试每个语句。所有示例代码在 Ch05 Making Decisions in Programs\Ch05-04 Theme Park 文件夹中可以找到。

使用 switch 结构

游乐设施选择器的程序代码是一系列由 `rideNo` 的值控制的 `if` 结构。这种模式在程序中经常出现，因此 JavaScript 包含了一个附加结构，能让它更简单。这种类型的结构是我们闻所未闻的。目前为止我们学到的一切都只是为了让程序可行而存在的。然而，`switch` 结构的作用是让事情变得更为简单。程序可以使用一个开关（switch），根据单个控制变量中的值来选择不同的行为。请看下面这段代码实现了游乐设施选择器。

```
switch(rideNo)
{
    case 1:
    // This is the Scenic River Cruise
    // There are no age limits for this ride
    resultElement.className = "menuYes";
    resultElement.innerText = "You can go on the Scenic River Cruise";
    break;

    case 2:
    // This is the Carnival Carousel
    // .. statements for Carnival Carousel go here
    break;

    case 3:
    // This is the Jungle Adventure Water Splash
    // .. statements for Jungle Adventure Water Splash go here
    break;

    case 4:
    // This is the Downhill Mountain Run
    // .. statements for Downhill Mountain Run go here
    break;

    case 5:
    // This is the Regurgitator
    // .. statements for the Regurgitator go here
}
```

以上代码展示了如何使用 switch 结构。rideNo 中的值被用作开关的控制值，程序将选择与控制值相匹配的 case(用例)。在特定用例中可以放入任意语句，但必须确保用例中的最后一条语句是 break 关键字，它的作用是结束执行该用例的代码。我写的代码在 Ch05 Making Decisions in Programs\Ch05-05 Switch Theme Park Ride Selector 文件夹中可以找到。

switch 语句中可以包含字符串和整数值，从中很方便地选择选项。switch 结构可以有一个在没有用例与控制值相匹配的用例时执行的默认选择器。还可以用多个用例元素来选择一个特定的行为。下面的开关由 commandName 变量来控制。Delete、Del 和 Erase 这三个命令都会导致清除行为被选中：

```
var commandName ;

switch(commandName)
{
    case "Delete":
    case "Del":
    case "Erase":
        // Erase behavior goes here
        break;

    case "Print":
    case "Pr":
    case "Output":
        // Print behavior goes here
        break;

    default:
        // Invalid command behavior goes here
        break;
}
```

注意事项

switch 结构中如果缺失 break，会造成混乱

以下代码是我的游乐设施选择器的开关控制版本的一部分。它有一个严重的漏洞，这个漏洞虽然不至于使 JavaScript 崩溃，但会导致程序出错。产生这个漏洞的原因是 case1 和 case2 之间缺少 break 关键字。当游客选择 1 号游乐设施时，程序将执行 case1 的语句，然后直接执行 case2 的语句。这意味着，如果游客选择河景游船 (选项 1)，程序的行为就如同游客选择嘉年华旋转木马 (选项 2) 一样。这种不太明显的 bug 非常危险，应该对每一个输入进行测试，以确保 switch 结构中没有被遗漏的 break 关键字。

```
switch(rideNo)
{
    case 1:
    // This is the Scenic River Cruise
    // There are no age limits for this ride
    resultElement.className = "menuYes";
    resultElement.innerText = "You can go on the Scenic River Cruise";

    case 2:
    // This is the Carnival Carousel
    if (ageNo < 3) {
        resultElement.className = "menuNo";
        resultElement.innerText = "You are too young for the Carnival Carousel";
    }
    else {
        resultElement.className = "menuYes";
        resultElement.innerText = "You can go on the Carnival Carousel";
    }
    break;
}
```

 动手实践

改进游乐设施选择器

　　Ch05 Making Decisions in Programs\Ch05-04 Theme Park 中的应用程序可以作为一个优秀的游乐设施选择器的起点，但它还并不完美。如果能对输入值进行一些测试以防游客输入无效的游乐设施编号或年龄值，将对程序大有裨益。甚至可以为每个游乐设施设计自定义图形，然后在选择游乐设施时显示出来，也可以为每个游乐设施添加合适的音效。

算命先生

　　Math.random 函数可以在 if 结构中使用，它的作用是使程序的执行看起来是随机的。

```
var resultString = "You will meet a ";

if(Math.random()>0.5)
```

```
  resultString = resultString+"tall ";
else
  resultString = resultString+"short ";

if(Math.random()>0.5)
  resultString = resultString+"blonde ";
else
  resultString = resultString+"dark ";

resultString = resultString + "stranger.";
```

    if 结构测试调用 Math.random 函数产生的值，将生成一个 0 到 1 范围内的值。如果该值小于 0.5，程序将选择一个选项；否则，将选择另一个选项。这样反复进行，产生一个看似随机的程序。可以在这种条件序列的基础上，制作一个有趣的算命程序，还可以创建一些图形图像来配合程序的预测。

技术总结与思考练习

    本章介绍了布尔值在程序中的使用，展示了如何编写能够做出逻辑判定的代码，技术要点总结如下。

- 布尔数据只有两个可能的值，分别是 true 或 false 由 JavaScript 中的关键字 true 和 false 来表示。

- JavaScript 可以根据其他类型的变量的"真值"或"虚值"来看待这些变量。除了 0 以外的任何数字值都被视为 true；除了空字符串以外的任何字符串都被视为 true；代表 Not a Number(NaN) 的值被视为 false；代表无穷大的值被视为 true。

- JavaScript 中的 Boolean 函数可以用来将任何类型的变量按照"真值"和"虚值"的方式转换成布尔值 true 或 false。

- 程序可以通过使用其他类型的值之间的比较运算符，如 <(小于符号) 来生成布尔值。在比较浮点值 (带有小数部分的数字) 是否相等时，应小心谨慎，因为它们可能无法被准确保存。

- JavaScript 提供了两种方法来测试事物是否相同。等于运算符 == 会在比较前转换数值。如果比较 true 和 1 这两个值是否相等，会得到 true 作为结果，因为布尔值 true 会在比较前被转换为 1。全等于运算符 === 在比较不同类型的值时将总是返回 false。因此，对 true 和 1 进行全等比较时，将返回 false。

- JavaScript 还提供了逻辑运算符，如 && 和运算符，可以在布尔值之间使用。

- if 结构在程序中被用来根据作为条件的布尔表达式来选择语句。if 结构可以包含 else 部分，它指定了在条件为 false 时要执行什么语句。条件语句可以被嵌套。

- JavaScript 语句可以用一对大括号 { 和 } 来定界，从而创建可以由 if 结构中的单个条件控制的语句块。

- 可以将一个应用程序的 JavaScript 组件存储在一个单独的代码文件中，并包含在 HTML 页面中。

- switch 结构能够以简单的方式来构建代码，它可以根据单个控制变量的内容来选择一个行为。

以下问题涉及如何在程序中进行决策，值得深入思考。

1. 程序可以测试两个布尔值是否相等吗？

可以。等于运算符 == 将在两个 true 或 false 的值之间发挥作用。

2. 为什么 JavaScript 提供了等于和全等逻辑运算符？

全等运算符 === 比等于运算符 == 更"严格"，因为试图比较不同类型的值 (例如比较一个数字和一个布尔值) 将总是返回 false。这就是为什么一些程序员 (包括我) 使用全等运算符 === 而不是等于运算符 ==。

3. JavaScript 可以从"真值"和"虚值"的角度来看待任何值吗？

可以。基本上，如果那里有一个非零的值或一个非空的字符串，将被视为 true，否则视为 false。

4. if 结构必须包含 else 吗？

不。如果有 else，它将绑定到程序中最近的 if 结构。如果写的程序中只有某些条件有 else，就需要确保 else 绑定到了正确的 if 结构上。

5. 可以把多少个 if 条件嵌套在一起呢？

无限个。在一行中写 100 个 if 语句也无所谓 (尽管编辑它们时会很麻烦)。

但如果真的这样做了，可能需要暂停，思考一下是否有更好的方法来解决这个问题。

6. **一个语句块可以有多长？**

一个语句块可以非常长，可以用一个 `if` 条件来控制 1 000 行代码的 JavaScript 程序。然而，很长的语句块会使代码难以理解。如果想用一个条件来控制大量的代码，应该把代码放到一个函数中。我们将在第 8 章学习函数。

7. **使用布尔值是否意味着在相同的数据输入下，程序将永远做同样的事情？**

其实，计算机每次都会在相同的输入下做同样的事情是很重要的。如果计算机出现了不一致的行为，会导致它的作用大打折扣。当我们想要计算机做出随机的行为时 (例如在编写算命程序时)，必须获得明确的随机值，并根据这些值做出决定。没有人想要一台会改变自己的想法的"喜怒无常"的计算机。当然，尝试用随机数来编程可能很有意思。

8. **当编写做决定的程序时，计算机是否总是做正确的事情？**

要是能保证计算机总是做正确的事情就好了。不幸的是，计算机只依赖于正在运行的程序，如果发生了程序没有预料到的事情，计算机可能会做出错误的反应。例如，如果一个程序正在计算煲一碗汤的时间，但用户输入的是 10 份而不是 1 份，那么程序就会把烹饪时间设定得过长并且可能在这个过程中把厨房给烧了。

在这种情况下，可以责备用户 (因为他们输入了错误的数据)，但程序中也应该有一个用于检查输入的数值是否合理的测试。如果炊具装不下 3 人份以上的食物，那么最好执行一个限制输入的测试。

程序的这一部分称为"输入验证"，这个功能非常重要。写程序时，需要"猜测"用户可能会做什么，并做出决定，使程序在各种情况下都能正常运行。

第 6 章
程序中的重复操作

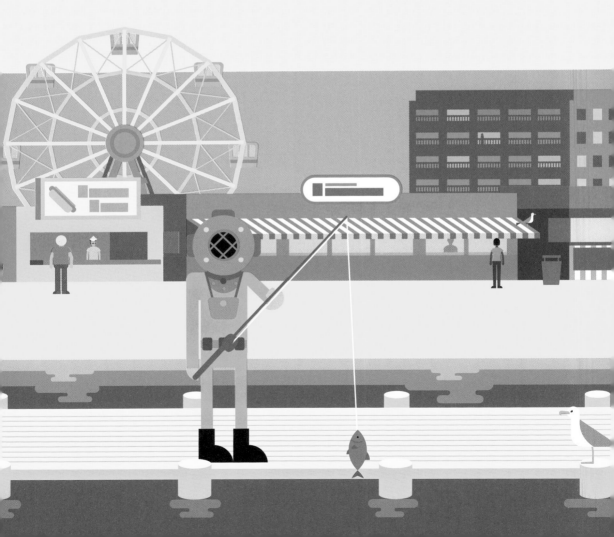

本章概要

第 5 章讲解了程序如何根据所给的数据做出决定并改变其行为。本章将了解如何用 JavaScript 的循环结构使程序重复一系列的动作。在这一过程中，我们将探索 HTML 和 JavaScript 的一些新特性，还将了解程序可能出错的一些地方以及优秀的程序员如何减少程序中出现的错误。

应用程序的开发

　　我们将以第 5 章开发的游乐设施选择器作为出发点。这个程序使用条件 if 结构来决定游客是否可以游玩特定的游乐设施。

　　图 6.1 显示了该程序的使用情况。游客输入的年龄是 18，并选择了 1 号游乐设施 Scenic River Cruise(河景游船)，程序显示的结果是游客可以游玩。这个程序能用归能用，但主题公园的老板还希望再改进一下。她想取消游客选择游乐设施的过程，在游客输入年龄后，程序用红色和绿色分别显示该年龄的游客可以游玩的和不可以游玩的游乐设施。客户创建了一个新的设计方案，并希望你可以按照她的要求来写程序。

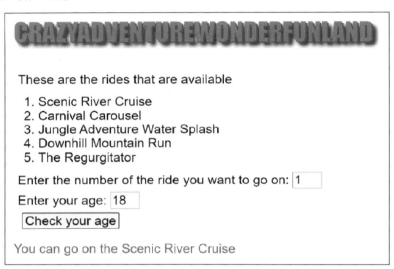

图 6.1　游乐设施选择器

　　图 6.2 显示了改进后的应用程序的外观。8 岁儿童可以游玩的游乐设施显示为绿色。我们首先要做的是把游乐设施的编号删除。上一版本的应用程序用编号列表供游客选择游乐设施。新的应用程序不需要编号列表。

```
<ul class="menuRideList" id="rideList">
    <li id="scenicRiver">Scenic River Cruise</li>
    <li id="carnivalCarousel">Carnival Carousel</li>
    <li id="jungleAdventure">Jungle Adventure Water Splash</li>
    <li id="downhillMountain">Downhill Mountain Run</li>
    <li id="regurgitator">The Regurgitator</li>
</ul>
```

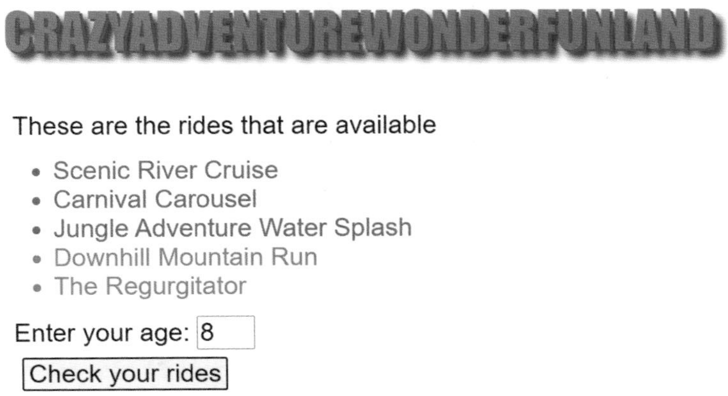

CRAZYADVENTUREWONDERFUNLAND

These are the rides that are available

- Scenic River Cruise
- Carnival Carousel
- Jungle Adventure Water Splash
- Downhill Mountain Run
- The Regurgitator

Enter your age: 8

Check your rides

图 6.2　新设计方案

这是我们将用于在改进后的应用程序中显示游乐设施名称的 HTML。它使用了一个无序列表元素 <ul> 来容纳游乐设施的列表元素 <li> 的集合。这些都没有用数字显示。现在我们需要修改控制应用程序行为的 JavaScript 代码中的程序。该程序将获得游客的年龄，然后显示游客可以或不可以游玩的每项游乐设施。

```
var jungleAdventureElement= document.getElementById("jungleAdventure");   获得对设施名称显示的引用
if (ageNo < 6) {                                                          测试年龄值
    jungleAdventureElement.className = "menuNo";                          年龄不符显示红色
} else {                                                                  年龄符合则执行
    jungleAdventureElement.className = "menuYes";                         年龄符合显示绿色
}
```

这段代码展示了程序如何显示游乐设施 jungleAdventureElement 的结果。它遵循一个我们以前多次看到的模式。

1. 获取对为游客显示结果的文档元素的引用。

2. 更新这个文档元素的属性以显示结果。

前面的代码设置了一个叫 jungleAdventureElement 的变量，用来指代显示从林探险的文本的元素（这是一个 ID 为 jungleAdventure 的列表项）。然后使用一个由 ageNo 中的值控制的条件语句，将 jungleAdventureElement 的 className 属性更新为一个合适的样式。ageNo 变量包含游客的年龄。

当程序运行时，如果 ageNo 中的值小于 6，jungleAdventureElement 的 className 属性将被设置为 menuNo；如果 ageNo 中的值大于或等于 6，条件语句的 else 部分将被执行，该元素的 className 属性被设置为 menuYes。元素的

className 属性给出了用于格式化该元素的样式表类。这两个类被定义在应用程序的 style.css 文件中，看起来像下面这样：

```css
.menuYes {
    color: green;
}

.menuNo{
    color: red;
}
```

这个 JavaScript 和样式表的组合使 Jungle Adventure 这几个字在游客的年龄小于 6 岁时变为红色，在其他年龄时变为绿色。主题公园的所有其他游乐设施也需要使用这一结构。我们的一个朋友正在寻找免费进入主题公园游玩的机会，而且他是一位经验丰富的程序员(至少他比我们多读了几本书)，所以我们决定将这项工作分包给他。最后他顺利地完成了工作，交付了完成的应用程序，并且拿到了主题公园的门票。起初，新程序运作良好，主题公园的老板也很满意。然而，过了一段时间后，他收到游客投诉说山路疾驰游乐项目的显示出了故障。我们需要找出原因。

程序员观点

始终对故障报告给与建设性的反馈

这些年来，我也遇到过不少程序 bug。我很快就认识到，客户很欣赏能够对他们的故障报告做出积极回应的程序员。非常重要的是，修复故障时的目的是解决这个问题，而不是找出造成这个问题的人。当我发现是别人造成了故障时，我从来不会小题大做，而如果是我自己造成的故障，我也乐于承担责任。通过对故障报告采取建设性的态度，我可以把负面印象扭转为好印象，让客户最终夸我有能力排除故障，而不是抱怨我的代码出错了。

代码分析

修复故障

程序中包含 bug 很正常，因为程序员也会犯错。无论出于什么原因，当程序做出了一些它不应该做的事情时，就出现了 bug。当 bug 以某种方式影响到用户时，它就变成了故障。在这里，游乐设施选择程序中存在的一个 bug，导致了显示错误。打开

Ch06 Repeating actions\Ch06-01 Broken Ride Selector 文件夹中的程序，检查一下吧。

问题 1：输入的年龄值为多少时会出现故障？

解答：当游客选择 Downhill Mountain Run 时，程序的显示不能正常工作。只有 12 岁以上的游客才能游玩这个项目。让我们先输入一个小于 12 的年龄值进行测试：

> These are the rides that are available
> - Scenic River Cruise
> - Carnival Carousel
> - Jungle Adventure Water Splash
> - Downhill Mountain Run
> - The Regurgitator
>
> Enter your age: 8
> Check your rides

测试结果表明，对 8 岁的游客来说，程序是正常的。他不能游玩 Downhill Mountain Run 或 The Regurgitator。再试着输入 12 岁，这个年龄的游客是可以玩 Downhill Mountain Run 和 The Regurgitator 的。

> These are the rides that are available
> - Scenic River Cruise
> - Carnival Carousel
> - Jungle Adventure Water Splash
> - Downhill Mountain Run
> - The Regurgitator
>
> Enter your age: 12
> Check your rides

漂亮！bug 被找到了。Downhill Mountain Run 被错误显示为红色，但年满 12 岁的游客应该可以游玩这个设施才对。

问题 2：造成 bug 的原因可能是什么？

解答：现在找到这个 bug 后，就可以开始调查原因了。使用 Visual Studio Code 打开示例文件夹中的 themepark.js 程序文件，调查代码。你需要找到处理 Downhill Mountain Run 的部分。这其中有一个 bug，你能看到它吗？

```
var downhillMountainElement= document.getElementById("downhillMountain");
if (ageNo < 12) {
    downhillMountainElement.className = "menuNo";
} else {
    jungleAdventureElement.className = "menuYes";
}
```

如果年龄小于 12 岁，程序应该将 downhillMountainElement 设置为红色；否则，应该将该元素设置为绿色。这个逻辑和 jungleAdventure 所用的是一样的，但代码出问题了。你发现了吗？

```
var downhillMountainElement= document.getElementById("downhillMountain");
if (ageNo < 12) {
    downhillMountainElement.className = "menuNo";
} else {
    jungleAdventureElement.className = "menuYes";
}
```

错误出现在 else 部分，我在前面的代码中把它高亮标记出来了。它没有在 downhillMountainElement 上设置 className，而是在 jungleAdventureElement 上设置了 className。程序正确决定了游客可以玩这个项目，但它却在错误的元素上显示了结果。

问题 3：该如何修复这个 bug？

解答：这个 bug 很容易修复。只需要在确定游客可以游玩时，更新的是正确的元素就行了。

```
var downhillMountainElement= document.getElementById("downhillMountain");
if (ageNo < 12) {
    downhillMountainElement.className = "menuNo";
} else {
    downhillMountainElement.className = "menuYes";
}
```

问题 4：这种错误是怎样出现的？

解答：输入一个完全错误的名字看似非常奇怪，但这种错误确实很有可能发生。考虑一下写代码的过程，我们的朋友为游乐设施 jungleAdventure 编写了代码，然后将其复制到 Downhill Mountain Run 的部分。所有标识符都需要修改，但他偏偏漏掉了一个，所以就出错了。

问题 5：这种错误该如何预防？

解答：造成该故障的主要原因是缺乏适当的测试。如果程序经过了适当的测试，这个故障就会被找出来。然而，在编写代码时采取复制语句块的做法造成了这种 bug。比起复制语句块，我们应该尽量用另一种更不容易出错的方法来编写程序代码。

精心设计代码的重要性

踏上一座由零散的木板拼凑而成的桥时，桥身会晃动并吱呀作响，这样的设计肯定不是好设计。软件也可以从设计的角度考虑。现在的游乐设施选择程序就像一座摇摇晃晃的桥，虽然能用，但内部结构并不好。像前面那样通过复制来创建多个相同的 if 结构的话，编写代码时就很可能会出错。还有一个可能的错误原因就是，游乐设施的名称保存在 HTML 文件中，但游客的年龄限制保存在 JavaScript 文件中。要想添加更多游乐设施或调整游乐设施的年龄限制的话，必须分别编辑这两个文件，并确保其内容一致。任何错误都会导致更多 bug 的出现。

程序员观点

设计非常重要

你可能觉得根本没有必要操心程序的内部设计。程序只要能正常运行就好了，为什么还要在乎它是如何构成的呢？但优秀的设计对编程来说，其实更为重要。如果你还是不相信的话，请思考一下游乐设施选择器可能会出现的故障。要是程序允许三岁的孩子去玩云霄飞车而孩子因此受伤了的话，主题公园的老板就有大麻烦了。经过调查后，事故责任可能会算到我们头上，因为我们在创建代码时没有设计好。

创建解决方案时，应该尽量让它的工作原理清晰易懂。当程序员修改另一个程序员的工作时，如果没有完全理解原始代码的工作原理，就很可能会造成 bug。程序的代码越容易理解，需要修改的地方就越少，出现 bug 的可能性就越低。接下来，我们将进一步研究设计的技巧。

为 HTML 元素添加数据属性

现在可以开始改进应用程序的结构了。为了消除一个潜在的错误原因，需要把所有控制应用程序的数据放在同一个地方。我们要做的是把年龄限制放在网页中显示游客信息的元素里面。这是 HTML 和 JavaScript 的一个强大的功能，以后的程序也会经常用到。这个功能称为"数据属性"。

我们知道，HTML 元素可以包含属性，这个属性可以以某种方式修改 HTML 元素。举个例子，为了将文本显示为红色，我给段落添加了选定红色的 style 属性。

```
<p style="color:red">This is a red paragraph.</p>
```

属性可以修改元素，每个 HTML 元素都使用一组特定的属性。p 元素有一个 style 属性，用于设置文本样式 (如前所示)，图像元素有一个 src 属性，用于指定包含图像的源文件 (就像在显示图像时看到的那样)。元素还可以包含数据属性。

```
<ul class="menuRideList" id="rideList">
    <li data-MinAge="0" data-MaxAge="120" id="scenicRiver">Scenic River Cruise</li>
```

```
    <li data-MinAge="3" data-MaxAge="120" id="carnivalCarousel">Carnival Carousel</li>
    <li data-MinAge="6" data-MaxAge="120"
        id="jungleAdventure">Jungle Adventure Water Splash</li>
    <li data-MinAge="12" data-MaxAge="120"
        id="downhillMountain">Downhill Mountain Run</li>
    <li data-MinAge="12" data-MaxAge="90" id="regurgitator">The Regurgitator</li>
</ul>
```

前面的 HTML 与先前的主题公园游乐设施列表一样，但现在每个列表项都包含 `data-MinAge` 和 `data-MaxAge` 这两个属性。这些属性给定了每个游乐设施的年龄限制。这些关于游乐设施和年龄的信息现在都保存在同一个地方。JavaScript 程序可以用元素提供的 `getAttribute` 方法读取数据属性的内容。

```
// Get the carnival element
var carnivalCarouselElement = document.getElementById("carnivalCarousel");

// Get the min age from the carnival element data attribute
var carnivalMinAgeText = carnivalCarouselElement.getAttribute("data-MinAge");
var carnivalMinAgeNo = Number(carnivalMinAgeText)          读取 MinAge 属性

// Get the max age from the carnival element data attribute
var carinvalMaxAgeText = carnivalCarouselElement.getAttribute("data-MaxAge");
var carinvalMaxAgeNo = Number(carinvalMaxAgeText);         读取 MaxAge 属性
```

前面的代码显示了数据属性如何应用在游乐设施嘉年华旋转木马上。请注意，属性的值是一个文本字符串，因此 Number 函数是用来把文本转换成数字值的。一旦程序得到年龄的上下限，就可以更新显示，告知游客是否可以玩旋转木马。

```
if(ageNo<carnivalMinAgeNo){
    carnivalCarouselElement.className="menuNo";
} else {
    if(ageNo>carinvalMaxAgeNo){
        carnivalCarouselElement.className="menuNo";
    } else {
        carnivalCarouselElement.className="menuYes";
    }
}
```

代码分析

数据属性

你可能对数据属性还不太了解，让我们看看是否可以通过一些代码来解答。从
Ch06 Repeating actions\Ch06-03 Data Ride Selector 文件夹中找到示例程序，在浏览器
中打开它，输入 2 作为年龄，然后点击 Check Your Rides。结果如下图所示。

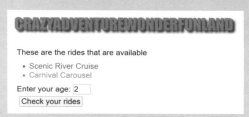

问题 1：为什么两个游乐设施的名称显示为不同的颜色？

解答：河景游船 Scenic River Cruise 的文本显示为绿色，因为该项目的最小
年龄限制是 0，而 2 大于 0。嘉年华旋转木马 Carnival Carousel 的文本显示为红色，
因为 2 岁小于该游乐设施的最小年龄限制，也就是 3 岁。

问题 2：游乐设施嘉年华旋转木马 Carnival Carousel 的年龄上限是多少？

解答：我们可以通过查看 HTML 文档中的 carnivalCarouselElement 列表的
数据属性来回答这个问题。按 F12 功能键打开"开发者视图"，在窗口中输入以下
JavaScript 语句：

```
> var carnivalCarouselElement = document.getElementById("carnivalCarousel");
```

这条语句创建了 carnivalCruiseElement 变量，指向网页中的 carnivalCarousel
Element 列表。按 Enter 键运行。

```
> var carnivalCarouselElement = document.getElementById("carnivalCarousel");
<- undefined
```

当按下 Enter 键时，即可创建这个变量，而创建这个变量的语句则返回一个未定义
值。现在我们可以使用 getAttribute 方法来获取这个元素的数据。输入以下语句：

```
> carnivalCarouselElement.getAttribute("data-MaxAge");
<- "120"
```

这将返回一个值 120，这就是 carnivalCarouselElement 中的 data-MaxAge
属性的内容。这意味着该游乐设施的最大年龄限制被设定为 120 岁。可以用同样的方
法来读取最小年龄限制。

```
> carnivalCarouselElement.getAttribute("data-MinAge");
<- "3"
```

问题 3：如果要求 `getAttribute` 找到一个不存在的数据属性，会发生什么？

解答：让我们来试试。输入下面的语句，寻找 `data-SillyAge` 数据属性：

```
> carnivalCarouselElement.getAttribute("data-SillyAge");
<- null
```

对 `getAttribute` 的调用会返回 `null`，这是 JavaScript 表示一个引用值没有指向任何东西的方式。换句话说，`getAttribute` 方法找不到任何东西，所以它返回一个表示没有找到任何东西的值。我们可以用 `if` 结构测试是否出现了 `null` 值，这样一来，即使没有找到数据属性，程序也能正常响应。

问题 4：可以在元素中设置数据属性的值吗？

解答：当然可以。在 `setAttribute` 方法中输入数据属性的名称和在想在数据属性中设置的值，`setAttribute` 方法就会将数据属性设置为这个值。输入以下语句，将游客的最大年龄限制设置为 99 岁。

```
> carnivalCarouselElement.setAttribute("data-maxAge", "99");
<- undefined
```

通过读取最大年龄限制的值来进行测试：

```
> carnivalCarouselElement.getAttribute("data-MaxAge");
<- "99"
```

问题 5：程序可以在元素上创建新的数据属性吗？

解答：是的，这可以用来将数据与元素绑定在一起。如果被设置的属性不存在，`setAttribute` 方法将新建一个属性。试试下面的语句，创建一个在 `carnivalCarouselElement` 的测试数据属性，命名为 `data-test`：

```
> carnivalCarouselElement.setAttribute("data-test", "test string");
<- null
> carnivalCarouselElement.getAttribute("data-test");
<- "test string"
```

问题 6：数据属性的名称是否必须以 `data-` 开头？

解答：这并不是强制性的，但这是个非常好的习惯，以免读代码的人误认为数据属性是该元素的常规属性。

问题 7：程序可以向任何 HTML 元素添加数据属性吗？

解答：可以。这是一个将数据值存储在网页内的好方法。

使用无序列表作为容器

Ch06 Repeating actions\Ch06-03 Data Ride Selector 示例文件夹中的代码只处理两个游乐设施。这样做的原因是我不想把 `Carnival Carouser` 的代码复制到其他游乐设施上。我觉得这样做太繁琐了，并且可能出错。其实，可以用一个更简单的方法来处理所有其他的游乐设施：用循环来处理游乐设施的列表。

```html
<ul class="menuRideList" id="rideList">
    <li data-MinAge="0" data-MaxAge="120">Scenic River Cruise</li>
    <li data-MinAge="3" data-MaxAge="120">Carnival Carousel</li>
    <li data-MinAge="6" data-MaxAge="120">Jungle Adventure Water Splash</li>
    <li data-MinAge="12" data-MaxAge="120">Downhill Mountain Run</li>
    <li data-MinAge="12" data-MaxAge="70">The Regurgitator</li>
</ul>
```

前面的 HTML 显示了主题公园里游乐设施的列表。每个游乐设施都由一个列表项 `<li>` 元素来描述，且所有的列表都被包含在一个没有编号的列表 `<ul>` 元素中。`<ul>` 元素是一个容器元素，可以容纳其他元素。在这个例子中，列表包含五个列表项。这些列表项被称为容器元素的子元素。HTML 元素提供了一些方法，可以用来访问元素的子元素。下面来研究一下。

 动手实践

研究列表元素

首先打开 Ch06 Repeating actions\Ch06-04 Theme Park Ride For Loop 示例文件夹中的应用程序。这是一个使用 `for` 循环的完整版游乐设施选择程序，本节的后半部分将会研究 `for` 循环是如何工作的。先来了解一下列表容器吧。按 F12 功能键打开开发者视图，在控制台窗口中，通过 JavaScript 命令提示符输入命令。首先是获得对保存游乐设施名称的列表的引用：

```
> var rideListElement= document.getElementById("rideList");
<- undefined
```

当按下 Enter 键时，JavaScript 控制台返回的结果是 undefined，因为创建变量的过程并不返回一个值。然而，`rideListElement` 变量现在引用的是游乐设施列表。为了证实这一点，只需要输入 `rideListElement`，就能看到"开发者视图"展示它引用的元素：

```
> riseListElement
< <u1 class="menurideList" id="rideList">...</u1>
```

这次按 Enter 键时，JavaScript 控制台会显示该元素。点击小箭头可以展开显示：

```
> rideListElement
  <ul class="menuRideList" id="rideList">
      <li data-MinAge="0" data-MaxAge="120">Scenic River Cruise</li>
      <li data-MinAge="3" data-MaxAge="120">Carnival Carousel</li>
      <li data-MinAge="6" data-MaxAge="120">Jungle Adventure Water Splash</li>
      <li data-MinAge="12" data-MaxAge="120">Downhill Mountain Run</li>
      <li data-MinAge="12" data-MaxAge="70">The Regurgitator</li>
  </ul>
```

列表有五个子元素，它们是列表中的项目。这些子元素保存在列表的一个名为 `children` 的属性中。可以使用索引来指定要查看的子元素。索引表示为一个数字，用方括号 [] 包围起来。让我们来看看列表开头的元素，输入下面的语句：

```
> rideListElement.children[0]
```

注意，这是索引为 0 的元素。当计算容器中的项目时，JavaScript 从 0 开始计算，而不是从 1 开始。按下 Enter 键后，就会显示 Scenic River 的列表项。

```
<- <li data-MinAge="0" data-MaxAge="120">Scenic River Cruise</li>
```

可以用这个办法获取列表中的所有项目。以下语句的作用是查看 The Regurgitator 的列表项。我用不同的数字尝试了一下：

```
> rideListElement.children[4]
<- <li data-MinAge="12" data-MaxAge="70">The Regurgitator</li>
```

请记住，由于 JavaScript 是从 0 开始计算元素的，在一个包含五个元素的列表中，最后一个元素的索引是 4。你可能会好奇，想要知道在试图访问不存在的元素时，会发生什么。试着输入以下语句：

```
> rideListElement.children[5]
```

列表中没有第五个元素 (不过电影《第五元素》真的是经典)。试图找到不存在的元素的话，会得到 undefined：

```
<- undefined
```

可以用 `children` 的 `length` 属性来找出有多少个子元素。试着输入以下语句，看看具体细节：

```
> rideListElement.children.length
```

一共有五个子元素，所以 length 属性是 5：

```
<- 5
```

不用关闭浏览器，我们之后还要继续用它来研究循环。

JavaScript 的 for 循环

知道如何获取游乐设施列表中的列表项之后，接下来要做的是在应用程序中使用这些列表项。我们需要一种语言结构来循环执行一个代码块，并为每一次循环计数。JavaScript 的 for 循环可以满足这些需求。图 6.3 显示了 JavaScript 中 for 循环的元素。

1. setup(有时也叫“初始化”)元素在 for 循环开始时执行一次。

2. test 元素在每次通过循环中的代码之前执行。如果测试的 JavaScript 的“真值”为 true，循环将继续进行。如果测试的“真值”为 false，那么循环将结束，程序将继续执行 for 循环之后的语句。

3. update 元素是在每次循环后执行。

4. statement 是 JavaScript 语句，它将被 for 循环重复。如果想让循环执行多个语句，statement 也可以是用大括号包围起来的语句块。

for	(	setup 初始化	;	test 测试	;	update 更新	)	statement 语句	;

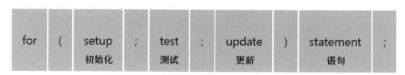

图 6.3　for 循环

for 循环通常与控制变量一起使用，这个变量计算循环执行的次数。setup 元素在控制变量中放置一个起始值；test 元素测试控制变量的值，当控制变量达到一个特定的值时将停止循环；update 元素增加控制变量的值。

图 6.4 展示了完整的 for 循环，并且这个循环语句执行了 10 次。下面来仔细研究一下。

for	(	let i=0 setup	;	i<10 test	;	i=i+1 test	)	console.log(i) statement	;

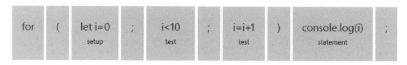

图 6.4　for 循环计数器

代码分析

for 循环

我们可以用浏览器中的开发者视图研究 for 循环的作用。打开 Ch06 Repeating actions\Ch06-04 Theme Park Ride For Loop 文件夹中的应用程序，然后按 F12 功能键打开"开发者视图"。

问题 1：我们创建的 for 循环有何实际用途？

解答：我们可以先输入在图 6.4 中看到的 JavaScript：

```
> for(let i=0;i<10;i=i+1)console.log(i);
```

你知道（因为我已经说过了）这应该重复语句 console.log(i)10 次，不管语句是什么。按 Enter 键，看看会怎样。

```
> for(let i=0;i<10;i=i+1)console.log(i);
0
1
2
3
4
5
6
7
8
9
<- undefined
```

console.log 语句是用来调试程序的工具，很有用，它将数值记录在开发者视图控制台。在本例中，它记录了每次调用时 i 的值。i 的值从 0 开始，每循环一次，i 的值就增加 1。循环还使用条件 i<10 来测试 i 的值，当 i 达到数值 10 时，这个条件不再为真（数值 10 不小于 10），因此循环停止。

问题 2：为什么 for 循环在最后显示 undefined ？

解答：for 循环本身并不显示此信息。之所以显示这个信息，是因为控制台总是会显示语句的值。for 循环结构不会产生结果，就像用 var 创建变量不会产生结果一样。在这两种情况下，控制台都会显示未定义的值。

问题 3：我可以使用 for 循环来控制大量的语句吗？

解答：可以。for 循环可以控制由花括号 {} 包围的语句块，就像 if 结构一样。

问题 4：i 前面的单词 let 是什么意思？

解答：我们目前都是用 JavaScript 的关键字 var 来创建变量。但是，我们也可以使用关键字 let 创建变量。使用 var 创建的变量在声明后可以在程序中的任何地方使用，而使用 let 创建的变量只能在声明它们的语句块中使用。i 中的值只在 for 循环控制的语句中使用，所以它应该只存在于该 for 循环中。为了证明这一点，输入以下语句，尝试查看 i 中的值：

```
> i;
```

这个变量不再存在，因为它在 for 循环完成时被清除。

```
<-Uncaught ReferenceError: i is not defined at <anonymous>:1:1
```

问题 5：为什么要清除变量？

解答：这是另一个很棒的设计。我倾向于使用 i 变量来计数，而其他程序员在处理这段代码时，可能决定使用 i 变量来做其他事情。我不希望这两个变量发生冲突，所以需要确保我的变量只存在于我使用期间。

问题 6：如果给 JavaScript 一个永远不运行的循环，会怎样？

```
> for(let i=0;i>10;i=i+1)console.log(i);
```

解答：这个循环没有意义。这个循环将 i 设置为 0，然后在 i 的值大于 10 时继续。因为 i 的值不大于 10，所以这个循环永远不会被执行。如果运行这段代码，不会产生任何输出。

```
> undefined
```

问题 7：如果编写出一个永远不会结束的循环，会怎样？在看答案之前，请不要运行该语句。

```
> for(let i=0;i<10;i=i-1)console.log(i);
```

解答：这个循环也是很愚蠢的。每一次循环，i 的值都减少 1，而不是增加 1。这意味着 i 的值永远不会达到 10，所以循环永远不会结束。如果运行这个语句 (我不建议这样做)，控制台会被不断减 1 的数字填满，电脑的风扇会嗡嗡作响，并且浏览器会停止响应，因为它在试图尽快运行这个循环。要想避免这种情况，惟一有效的方法是关闭持有该程序的浏览器标签页。你肯定遇到过浏览器"卡"的情况，现在你知道可能是什么原因了。

理解 for 循环之后，就可以为游乐设施选择器编写代码了。

```javascript
function doCheckAge() {

    // get the age that was input
    var ageElement = document.getElementById("ageText");
    var ageText = ageElement.value;
    var ageNo = Number(ageText);

    // get the list of rides
    var rideListElement= document.getElementById("rideList");

    // get the number of child list items
    var noOfRides = rideListElement.children.length;

    // make a loop to count round the rides
    for(i=0; i < noOfRides; i=i+1){               这就是更新列表的 for 循环
        // get the ride element out of the list
        let rideElement = rideListElement.children[i];

        // get the minimum age
        let minAgeText = rideElement.getAttribute("data-MinAge");
        let minAgeNo = Number(minAgeText)

        // get the maximum age
        let maxAgeText = rideElement.getAttribute("data-MaxAge");
        let maxAgeNo = Number(maxAgeText);

        // test the age and update the component
        if(ageNo<minAgeNo){
         rideElement.className="menuNo";
    } else {
        if(ageNo>maxAgeNo){
            rideElement.className="menuNo";
         } else {
             rideElement.className="menuYes";
         }
        }
     }
   }
}
```

　　我喜欢这个代码的工作方式。请花些时间仔细阅读，确保完全理解它的构造。为了欣赏这个设计的精妙之处，请思考一下，如果主题公园要新增一个游乐设施，需要怎样改动这个程序。精彩的地方来了，根本不需要修改这段代码，只需要在HTML 文件中的列表中增加一个游乐项目即可。如果某项游乐设施的年龄限制发生了变化，也无需改变程序代码，改一改 HTML 文件中的数据就好。Ch06 Repeating actions\Ch06-05 Lots of Theme Park Rides 文件夹中的示例程序有许多新增的游乐设施，但 JavaScript 程序代码没有任何改动。

程序员观点

优秀的程序员要学会建设性地懒精 [①]

善用个人技能来减轻工作负担的程序员，一定是一名优秀的程序员，我把这种行为称为"建设性地偷懒"。如果发现需要编写大量代码或者要对程序代码的不同部分进行同步，我会尝试运用循环或者把不同部分整合到一起。

用 for-of 来处理集合

　　我们已经学会了用 for 循环来计算一系列的值。这可能会在本章后面派上用场，但现在不妨先用 for 循环的新形式直接处理容器中的项目。我们已经知道怎么解决问题了，所以添加 for-of 循环并不是为了做出什么新功能，而是为了简化程序的代码。

```
                                              这被设置为集合中每个元素的值
for (let rideElement of rideListElement.children) {
    // get the minimum age                    这就是正在进行的收集工作
    let minAgeText = rideElement.getAttribute("data-MinAge");
    let minAgeNo = Number(minAgeText)

    // get the maximum age
    let maxAgeText = rideElement.getAttribute("data-MaxAge");
    let maxAgeNo = Number(maxAgeText);
```

---

① 译注：Perl 语言的发明人拉里·沃尔 (Larry Wall) 曾经说过，好的程序员有三大美德：懒惰、急躁和傲慢。所谓懒惰，指的是这样一种品质，它使得你愿意花大力气去避免自己消耗过多的精力。它敦促你写出既能节省自己体力又能方便别人使用的程序。为此，你还会附上一个完善的文档，以免别的人问你太多问题。所谓急躁，指的是这样一种愤怒，当你发现计算机慢吞吞地给不出结果时，暴躁之下便写出更优秀的代码来尽快解决问题，至少表面上看起来是这样。所谓傲慢，指的是极度膨胀，相信自己能写出（或维护）让别人挑不出任何毛病的程序。

```
// test the age and update the component
if (ageNo < minAgeNo) {
    rideElement.className = "menuNo";
} else {
    if (ageNo > maxAgeNo) {
        rideElement.className = "menuNo";
    } else {
        rideElement.className = "menuYes";
    }
}
}
```

前面的代码展示了 `for` 循环是如何用的。游乐设施列表中的每一个子元素都要进行一次循环。每次循环时，`rideElement` 的值都被设置为下一个子元素。这样就不用创建控制变量了，代码也更简洁。可以从 Ch06 Repeating actions\Ch06-06 For of loop 的例子了解 `for-of` 循环是怎样运行的。

通过代码来生成网页

游乐设施选择器巧妙利用了 JavaScript 程序与网页中的元素互动的方式。现在，我们将进一步了解怎样让 JavaScript 程序在运行时在页面上创建新元素。之后就可以制作出能在加载时生成的网页了。举个例子，我们可以创建一个帮助人们学习乘法运算的程序。用户输入一个数字，就可以得到这个数字的乘法口诀表。

图 6.5 展示了这个程序的使用情况。用户输入想要的数字，然后，程序就会显示这个数字的乘法口诀表。这个程序看起来和之前创建的游乐设施选择器很像。

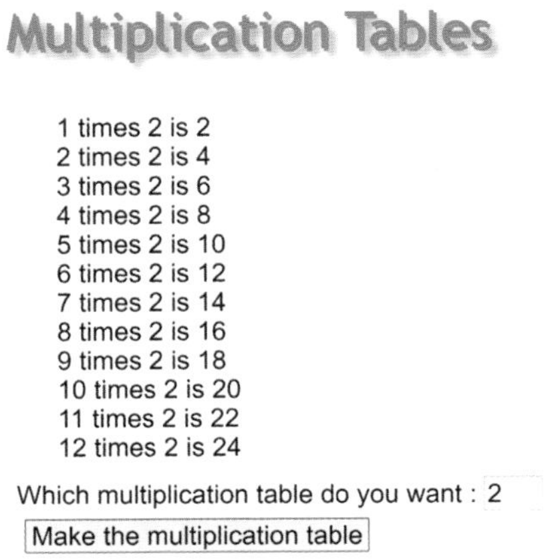

Multiplication Tables

```
1 times 2 is 2
2 times 2 is 4
3 times 2 is 6
4 times 2 is 8
5 times 2 is 10
6 times 2 is 12
7 times 2 is 14
8 times 2 is 16
9 times 2 is 18
10 times 2 is 20
11 times 2 is 22
12 times 2 is 24
```

Which multiplication table do you want : 2

Make the multiplication table

图 6.5   乘法口诀表

　　我们可以用包含 12 个元素的列表来保存结果，然后像更新每个游乐设施的文本颜色一样，根据用户的输入更新列表项中的文本。不过，这样的话，就得写一个很长很长的列表，太麻烦了。因此，不妨从一个空白的 HTML 文档开始，写一些 JavaScript 代码，通过创建列表项来填写乘法口诀表的结果。

```html
<!DOCTYPE html>
<html lang="en">

<head>
    <title>Ch06-07 Multiplication Tables HTML generator</title>
    <link rel="stylesheet" href="styles.css">
    <script src="multiplicationtables.js"></script>
</head>

<body>
    <p class="menuHeading">Multiplication Tables</p>
    <!-- Multiplication table list will be built by code-->
    <ul class="menuMultiplicationTableList" id="multiplicationTableList">
    </ul>
    <p class="menuText">Which multiplication table do you want :
        <input class="menuInput" type="number" id="timesTableText" value="2"
        min="2" max="12"> </p>
    <button class="menuButton" onclick="doMultiplicationTables()">Make the
    multiplication table</button>
</body>

</html>
```

用来保存乘法口诀表结果的空列表

所需乘法口诀表的输入

按下按钮，生成乘法口诀表

　　这是乘法口诀表应用程序的 HTML 页面。请注意，在中间有一个 ID 为 multiplicationTableList 的空列表，用来保存程序生成的乘法口诀表。用户点击创建乘法口诀表的按钮后，JavaScript 的 doMultiplicationTable 函数就会被调用来创建表格。下面来看看这个函数具体是怎样构成的。

```javascript
function doMultiplicationTables() {

    // get the multiplication table number from the web page
    var tableTextElement = document.getElementById("tableNumberText");
    var tableNumberText = tableTextElement.value;
    var tableNumber = Number(tableNumberText );

    // get the multiplication table list from the web page
```

```
var multiplicationTableListElement =
    document.getElementById("multiplicationTableList");

// count through the table producing results
for (let i=1; i<=12;i=i+1) {
    // calculate the result
    let resultNunber = tableNumber * i;

    // create a result strung
    let resultString = i + " times " + tableNumber + " is " + resultNunber;

    // make new list item
    let listItem = document.createElement("li");
    // set the text of the new list item to the result string
    listItem.innerText=resultString;
    // add it to the multiplication table list
    multiplicationTableListElement.appendChild(listItem);
}
}
```

这个函数最有趣的是最后三条语句，它们创建了一个新的元素并将其添加到列表中。我们来看看具体是如何运作的。

 代码分析

通过 JavaScript 来生成 HTML 页面

以 Ch06 Repeating actions\Ch06- 07 Times Tables HTML generator 文件夹中的示例应用程序为起点。打开这个应用程序，按 F12 功能键打开"开发者视图"。

问题 1：这个程序能运行吗？

解答：可以在网页上输入一个数值，然后按下 `Make the multiplication table`(生成乘法口诀表)按钮来测试这个程序，将出现图 6.5 那样的画面。

问题 2：如何创建新的网页元素？

解答：文档对象提供了 `createElement` 方法，该方法将制作一个新的 HTML 元素。让我们再做一个列表项并将它添加到乘法口诀表列表中。给 `createElement` 方法一个指定想要的元素类型的字符串。在这个例子中，我们想要一个列表项，所以用到的是字符串 `"li"`。输入以下内容并按 Enter 键：

```
> var newElement=document.createElement("li");
```

有了新的元素后，即可设置它所包含的 innerText。输入以下内容并按
Enter 键：

```
> newElement.innerText="Hello world";
```

我们现在有了新的 HTML 元素，也就是一个包含 Hello world 文本的列表项。

问题 3：如何将网页元素添加到页面上的元素中？

解答：我们可以用 appendChild 方法为任何 HTML 元素添加新的子元素。首先，
找到要添加的元素。输入以下语句并按 Enter 键：

```
> var multiplicationTableListElement = document.
getElementById("multiplicationTableList");
```

现在有一个 multiplicationTableListElement 变量，指向存放乘法口诀表的
列表。把新元素添加到其中。输入以下语句并按 Enter 键。

```
> multiplicationTableListElement.appendChild(newElement);
```

刷新一下网页，可以发现在乘法口诀表的最后一行下面出现了一行新内容，这一
行是我们刚才添加的：

12 times 2 is 24
Hello world

Which multiplication table do you want：2

Make the multiplication table

这个新元素并不是 HTML 文件的一部分，而是浏览器维护的文档对象的一部分。

问题 4：还能继续向列表里添加内容吗？

解答：可以。事实上，这个程序有一个 bug，它不断地在列表中添加乘法口诀表。
如果再次按下按钮生成乘法口诀表，会发现又有一张表被添加到页面中：

11 times 2 is 22
12 times 2 is 24
Hello world
1 times 2 is 2
2 times 2 is 4

问题 5：程序可以从元素中删除内容吗？

解答：可以。输入以下内容可以删除列表开头的元素：

```
> multiplicationTableListElement .removeChild(timesTableListElement.children[0])
```

removeChild 方法被赋予一个元素的引用，然后该元素被从列表中移除。以上
语句中提供的引用是对列表开头的元素的引用。这时，若是查看一下网页，就会发现
第一个结果已经被移除了。

删除文档中的元素

在前面的代码分析中，我们发现乘法口诀表应用程序有一个 bug。当选择一个新乘法口诀表时，结果被添加到现有乘法口诀表的末尾。幸运的是，还有另一个方法可以用来从元素中移除子元素。这个方法可以用来在添加新元素之前对列表进行"清理"。要做到这一点，我们可以使用另一种循环结构 while。只要条件为 true，while 循环就会一直重复一条语句。

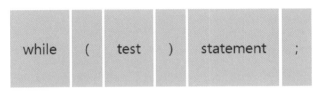

图 6.6　while 循环

前面的图 6.6 展示了 while 循环的结构。while 循环将执行测试，如果测试结果是"真值"，就执行该语句，然后重复这个过程，直到测试结果是"虚值"。我们可以用它来创建 JavaScript 函数来删除子元素，直到不再有任何子元素：

```
while(multiplicationTableListElement.children.length > 0)
    multiplicationTableListElement.
    removeChild(multiplicationTableListElement.children[0]);
```

如果看起来有点难以理解，试着把它转换为中文："当子元素的数量大于 0 时，删除一个子元素。"在 Ch06 Repeating actions\Ch06-08 Multiplication Tables HTML generator cleanup 文件夹中，有一个乘法口诀表应用程序的示例。

 动手实践

让乘法口诀表更有趣

这里有一些你可能感兴趣的想法。

20 × 20 乘法口诀表

有些人喜欢炫耀自己能对 20×20 乘法口诀表倒背如流。你能改一改前面的程序，把它变成 20×20 乘法口诀表的版本吗？改变程序中的一个数字即可。如果不知道该怎么做，可以从 Ch06 Repeating actions\Ch06-09 Twenty times table 文件夹中找到思路和答案。

乘法口诀表测试

乘法口诀表测试可以生成含有一些错误数字的乘法口诀表，用户需要找出所有的错误数字，然后点击 Check The Multiplication Table(检查乘法口诀表) 按钮来检查哪些数字是正确的。可以使用 JavaScript 随机数生成器来决定是否要错误显示一个数值。程序可以通过在每个列表项中使用一个持有项目所显示的值的数据属性来运作。标记过程类似于游乐设施选择程序，它将根据显示的值是否正确来改变列表项的颜色。在 Ch06 Repeating actions\Ch06-10 Multiplication Table Tester 文件夹中可以找到我的版本。

技术总结与思考练习

本章展示了如何在 JavaScript 程序中使用循环，介绍了一些有用的编程设计技巧，还探索了 JavaScript 代码如何改变浏览器所显示的文档结构。

- 只有通过尝试和实践，才能真正了解程序应该如何工作。如果在为其他人制作程序，必须做好随时修改程序的准备，因为客户总是有更好的想法。

- bug 是软件开发中少不了的一个自然结果。一旦接到故障报告，你的任务就是修复故障，而不是指责别人或推卸责任。

- 一些编写软件的过程，比如通过复制代码块来重复程序的行为，更容易出现bug。

- HTML 元素可以被赋予数据属性。这使得程序可以将数据值直接绑定到文档中的项目上，并将数据嵌入到网页文件中。

- HTML 元素可以作为其他元素的容器。包含在元素中的元素被称作"子元素"。单个子元素可以用索引值来访问，索引值从 0 开始。

- JavaScript 的 for 循环结构被用来重复执行一个语句。for 循环有 setup、test 和 update 行为。setup 行为是在循环的开始时进行的；test 行为是在每个循环之后和第一个循环之前进行的，如果测试结果是 false，循环就会停止；update 行为在每个循环之后执行。

- JavaScript 的 for 循环结构可以用来管理一个控制变量计数器，该计数器可以在两个值之间计数，允许程序通过容器元素的子元素来工作。

- JavaScript 提供的 for-of 结构可以处理容器中的元素。

- 有一些 JavaScript 函数可以用来创建新的页面元素 (document.createElement)，并将它们作为子元素添加到现有的元素 (appendChild)。这些元素被浏览器渲染，这使得 JavaScript 代码以编程方式创建网页的内容成为可能。

- JavaScript 函数 removeChild 可以用来从容器元素中移除子元素。

- while 循环结构允许程序在控制逻辑表达式评估为 true 时重复一个语句块。

针对本章的内容，可以深入思考下面这些问题。

1. 所有程序都有 bug 吗？

   几乎不可能证明特定的某个程序不包含任何 bug。测试只能证明有 bug，但不能证明不存在任何 bug。好消息是，一般来讲，并不是所有 bug 都会影响程序正常运行。

2. 为什么列表的索引从 0 开始？

   JavaScript 就是这么工作的。有些语言的索引从 1 开始，但 JavaScript 是从 0 开始的。可以将索引视为要到达项目所需的存储空间的"距离"。

3. 任何 HTML 元素都可以成为其他元素的容器吗？

   是的。文档中的 HTML 元素包含 HEAD 和 BODY。元素的子元素也可以有自己的子元素，这样就可以创建类的层次结构。

4. 给 HTML 元素添加属性是否会改变网页文件的内容？

不会。可以把 HTML 文件认为是定义了浏览器所显示的文档对象的起点。改动这个对象会影响页面的显示，但不会改变 HTML 文件的内容。

5. let 和 var 有何区别？

这两个关键字都是用来创建变量的。用 var 创建的变量从程序中的那个点开始存在；用 let 创建的变量在程序执行离开它们被声明的语句块时被清除。用 let 声明变量是个好主意，可以减少变量被错误地重复使用。

6. 可以用 JavaScript 代码来创建整个网页吗？

可以。很多网页都是这样工作的。网站不是将 HTML 文件存储在服务器上，而是用一个地方来保存小的 HTML 文件和 JavaScript 程序，从网上加载数据，然后用它来建网站。后面的章节将使用更多这样的操作。

第 7 章

函数

本章概要

　　函数是程序设计的重要组成部分。利用函数，可以把大型的复杂方案分解成若干单独的组件，还能创建可以供程序使用的行为库。前面介绍了一些内置函数（例如 alert 函数），并创建了事件处理函数（例如 doCheckAge 函数）。本章将学习如何自己动手创建并使用函数，还将介绍如何为函数提供待处理的数据，以及怎样让程序接收函数返回的结果。在这个过程中，还会穿插一些错误处理技巧。

函数的构成

　　函数是被赋予了标识符的 JavaScript 代码块。在使用函数之前，应该先对函数进行定义。当 JavaScript 发现函数定义时，会把提供函数行为的语句保存起来供程序使用。程序可以调用函数，然后，函数中的语句就会被执行。前面创建并调用过函数，不过，现在应该深入探索它们是如何运作的。先来看看下面这个简单到只说"你好"的函数。

```html
<!DOCTYPE html>
<html lang="en">

<head>
<title>Ch07-01 Greeter Function</title>
</head>

<body>
  <h1>Greeter</h1>
  <p>
  <p id="outputParagraph"></p>
  </p>

  <script>
    function greeter() {                                          样式表函数
      var outputElement =document.getElementById("outputParagraph");   找到显示元素
      outputElement.textContent = "Hello";              设置显示文本为 " 你好 "
    }
  </script>
</body>
</html>
```

　　这个网页包含了 greeter 函数。该函数在屏幕上找到 ID 为 outputParagraph 的元素，并在这个元素中显示 Hello。函数被定义后，程序就可以调用它了。对函数的调用会运行定义这个函数时给出的语句。greeter 函数的语句很简单，但可以创建包含许多语句的函数。记住，对于函数，程序必须先定义函数，然后才能调用。

代码分析

探究函数

打开 Ch07 Functions\Ch07-01 Greeter Function 示例文件夹中的应用程序。这个应用程序包含有输出段落的 HTML 页面和包含 `greeter` 函数的脚本部分。按 F12 功能键打开"开发者视图"。

问题 1：怎样在程序中调用函数？

解答：前面用过的函数都是 JavaScript 提供的（例如 `alert` 函数），但 `greeter` 函数是由我们自己所编写的。不过，我们仍然可以用同样的方式来调用它。只需要输入函数的名称，后面再加一对大括号就可以了。

```
> greeter();
```

按下 Enter 键时，`greeter` 函数就被调用了。这个函数不返回结果（将在后面进一步了解），所以控制台显示 undefined。

```
<- undefined
```

不过，可以看到"Hello"这个词现在已经出现在浏览器页面上了。这是运行 `greeter` 函数后显示出来的。

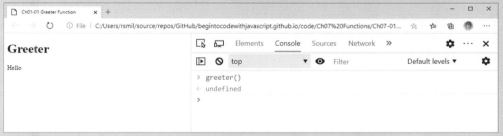

问题 2：可以在控制台中定义函数吗？

解答：是的，可以在控制台中定义自己的函数。输入以下语句，创建一个 `alerter` 的函数。

```
> function alerter() { alert("hello"); };
```

原样输入上述语句后，按 Enter 键。请确保各种括号都用对了地方。

```
<- undefined
```

现在，应用程序就包含新建的 `alerter` 新函数了。定义函数的过程并不返回一个值，所以控制台显示的结果为 undefined。

刚刚输入的 JavaScript 语句中包含调用 `alerter` 函数的语句，但这个语句并没有运行，因为它在 `alerter` 函数的主体中。现在输入以下语句来调用新建的函数：

```
> alerter();
```

按下 Enter 键后，语句将调用 `alerter` 函数，显示一个提示框：

```
<- undefined
```

问题 3：一个函数可以调用另一个函数吗？

解答：可以。请看以下函数：

```javascript
function m2() {
    console.log("the");
}

function m3() {
    console.log("sat on");
    m2();
}

function m1() {
    m2();
    console.log("cat");
    m3();
    console.log("mat");
}
```

如果调用 `m1`，控制台中会有什么记录？弄清楚这个问题的最好方法是像计算机运行程序时那样，逐条语句地查看这些函数。请记住，当一个函数完成后，程序将继续执行函数调用语句之后的语句。这些函数都在 `Greeter` 页面的 JavaScript 中。可以通过调用 `m1` 函数来了解详情：

```
> m1();
```

按下 Enter 键时，m1 函数被调用。然后，m2 被调用，以此类推。输出结果在我们的意料之中：

```
the
cat
sat on
the
mat
```

问题 4：如果函数自己调用自己的话，会怎样？举例来说，m1 函数调用 m1 的话会怎样？

解答：让函数调用自己，有点像是把两面镜子面对面摆放。在镜子中看到的它们互相反射延伸到无限远的地方。那么当函数调用自己的时候，JavaScript 会无休止地运行吗？不妨创建一个函数试试吧。输入以下函数定义：

```
> function mirror() { mirror(); };
```

mirror 函数只包含一个调用 mirror 函数的语句。创建这个函数时究竟会发生什么呢？按 Enter 键来一探究竟。

```
<- undefined
```

什么也没有发生。创建函数并不等同于运行它。不过，我们现在有了一个叫 mirror 的函数，它可以调用自己。试着调用 mirror，看看会怎样：

```
> mirror();
```

一旦我们按下 Enter 键，JavaScript 就会找到 mirror 函数并开始执行其中的语句。mirror 中的第一条语句是对 mirror 函数的调用，JavaScript 将开始执行。程序被卡在一个循环中，但不会永远被卡住。过一会儿，控制台停止运行并显示错误信息，如下图所示：

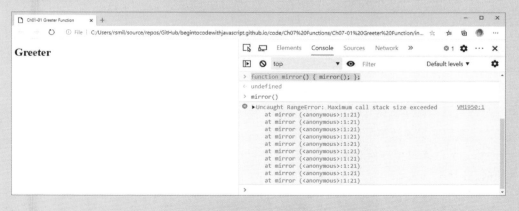

只要是调用函数 JavaScript 就会把返回地址存储在堆栈中，以便程序到达函数的末尾时能从堆栈的顶部获取最新存储的返回地址，并返回这个地址。这意味着当函数被调用和返回时，堆栈会增长和缩小。

但是，当函数调用其本身时，JavaScript 会重复将返回地址添加到堆栈中。每次函数调用自己时，就有一个返回地址被添加到堆栈的顶部。堆栈的容量是有限的，超过最大容量时，JavaScript 就会终止程序的运行。

程序员将这种通过调用自己来工作的函数称为"递归函数"。递归函数在程序中偶尔能有用武之地，比如当程序需要在大型数据结构中搜索数值时。然而，我从事编程多年，使用递归的次数屈指可数，所以，我建议把递归函数视为现在还无需使用的强大魔法（可能永远都用不上）。需要重复代码块时，循环通常是最好的选择。

图 7.1 显示了 JavaScript 函数定义的形式，我们可以逐一研究这些项目。function 关键字告诉 JavaScript，一个函数正在被定义。JavaScript 将为这个函数分配空间，并准备开始存储函数语句。function 这个词后面是函数的标识符，必须为每一个被定义的函数创建标识符。因为函数是与动作相关联的，所以最好让函数名体现其用意。我通常以动词和名词相结合的形式为函数命名，动词是函数要执行的动作，名词是函数要处理的项目。doMultiplicationTables 就是一个不错的例子。

图 7.1　函数定义

函数标识符之后的是被传入函数的实际参数，简称"实参"。实参以逗号分隔并包含在圆括号内。实参为函数提供函数要处理的内容。前面创建的函数不包含任何实参，所以两个括号之间没有任何内容。最后，定义还包含一个构成了函数主体的 JavaScript 语句块。这些语句在函数被调用时执行。

为函数提供信息

greeter 函数展示了函数的一种用法，但其实并不是很实用，因为它每次被调用时都只做一件事。为了让函数真正派上用场，我们需要给函数提供一些要处理的数据。前面的许多函数都是这样的。比如，alert 函数接收要在提示框中显示的字符串；Number 函数接收要转换成数字值的输入。可以改进 greeter 函数，让它接收要显示的信息：

```
function greeter(message) {
  var outputElement = document.getElementById("outputParagraph");
  outputElement.textContent = message;
}
```

 代码分析

深度探索实参

新版本的 greeter 在 Ch07 Functions\Ch07-02 Greeter Arguments 文件夹中。打开这个应用程序，然后按 F12 功能键打开"开发者视图"。

问题 1：如何给函数调用一个实参？

解答：在函数的调用中，可以在大括号之间添加内容，给函数传一个实参：

```
> greeter("Hello from Rob");
```

按下 Enter 键时，greeter 函数被调用，Hello from Rob 字符串被作为实参传给函数调用。

```
<- undefined
```

greeter 函数没有返回值，所以控制台显示 undefined。但浏览器页面上出现了 Hello from Rob 的字样，这是由 greeter 函数运行时显示的。

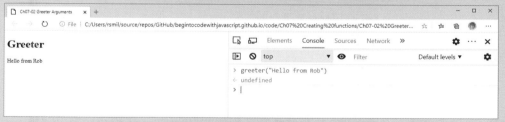

问题 2：如果遗漏函数调用中的实参，会发生什么？

解答：这是个很糟糕的编程习惯。我们明明向 JavaScript 指明 greeter 函数接收一个实参，在调用它时却没有提供实参。试试看。输入不包含实参的 greeter 调用。

```
> greeter();
```

你可能认为这会导致程序出错，因为调用中缺少了 greeter 函数期望接收的东西。如果你接触过其他编程语言，比如 C++ 或 C#，可能就会习惯于在犯这种错误时收到程序报错。但 JavaScript 在这方面要宽松得多，既不会报错，也不会出现问候语：

具体过程如下。

1. JavaScript 注意到调用中缺少实参。

2. 它为缺失实参的函数提供了 undefined 值。

3. 这个函数将输出段落的 textContent 属性设置为 undefined。这不会被浏览器显示出来，所以屏幕上没有出现文字。

如果担心调用时遗漏实参，可以开发一个会对是否给出实参进行检查的新版 greeter 函数。

```javascript
function errorGreeter(message) {
  if(message == undefined) {
    alert("No argument to greeter");
  }
  else
  {
    let outputElement = document.getElementById("outputParagraph");
    outputElement.textContent = message;
  }
}
```

以上函数称为 errorGreeter，用于这个函数检查它所接收的消息，如果消息是 undefined，就显示一个提示框，如果消息不是 undefined，就显示这条消息。这个函数在示例程序的脚本中。试着在浏览器控制台调用缺少实参的 errorGreeter：

```javascript
> errorGreeter();
```

因为没有给函数提供实参，所以按下 Enter 键时会看到一个提示框，如下图所示。

如果调用有实参的 errorGreeter 函数，浏览器就会显示函数接收到的消息。

问题 3：如果调用一个有很多实参的函数，会怎样？

解答：让我们来试试：

```
> greeter("Hello world", 1,2,3, "something else");
```

如果调用前面这样的 greeter 函数，JavaScript 不会报错，但 greeter 函数会忽略额外的实参。

实参和形参

光看本节的标题，你可能会觉得我们会有不同的意见，但对 JavaScript 而言，实参这个词有特殊的含义。在 JavaScript 中，"实参"意味着"调用该函数时传入的具体参数"：

```
greeter("Hello world");
```

在前面的语句中，实参是字符串 "Hello world"。因此，一听到"实参"这个词，应该联想到正在调用函数的代码。在 JavaScript 中，形参的意思是"函数中代表实参的名称"。函数中的形参是在函数定义时指定的：

```
function greeter(message)
```

这是一个有单个形参的 greeter 函数的定义，这个形参的标识符为 message。一旦函数被调用，message 形参的值就会被设置为作为函数调用的实参的内容。函数中的语句可以像使用具有这个名称的变量一样使用形参。

 动手实践

作为值来传入的形参

当函数被调用时，实参的值被传递到函数形参中。这是什么意思呢？下面的程序包含一个接收单个形参的函数（名为 whatWouldIDo）。这个函数只是把形参的值设置成 99：

```
function whatWouldIDo(inputValue) {
    inputValue = 99;
}
```

这个函数是示例代码中 Ch07 Creating functions\Ch07-03 Parameters as values 文件夹的应用程序的一部分。打开这个应用程序，然后按 F12 功能键打开"开发者视图"。

首先，我们要创建一个变量，并赋予这个变量一个值：

```
> var test=0;
```

当按下 Enter 键时，控制台将创建一个名为 test 的变量，其中包含数值 0。可以用 test 变量作为 whatWouldIDo 函数的实参：

```
> whatWouldIDo(test);
```

当这个函数被调用后，一个必须考虑的问题是"test 现在包含什么值？"它包含的是 0(创建时设置的值) 还是 99 呢 (函数 whatWouldIDo 中设置的值)？这个问题可以通过让控制台显示 test 的值来回答：

```
> test
<- 0
```

当函数被调用时，实参中的值被复制到形参中。因此，对形参的任何改动都不会影响到实参。

一个函数有多个形参

一个函数可以有多个形参。如果想要让 greeter 函数用不同颜色显示文本，可以再添加包含颜色名称的新形参：

```
function colorGreeter(message, colorName) {
    var outputElement = document.getElementById("outputParagraph");
    var elementColorStyle = "color:"+colorName;
    outputElement.textContent = message;
    outputElement.style=elementColorStyle;
}
```

这个函数用提供的颜色名称来创建样式元素。然后，这个样式就会和问候文本一起应用到输出元素上。接着，在实参中给出要显示的字符串以及文本颜色：

```
colorGreeter("Hello in Red", "red");
```

注意事项

混乱的实参

`colorGreeter` 函数有两个实参，它们对应着函数内部使用的两个形参。第一个实参是问候文本，第二个实参是应用于文本的颜色名称。以正确的顺序提供这些实参非常重要。

```
colorGreeter("red", "Hello in Red");
```

以上这个 `colorGreeter` 函数调用把问候文本放在颜色名称之前。也就是说，顺序搞反了。这将导致 `colorGreeter` 试图用 `"Hello in Red"` 这个颜色来显示 `"red"` 信息。程序不会报错，但也不会按照预期运行。因此，对函数进行调用时，需要确保提供的实参与形参的顺序相同。在 Ch07 Creating functions\Ch07-04 Color Greeter 文件夹中可以找到 `colorGreeter` 函数。

将引用作为函数的实参

在 JavaScript 程序中，基本上可以把变量分为两种类型。一种变量包含值，另一种变量包含对一个对象的引用：

```
var age=12;
```

以上语句创建了一个包含数值 12 的 age 变量：

```
var outputElement = document.getElementById("outputParagraph");
```

以上语句创建的 `outputElement` 变量包含对页面文档中一个 HTML 元素的引用。JavaScript 程序就是这样定位页面元素（为用户显示信息）的。可以将引用作为实参传入函数调用：

```
<!DOCTYPE html>
<html lang="en">

<head>
    <title>Ch07-05 Reference arguments</title>
</head>

<body>
    <h1>Reference Arguments</h1>
    <p>
```

```
    <p id="outputParagraph">This is output text</p>          用于输出的段落元素
    </p>

    <script>
      function makeGreen(element) {                          makeGreen 函数
        element.style = "color:green";                将元素形参的颜色设置为绿色
      }

    </script>
</body>

</html>
```

以上 HTML 页面包含一个名为 `makeGreen` 的函数，它有一个名为 `element` 的形参。`makeGreen` 函数的作用是把 `element` 形参的样式设置为绿色。程序可以用这个函数把任意给定的 HTML 元素变成绿色。

```
makeGreen(outputElement);
```

 动手实践

引用参数

函数 `makeGreen` 是在示例代码中的应用程序 Ch07 Creating functions\Ch07-05 Reference arguments 文件夹中声明的。打开这个应用程序，然后按 F12 功能键打开 "开发者视图"。首先，获得对显示段落的引用：

```
> var outputElement = document.getElementById("outputParagraph");
```

接下来，按下 Enter 键，创建一个名为 `outputElement` 的变量，其中包含对屏幕上一个段落的引用。现在，将这个变量作为 `makeGreen` 函数调用的实参：

```
> makeGreen(outputElement);
```

这会使网页中的段落变为绿色，因为 `makeGreen` 函数对作为引用接收到的元素的 `style` 属性进行了设置：

如果提供了错误的实参给 makeGreen，会怎样？输入以下语句试试看：

```
> makeGreen(21);
```

执行程序，什么都没有发生。即使将数字值的样式设置为 21 是无意义的，程序也不会报错。在函数实参上犯的任何错误都不会生成错误，程序不会受到任何影响，会继续运行下去。

实参的数组

还有一种可以将实参传入 JavaScript 函数中的方法，即数组。下一章将详细讨论数组。数组是集合的一种形式。我们接触过集合的形式之一，第 6 章用来显示主题公园游乐设施信息的无序列表中的元素就是以数组形式存在的。我们利用 for-of 循环结构来处理这个数组。如果你记不太清，请花时间回顾一下第 6 章。在函数中，arguments 关键字指的是调用函数时给出的实参数组。

```
function calculateSum() {
  let total = 0;                                                  将 total 设置为 0
  for (value of arguments) {                                      通过实参运行
    total = total + value;                             将实参中的每个值加到 total 中
  }                                                               获取输出元素的引用
  var outputElement = document.getElementById("outputParagraph");
  outputElement.textContent=total;                                    显示输出元素
}
```

calculateSum 函数显示了它是如何工作的。它用 for-of 循环来计算函数调用中所有实参的总和，然后将它显示在页面上。这个函数可以用任意数量的数字实参来调用：

```
calculateSum(1,2,3,4,5,6,7,8,9,10);
```

这将显示 55 这个值。当然，如果做了些傻事，可能就得不到预期结果了。

```
calculateSum(1,2,3,"Fred","Jim","Banana");
```

这个函数的调用不会导致程序出错。由于 JavaScript 会将字符串和数字结合起来，所以显示的结果是 6FredJimBanana。第 4 章可以找到更多相关信息。这段示例代码可以在 Ch07 Creating functions\Ch07-06 Argument arrays 文件夹中找到。

从函数调用中返回值

函数可以返回值，在之前编写的许多程序中可以看到这一点。举个例子：

```
var ageNo = Number(ageText);
```

以上语句使用了 `Number` 函数。这个函数接收实参 (表达数字的文本) 并返回一个值 (作为数字值的文本)。我们可以自己动手写函数，让它返回值。

骰子点数法

第 4 章创建了随机骰子应用程序。只要想要得到随机的骰子数，就要进行一些计算。要是可以把这些计算放在函数中并用其获得随机点数，就省事多了。

```
function getDiceSpots() {
    var spots = Math.floor(Math.random() * 6) + 1;        计算随机结果
    return spots;                                          将其返回给调用者
}
```

`getDiceSpots` 函数的作用是计算出一个随机点数。若想了解其工作原理，请回顾第 4 章介绍的如何创建随机骰子。`getDiceSpot` 函数的最后一条语句用的是 JavaScript 的 `return` 关键字，将计算出的数字返回给调用者。应用程序需要骰子数时，都可以用这个函数。

```
function doRollDice() {
    var outputElement = document.getElementById("outputParagraph");   获得对输出段落的引用
    var spots = getDiceSpots();                            获得要显示的点的数量
    var message = "Rolled:" + spots;                       构建要显示的信息
    outputElement.textContent = message;                   显示信息
}
```

`doRollDice` 函数被调用来显示骰子的数值。它调用 `getDiceSpots` 来获取数值并将其显示出来。在 Ch07 Creating functions\Ch07-07 Returning values 文件夹的示例应用程序中，可以看到这个动态的过程。该程序的工作方式与 Ch04 Working with data\Ch04-02 Computer Dice 中的示例程序相差无几，只不过现在用的是 `doRollDice` 函数。

创建可自定义点数的骰子

有时，程序需要 1 到 6 的范围之外的随机数。我们可以利用新技能开发一个函数，其作用是接收最小值和最大值，然后返回这个范围内的随机整数。

```
function getCustomDiceSpots(min, max) {
    var range = max - min + 1;                             计算值的范围
```

```
var spots = Math.floor(Math.random() * (range)) + min;    计算随机值
return spots;                                              返回结果
}
```

getCustomDiceSpots 函数接收两个指定所需随机数的最小值和最大值的形参，然后计算数字范围 (最大值和最小值之间的差异)。这个函数在这个范围内计算一个随机数，然后将这个数字与最小值相加，生成点数，最后返回数字。函数的优点之一是，不需要了解函数的工作原理就可以使用。

```
var health = getCustomDiceSpots(70,90);
```

上述语句创建了包含 70 ～ 90 区间的一个随机数的 health 变量。可以在游戏中用它来设置怪物的初始生命值。随机高生命值的怪物更难被击杀，这种不确定性会让游戏更好玩。

可自定义点数的掷骰子游戏

我用 getCustomDiceSpots 函数创建了一个让用户自行设定随机数字的范围的骰子应用。

图 7.2 展示了这个应用程序的使用方法。用户在文本框中填写他们想要的随机数的最小值和最大值，然后点击 Roll The Dice(掷骰子) 按钮，就可以得到 1~50 区间的一个随机数。

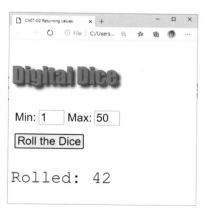

图 7.2　可自定义点数的骰子

图 7.2 中的设置将生成 1 ～ 50 区间的一个数值，可以用来玩宾果游戏 (bingo game)。我们来看一下代码。

```
<!DOCTYPE html>
<html lang="en">
```

```
<head>
  <title>Ch07-07 Returning values</title>
  <link rel="stylesheet" href="styles.css">                    应用程序的样式表
  <script src="customdice.js"></script>                         应用程序的 JavaScript 源文件
</head>

<body>
  <p class="menuHeading">Digital Dice</p>
  <p class="menuText">
  Min:                                                         最小值输入
  <input class="menuInput" type="number" id="minNoText" value="1"
  min="1" max="100">
  Max:                                                         最大值输入
  <input class="menuInput" type="number" id="maxNoText" value="6"
   min="2" max="100">
  <p>
    <button class="menuText" onclick="doRollDice('minNoText','maxNoText',
    'outputParagraph');">
    Roll the Dice</button>                                     掷骰子按钮
   </p>
  </p>

  <p id="outputParagraph" class="numberDisplay">Press the roll button</p>
  </p>                                                          输出段落
</body>

</html>
```

我们在前面看到过类似的页面。页面中包含的内容有：告知用户应用程序相关信息的文本；两个输入字段，用于获得要生成的随机数的最小值和最大值；触发数值生成的 Roll the Dice 掷骰子按钮；还包含显示结果的输出段落。这个页面与第 6 章中的游乐设施选择程序中用到的页面非常相似。用户点击掷骰子按钮后，doRollDice 函数被调用。

```
onclick="doRollDice('minNoText','maxNoText', 'outputParagraph');"
```

这是掷骰子按钮的 onclick 属性。这个属性包含 JavaScript 代码，当按钮被点击时，这些代码将被执行。如果不清楚这是如何运作的，可以回顾第 2 章介绍的使用按钮。按钮被点击时，运行的 JavaScript 会调用 doRollDice 函数。

```
doRollDice('minNoText','maxNoText', 'outputParagraph');
```

doRollDice 函数有三个实参，分别是网页中 minNoText、maxNoText 和 outputParagraph 元素的 ID 字符串。doRollDice 函数从调用的前两个实参确定的元素中获取最小值和最大值，然后计算出随机结果，并用第三个元素中确定的输出元素显示结果。我们可以看一下这个函数是如何运作的：

```
function doRollDice(minElementName, maxElemementName, outputElementName) {

    var min = getNumberFromElement(minElementName);          获取最小值
    var max = getNumberFromElement(maxElemementName);        获取最大值

    var spots = getCustomDiceSpots(min, max);                获取点的数量

    var message = "Rolled:" + spots;                         构建输出信息
                                                             获取输出元素
    var outputElement = document.getElementById(outputElementName);
    outputElement.textContent = message;                     显示数字
}
```

这个函数看起来非常迷你。它获取最小值和最大值，调用 getCustomDiceSpots 来获得随机值，并显示结果。这个函数之所以看起来很迷你，是因为它使用了另一个叫 getNumberFromElement 的函数来获得最大值和最小值：

```
function getNumberFromElement(name)
{
    var element = document.getElementById(name);    获取输入元素
    var text = element.value;                        从输入元素中获取文本
    var result = Number(text);                       将文本转换为结果
    return result;                                   返回结果
}
```

函数的形参是网页中的一个输入元素的标识符。函数从指定的输入元素中获取数字。在任何需要从用户处获取数字的程序中都可以用这个函数。它获取一个带有作为形参提供的标识符的元素的引用，从这个元素中获得文本，将文本转换为数字，然后将数字返回给调用方。这个函数在掷骰子程序中被调用两次，分别读取最大值和最小值。如果有程序需要从屏幕读取 10 个输入，就可以在应用程序中调用这个函数 10 次。

程序员观点

用函数进行程序设计

函数对程序员而言非常实用，在开发过程中很重要。搞清楚客户希望用应用程序来做什么之后，就可以开始考虑如何将程序分解成函数。确定应用程序中每个函数的行为后，就可以着手写函数的主体（也就是开始为函数命名、设置形参和各种返回值），之后甚至可以直接把这个函数交给其他人来写。

函数可以省略很多代码。在写程序的时候，经常可以看到代码在重复一个特定的动作。这种情况下，就应该考虑把这个动作变成函数。这样做有两个好处：首先，这样做节省了编写两次相同代码的时间和空间；其次，如果在代码中发现了错误，只需要修复一处就可以了。

函数还能让程序更容易测试。可以把每个函数看作是一个数据处理器。数据通过实参进入函数，而输出则通过返回值产生。我们可以写一个测试装置，用测试数据调用函数，然后检查以确保输出是合理的。换句话说，可以编写能进行自我测试的程序。本书后面会进一步研究这个问题。

为应用程序添加错误处理

只要使用方式得当，掷骰子应用程序就能正常运行。但它还有一些不足，比如，很容易输入无效的最小值和最大值。可以用 Ch07 Creating functions\Ch07-08 Custom dice 示例文件夹中的应用程序来测试一下，看看程序失败时会怎样。

图 7.3　骰子错误

图 7.3 展示了应用程序的错误用法，最小值为 50，而最大值为 2，这是不合理的。更糟糕的是，这个应用程序可能显示了不正确的结果。我们无从得知程序有没有正确

运行，因为不确定 getCustomDiceSpots 函数在得到不正确的最大值和最小值时会怎样。事实上，一些其他行为也会导致程序出现问题，比如当没有输入最小值和最大值时，就点击掷骰子按钮。我们需要解决这些问题。还好，我们可以借助于之前了解的一些 JavaScript 编程技巧。

提前发现问题

庸常的程序员和优秀的程序员之间，差距往往在于处理错误的方式。项目一开始，优秀的程序员就会考虑到用户使用程序时可能出现的所有问题。虽然无法想到一切可能的错误 (用户在搞破坏上非常有创造力)，但他们会把所有能想到的都记录下来，然后挨个儿进行处理。之后，随着项目的继续，优秀的程序员会不断寻找可能存在的错误，并确保发现的错误都已经被修复好。就前面的骰子应用程序而言，我能想到下面三个可能出错的地方。

1. 用户可能会忘记输入最大值和最小值。

2. 用户可能会输入最大值或最小值范围以外的数字。

3. 用户可能会输入大于等于最大值的最小值。

识别出错误后，接下来就需要考虑检测到这些错误时程序该怎么做。为客户编写程序时，必须先征询他们的意见。客户想让程序有一个默认值 (也许是最小是 1，最大是 6)，还是想显示错误信息？他们希望错误信息在屏幕上显示出来，还是弹出一个提示框？这些都是程序员不能擅作决定的重要问题。最糟糕的莫过于程序员自顾自地对客户的需求进行假设。根据我的经验，为客户做假设的后果是工作量翻倍。一旦客户看到你做的程序并摇头说这不是他们想要的，你就得全部重来。现在，我们的客户表示：程序应该显示一条信息，并将屏幕上的无效输入区域变成红色，以便用户知道是哪里出了问题。那么，该如何使用我们已经掌握的 JavaScript 技巧来解决这个问题呢？

先从错误提示开始。以下是两个用在网页上的输入元素的样式类。menuInput 样式是常规样式。程序将把 menuInputError 样式设置为包含一个无效输入的输入元素。请注意，这会将背景颜色设置为红色。

```css
.menuInput {
    background-color: white;
    font-size: 1em;
    width: 2em;
}


.menuInputError {
    background-color: red;
```

```
        font-size: 1em;
        width: 2em;
    }
```

应用程序利用 getNumberFromElement 函数从输入元素中获得数字。改进后的函数是下面这样处理输入错误的：

```
function getNumberFromElement(elementID) {
    var element = document.getElementById(elementID);    ——————  获取输入元素
    var text = element.value;                                     从输入元素中获取文本

    var result = Number(text);    ———————————————————————  将文本转换为数字

    if(isNaN(result)) {    ————————————————————————————  确保我们有一个数字
        // fail with bad number input
        element.className="menuInputError";    ————————————  显示错误
        return NaN;
    }

    // get the max and min values from the input field
    var max = Number(element.getAttribute("max"));
    var min = Number(element.getAttribute("min"));

    if(result>max || result<min) {    ———————————————————  确保这个数字在范围内
        // fail because outside range
        element.className="menuInputError";
        return NaN;
    }

    // if we get here the number is valid
    // set to normal background
    element.className="menuInput";

    return result;
}
```

代码分析

getNumberFromElement 函数

这是一个值得深入研究的函数。以下是一些相关的问题和解答。

问题 1：NaN 是什么意思？isNan 函数又是做什么的？

解答：我们第一次看到 NaN 是在第 4 章，当时我们写了第一个 JavaScript 应用，从用户那里读取数字。NaN 是 JavaScript 表示一个"不是数字"的值的方式。在这里，这个函数使用 Number 函数将用户输入的文本转换成数字。Number 函数如果失败了，要么因为文本不是数值型的，要么因为文本是空的，Number 函数就会在这种情况下返回 NaN，因为它无法创建数字结果。isNaN 函数接收一个实参，如果这个实参不是数字，则返回 true。getNumberFromElement 函数使用 isNaN 来测试由调用 Number 产生的结果值。如果结果不是数字，函数就会设置元素的样式，表示输入有误，然后向调用者返回 NaN，表示无法读取这个数字。

问题 2：什么是 min 属性和 max 属性？它们从哪里来？

解答：我们可以给 HTML 输入元素添加 min 属性和 max 属性，以帮助浏览器验证用户输入的数字。然而，浏览器并不完全强迫该如何输入最小值和最大值，程序也必须发挥作用，确保输入的数字在正确的范围内。

```
<input class="menuInput" type="number" id="minNoText" value="1" min="1" max="99">
```

前面的 HTML 是最小值的输入元素。min 属性和 max 属性分别设置为 1 和 99。getNumberFromElement 函数可以得到这些属性的值，然后用它们来验证输入：

```
var max = Number(element.getAttribute("max"));
var min = Number(element.getAttribute("min"));
```

然后，这个函数可以使用这些值来验证用户输入的数字。

```
if(result>max || result<min) {
    // fail because outside range
    element.className="menuInputError";
    return NaN;
}
```

这是处理最小值和最大值的妙招，因为这些值是从 HTML 页面的元素中获得，并没有保存在 JavaScript 代码中。

问题 3： 为什么函数有时会返回 NaN ？

解答： 我们发现，`getNumberFromElement` 函数可能无法提供结果。这种情况发生在用户没有输入数字值或者输入的数值超出范围的时候。这个函数需要一种方法来通知调用函数结果无效，而 JavaScript 的做法是返回 NaN。这使得使用返回值的函数成为一种"买家风险自负"的主张，因为调用这个函数的代码必须测试以确保返回结果是有效的。等我们看到 `doRollDice` 的错误处理版本时，会看到它的作用。

对 `getNumberFromElement` 函数的这些修改已经解决了我们发现的前两个错误。用户现在必须输入有效的数字，否则 `getNumberFromElement` 函数就会返回 NaN。现在，`doRollDice` 函数需要更新。这个版本将检查最小值和最大值是否都是数字以及最小值是否小于最大值。如果这两个条件中的任何一个没有得到满足，函数将显示一个提示框：

```javascript
function doRollDice (minElementName, maxElemementName, outputElementName) {
                                                          // 获取输出元素
    var outputElement = document.getElementById(outputElementName);

    var minRand = getNumberFromElement(minElementName);   // 获取最小值
    var maxRand = getNumberFromElement(maxElemementName);  // 获取最大值

    if (isNaN(minRand) || isNaN(maxRand)) {               // 检查是否为数字
        outputElement.textContent="Invalid range values";
        return;                                            // 显示错误信息
    }

    if (minRand >= maxRand) {                              // 检查最大值和最小值
        outputElement.textContent="Minimum above maximum";
        return;                                            // 显示错误信息
    }

    var spots = getCustomDiceSpots(minRand, maxRand);     // 获取 spots 值
    var message = "Rolled:" + spots;\                     // 构建回复
    outputElement.textContent = message;                  // 显示回复
}
```

图 7.4 显示了错误处理的效果。请注意，我还对应用程序做了另一个改动，向用户显示每个输入的限制范围。这个妙招可以从源头减少出错的可能性。

图 7.4　错误处理

程序员观点

对待错误，必须得主动出击

在项目会议上，特别是在项目初期的会议上，我可能会表现得非常悲观。我会不断寻找可能出错的事和需要担心的事。我也会尽量让客户参与这个过程，并确认一旦失败应该如何处理。我这样做并不是因为我比较杞人忧天 (尽管我的性格可能确实是这样)，而是因为我不想被意外问题所绊倒。开发重要的程序时，你也最好这样做。

JavaScript 函数中的局部变量

假设有几位厨师在厨房里一起工作，每位厨师都在做不同的菜肴。厨房里的锅数量有限，所以各个厨师之间需要相互协调，以免两个人同时想用一个锅。不然的话，汤里可能会加糖，或者可能给烤牛肉淋上奶油冻①，而不是肉汁。

JavaScript 的设计者在创建函数时也遇到了类似的问题。他们不希望函数争用同一个变量，就像两位厨师争用同一个锅一样。你可能觉得两个函数不可能试图使用同名的变量，但事实并非如此。

许多程序员 (包括我在内) 都喜欢给用于计算的变量命名为 i。如果两个函数都用到了 i 变量，并且一个函数调用另一个函数的话，可能会导致程序无法正常工作，因为第二个函数可能会把 i 改为第一个函数没有预料到的值。

---

① 译注：作为美食爱好者，忍不住在这里给大家分享这道甜品的做法：主要食材为奶油、牛奶及吉利丁，三者比例为 10∶20∶1；配料为可可粉和白砂糖，比例为 0.5∶10，均以克为单位。

　　JavaScript 解决这个问题的办法是让每个函数都有自己的局部变量空间。这相当于给每个厨师分别提供一套专用的厨具。任何函数都可以声明一个特定的命名为 i 的局部变量，专门针对这个函数调用。通过使用关键字 var 来将一个变量声明为局部变量：

```
function fvar2() {
   var i=99;
}

function fvar1() {
   var i=0;

   fvar2();

   console.log("The value of i is:" + i);
}
```

　　当函数返回时，所有局部变量都会被清除。议上代码显示了两个包含局部变量的函数。fvar1 和 fvar2 都使用了名为 i 的变量，如果调用 fvar1，JavaScript 就会按照以下步骤来运行程序。

　　1. fvar1 函数被调用。

　　2. fvar1 的第一条语句创建了名为 i 的变量，并将其设置为 0。

　　3. fvar1 的第二条语句对 fvar2 进行了调用。

　　4. fvar2 的第一条也是唯一一条语句创建了命名为 i 的变量并将其设置为 99。

　　5. 函数 fvar2 结束，控制权返回到 fvar1 的第三条语句。

　　6. fvar1 的第三条语句打印出 i 的值。

　　这里需要思考的是控制台显示的是什么值？是 0(在 fvar1 中设置) 还是 99 呢 (在 fvar2 中设置)？如果你对本节的开头部分有印象的话，就知道将被打印出来的值会是 0。这两个变量都有相同的名字 (都叫 i)，但它们各自"活"在不同的函数中。

　　在提到变量寿命的时候，JavaScript 使用了"范围"这个词。变量的范围是指程序中可以使用这个变量的部分。每个版本的 i 都有一个范围，这个范围只限于它被声明的函数主体。这种形式的隔离称为"封装"。封装意味着函数的操作与其他函数的操作隔离开来。不同的程序员可以在不同的函数上工作，不会因为变量名称相互冲突而产生问题。现在来看看下面这对函数：

```
function f2() {
   i=99;
```

```
}

function f1() {
    i=0;

    f2();

    console.log("The value of i is:" + i);
}
```

能发现两者的区别吗？这两个函数没有用 var 关键字来声明变量。这会有什么影响呢？答案是会有影响的。事实证明，未经 var 关键字声明的变量对整个程序而言是全局性的，所以 f1 和 f2 现在共享一个名为 i 的全局变量。如果调用 f1 函数，它会打印出数值 99，因为对 f2 的调用会改变全局变量 i 的数值。在第 4 章介绍全局变量和局部变量时，我们发现在有一种情况下，程序需要有全局范围的变量，现在来深入理解这一点。

用 let 关键字来创建局部变量

第 6 章介绍 JavaScript 的 for 循环时，我们发现可以用 let 关键字来声明局部变量。当程序离开声明变量的语句块时，使用 let 关键字来声明的变量就会被清除，而当程序离开声明变量的函数时，使用 var 声明的变量就会被清除。

```
function letDemo() {
    var i=0; ──────────────────────      这个版本的 i 存在于整个函数中
    {
        let i=1; ──────────────────      这个版本的 i 只存在于这个语句块中
        var j=2; ──────────────────      j 存在于整个函数中
        console.log("The value of let i is:"+i);
    }

    console.log("The value of var i is:"+i);
    console.log("The value of var j is:"+j);
}
```

letDemo 函数展示了具体是如何运作的。函数包含两个版本的 i。第一个版本被声明为 var，存在于整个函数中。第二个版本在语句块内声明，程序执行完后就会被清除。请注意，在语句块内，不可能使用 i 的外部版本，因为任何对 i 的引用都会用局部版本。在这种情况下，我们称外部变量为域外的。这个函数还包含 j 变量，声明在内部块中。然而，由于 j 被声明为 var，所以可以在函数的任何地方使用。

这些函数是在 Ch07 Creating functions\Ch07-10 Variable scope 文件夹下的示例程序中声明的。

　　如果觉得很难理解的话，我很抱歉。理解它的最好方法是先想想这样做是为了解决什么问题 (避免多个厨师争用同一个厨具)。最重要的一点是，创建变量时，一定要使用 var 或 let。不然，程序中可能会出现非常奇怪的错误。

 动手实践

两个骰子

　　不少游戏都会用到两个骰子，而不是一个。试着开发一个能生成两个骰子结果的骰子程序。还可以进一步提升它的可自定义度，让用户选择每个骰子生成的数值范围。如果觉得这个问题很棘手，请记住，一个按钮的 onClick 行为可以调用两个方法。而且，两个骰子只是一个骰子乘以二。看一看 Ch07 Creating functions\Ch07-11 Two Dice 文件夹中的程序，能看出我用的是什么妙方吗？

技术总结与思考练习

本章学习了如何将代码块变成可以在程序其他部分使用的函数。

- 如前所述，函数包含一个描述函数的标题和一个作为函数主体的代码块。函数的标题提供了函数的名称和函数所接收的任何形参。当函数被调用时，程序员要提供与每个形参相匹配的实参。

- 形参是函数可以处理的项目。它们是通过值传递的，因为是函数调用中给出的实参的副本。如果函数主体包含改变形参值的语句，这种改变是函数主体中的局部。当一个对象 (例如一个用 getElementById 方法得到的段落) 被用作函数调用的实参时，函数会收到对这个对象的引用。这允许函数主体中的代码与对象中的属性进行交互，就像之前的 makeGreen 函数那样。

- 函数可以把形参看作是一个数组，并且可以通过使用 argument 关键字来处理提供给函数的实参。

- 函数返回一个单一值。这是通过使用 return 语句来实现的，语句后面可以有要返回的值。如果没有返回值或者函数没有执行返回语句，函数将返回特殊的 JavaScript 值，称为 undefined，用来表示缺失的值。

- 变量在程序中的范围是指这个变量可以用在程序中的哪些部分。使用关键字 var 在函数主体内创建的变量，其作用域是这个函数的局部，不能被这个函数以外的语句使用。

- 在开发程序时，相比后来才发现错误，在项目启动时就更考虑潜在的错误，这一点很重要。

在使用函数来进行程序设计时，要深入思考以下问题。

1. 在程序中使用函数会使程序运行速度变慢吗？

通常不会。创建函数的调用，然后返回结果，这个过程需要执行一定的工作，但这通常不是问题。函数所带来的好处远远超过了性能问题。

2. 可以用函数将工作分配给几位程序员吗？

的确可以。这是使用函数的正当理由之一。有几种方法可以让你用函数来分配工作。一种流行的方法是编写占位函数，并通过它们来构建应用程序。函数有正确的形参和返回值，但主体的用处很小。在开发过程中，程序员依次填入并测试每个函数。

3. 函数最多能调用多少个实参？

可以在函数的调用中加入很多实参。JavaScript 对可以传入多少个实参没有限制，但如果超过 7 个或 8 个，我建议再考虑一下怎样向函数传递信息。如果想向函数传递一些相关的项目，比起传递很多不同的值，创建一个对象 (将在下一章探讨这个问题) 并传递对象的引用更省事。

4. 在函数主体内创建变量时，var 和 let 这两个关键字有何区别？

好问题。这两个关键字都可以用来创建存在于函数主体代码块中的变量。两者的区别是，使用 var 创建的变量将从这个点开始存在于函数主体中，而使用 let 创建的变量将在创建这个变量的代码块结束时消失。

5. 我还是不清楚 var 和 let 这两个关键字在 JavaScript 中有什么区别。它们是用来干什么的？

请记住，这里要解决的问题是，我们不希望因为程序员把不同意义的数值放入同一个变量中而导致程序失败。如果程序的一部分用 total 变量来保存销售总额，而另一部分也用 total 变量来保存价格总额，程序就会出错，就像做饭的时候用同一个锅来做奶油冻和肉汁一样。

用 `let` 关键字创建的变量只存在于它被声明的语句块中，这意味着它不能被运行于这个语句块之外的语句影响。这就好比你拿起一个干净的平底锅做了奶油冻，然后把平底锅洗干净，放回原位，然后再用它来做其他事情。`var` 关键字允许你创建一个从声明时就存在的变量，让程序或函数的各个部分可以共享同一个值。

一般来说，应该用 `let` 关键字创建变量，只有真的想让函数主体其他部分使用变量中的值时，才用 `var` 关键字。请注意，当程序退出函数时，函数中用关键字 `var` 创建的变量会消失。

6. **应该如何为函数命名？**

函数的名称最好是以动词名词相结合的形式给出。`getNumberFromElement` 就是一个不错的函数名称，第一部分表明它做什么，第二部分表明值来自哪里。有时，为函数或者变量命名确实很难。

7. **如果想从函数中返回一个以上的值，应该怎么做？**

JavaScript 函数只能返回单独的一个值。但下一章将介绍如何创建能包含多个值的数据结构，这些值可以由函数返回。

第 8 章

数据的存储

本章概要

这么说可能会让你觉得有些惊讶，但你已经基本学会了如何向计算机"发号施令"。可以编写一个程序，从用户那里获取数据，存储数据，根据数据值来决定，并使用循环结构重复行为。你还学会了使用函数将一个解决方案分解成多个部分。这些都是基础的编程技能，所有程序都建立在这些核心能力之上。

然而，在能编写任何类型的程序之前，还需要了解一件事。要学会编写可以管理大量数据的程序。本章将带你学习这一点，学习一些极其强大的 JavaScript 技术，来处理支撑页面显示的 HTML 文档对象模型 (DOM)。

数据的收集

　　作为程序员，你开始小有名气。现在，有家冰淇淋连锁店的老板找上门，要你写个程序来帮她追踪销售业绩。她目前在城里有六家冰淇淋店。她的诉求很简单，想要一个程序，输入每个店面的销售额后，程序会列出所有店面的销售总额以及业绩最好和最差的店面是哪个。她想借助于这些数据进行分析，更好地安排店面的位置并奖励销售业绩最好的店长。如果你帮她写好程序，她会送你一些冰淇淋作为报酬，就这样你答应了她的请求。

　　一如既往，程序的起点是展示应用程序外观的设计。图 8.1 展示了客户绘制的示意图。她希望输入销售额后，点击 Calculate(计算) 按钮后，分析数据就会自动显示出来。读过第 7 章的你对错误处理已经有所了解了，于是你问道："数据值的上限和下限分别是什么？如果任意值超出了范围，应该如何处理？"客户并没有想过这些问题，于是你们探讨了一会儿，共同决定要在应用程序设计上添加一些内容，如图 8.2 所示。

图 8.1　冰淇淋销售计算器

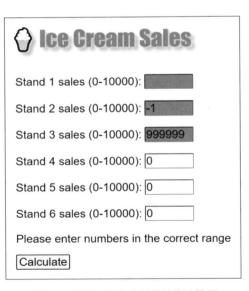

图 8.2　提示错误的冰淇淋销售计算器

冰淇淋店的销售额

有了需求规范之后，接下来要做的是写出一个实际的程序。这个程序需要一些变量来容纳用户输入的销售值，并且要用逻辑表达式来比较销售额并选择最大值，以便找出销售业绩最好和最差的店。在前面的章节中，我们已经学会了通过设置页面中段落的 innerText 来向用户显示结果。现在可以先着手写应用程序的 HTML 部分：

```
<!DOCTYPE html>
<html lang="en">

<head>
  <title>Ice Cream Sales</title>
  <link rel="stylesheet" href="styles.css">
  <script src="icecreamsales.js"></script>
</head>

<body>
  <p class="menuHeading"> &#127846; Ice Cream Sales</p>

  <p>
    <label class="menuLabel" for="s1SalesText">Stand 1 sales (0-10000):</label>
    <input class="menuInput" type="number" id="s1SalesText" value="0" min="0"
    max="10000">
  </p>

  <p>
    <label class="menuLabel" for="s2SalesText">Stand 2 sales (0-10000):</label>
    <input class="menuInput" type="number" id="s3SalesText" value="0" min="0"
    max="10000">
  </p>

  <p class="menuText" id="outputParagraph">
  </p>

  <p>
    <button class="menuText" onclick="doCalc()">Calculate</button>
  </p>
```

```
    </body>

    </html>
```

这部分 HTML 包含一个输入字段，让用户输入 6 个店面的销售额，前面的列表只显示了前两个，以节省空间。每个输入字段都有一个 id 属性，以便程序找到它并把数值存储进去。输入域使用了我们以前没讲过的一个 HTML 的新特性 label(标签)，如图 8.3 所示。

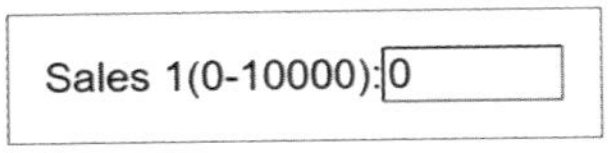

图 8.3　单一数据输入元素

HTML 输入元素的标签

应用程序中的每个元素旁边都有一个标签。在图 8.3 中，标签显示了输入对应的是 1 号冰淇淋店。在之前的程序中，我们仅仅是通过在输入元素旁边显示文字的方式来标记它，但实际上，在 HTML 页面中，给输入元素做标记有一种更好的方法。我们可以用 label 元素明确将标签与输入元素联系起来。

```
<p>
    <label class="menuLabel" for="s1SalesText">Stand 1 sales (0-10000):</label>
    <input class="menuInput" type="number" id="s1SalesText" value="0" min="0"
    max="10000">
</p>
```

label 元素和 input 元素被放在同一个段落中。label 中包含 input 的标签文本。它还包含一个与标签对象的 id 相匹配的 for 属性。label 和 input 都被分配了样式表类，用来管理它们在页面上的显示。

计算冰淇淋店的总销售额

HTML 包含一个按钮，用户点击这个按钮后，计算就会开始。当按钮被按下时，JavaScript 函数 doCalc 被调用。这个函数需要从 HTML 页面上的输入元素中获取数值，并计算出用户想要得到的结果。

```
function doCalc() {
    var sales1, sales2, sales3, sales4, sales5, sales6;
    sales1 = getNumberFromElement("s1SalesText");
    sales2 = getNumberFromElement("s2SalesText");
    sales3 = getNumberFromElement("s3SalesText");
    sales4 = getNumberFromElement("s4SalesText");
```

```
    sales5 = getNumberFromElement("s5SalesText");
    sales6 = getNumberFromElement("s6SalesText");          从输入中获取销售额

    var total = sales1 + sales2 + sales3 + sales4 + sales5 + sales6;
}
```

　　这是 doCalc 函数的第一部分。当用户点击 Calculate 按钮时，doCalc 函数就会运行。它会调用另一个函数：getNumberFromElement，这个函数是我们在第 7 章介绍可自定义点数的掷骰子游戏时创建的。这个函数带有一个包含 HTML 中元素 id 的字符串，并返回元素中包含的数值。取得每个销售额后，程序会将所有销售额加在一起，计算出销售总额。

查找业绩最好的冰淇淋店

　　算出销售总额很简单，现在我们需要添加代码来找到业绩最好和最差的店面。幸运的是，我们知道使用关系运算符来比较数值和逻辑表达式来将对比组合起来。可以回顾一下第 5 章的"布尔表达式"一节，加深对这些知识点的理解。有了这些知识，我们就可以写出 JavaScript 语句来确定 1 号冰淇淋店的销售额是否是最高的。

```
var highestSales;

if (sales1 > sales2 && sales1 > sales3 && sales1 > sales4 &&
    sales1 > sales5 && sales1 > sales6) {
    highestSales = sales1;                      测试 sales1 是否为最高销售额
}
```

　　以上代码使用 if 结构来确定 stand1 的销售额是否为最高。如果 sales1 高于其他 5 个店面的销售额的话，那么 stand1 的销售额就是最高的。逻辑表达式检查了 stand1 的销售额是否高于 stand2、stand3、stand4 和 stand5 的销售额。如果 sales1 是最大值，该表达式就会把变量 highestSales 设置为 sales1 的值。

　　这个设计的一个问题在于，程序需要对所有 6 个销售额都进行一次这样的测试，所以还得再写 5 个测试。不仅如此，我们还需要通过另外 6 个测试来确定最低销售额来自哪个店面。如果冰淇淋店主开了更多的店面的话，程序还会更加复杂。

　　之所以会遇到这个问题，是因为我们的起点就错了。有时候，以一个现有的程序为基础来开发新的程序是很好的，但我们已经意识到了，为处理两个值 (随机数的最大值和最小值) 而创建的结构并不是很好扩展。想扩展这个结构以读取和操作 6 个值的话，需要编写大量的代码。

　　我见过许多学习编程的人，其中有不少人枉费了不少工夫，因为他们试图将自己已经掌握的知识扩展应用在完全不同的任务中，而不是试着去学习一些更适用于新任务的新知识。这就好比，因为知道怎么用勺子所以就用勺子去挖房子的地基，而不是想着学习开挖掘机来挖地基。我们都认同，最优秀的程序员具有"创造性懒惰"的特质。现在可能是一个尝试变得具有创造性懒惰的好机会。当你觉得自己需要重复地编写大段代码时，不妨先停下来思考一下有没有更简捷的方法。如果真的宁愿用繁复的办法，不妨看看我放在 Ch08 Storing data\Ch08-01 Unworkable Ice Cream Sales 文件夹中已完成了一部分的程序。

创建数组

JavaScript 还提供一个可以用来创建数据值集合的索引存储的数组组件。数组中的每个项目都称为一个元素，程序通过使用索引器来处理数组中的每个元素。索引器是识别数组中元素的数字。有些程序员把索引器称为"下标"(subscript)。下面来看数组是如何工作的。

 动手实践

研究数组

首先打开示例代码中 Ch08 Storing data\Ch08-02 Array Ice Cream Sales 文件夹中的应用程序。这个应用程序能直接运行，你可以输入数据并查看结果。我们要做的是通过"开发者视图"中的 Control 标签页来研究数组。按 F12 功能键打开"开发者视图"，然后就可以开始在 JavaScript 命令提示符下输入指令了。首先，创建一个空的数组。输入以下语句：

```
> var sales = [];
```

按下 Enter 键时，JavaScript 控制台会创建一个空的数组，其中包括标识符 sales。这一步不会返回任何结果，所以控制台显示的信息是 undefined：

```
> var sales = [];
<- undefined
```

我们可以让 JavaScript 控制台显示任意变量的内容，只要输入该变量的名称即可。这也适用于数组。输入标识符 sales 并按下 Enter 键：

```
> sales
<- []
```

控制台显示了一对中间没有任何内容的方括号，表明 sales 数组是空的。现在，让我们在数组中存储销售额。这个语句将在数组的开始处添加一个元素：

```
> sales[0] = 100;
```

一旦按下 Enter 键，JavaScript 就会在索引为 0 的数组元素中存储数值 100：

```
> sales[0] = 100;
<- 100
```

这个元素并不存在，所以 JavaScript 自动添加到 array 中。因为赋值语句返回的是被赋值的数值，所以控制台显示了数值 100，这是被赋给数组元素的数值。我们可以再次查看数组的内容，看看有什么变化。输入标识符 sales 并按下 Enter 键：

```
> sales
<- [100]
```

控制台显示，sales 数组现在包含一个单一的值。我们可以像使用任何变量一样使用数组元素。你觉得下面的语句有什么作用呢？输入它找出你的答案吧：

```
> sales[0] = sales[0] + 1;
<- 101
```

这句话给数组开头的元素加了 1。现在，在数组中添加第二个元素。通过在其中存储一些内容，可以创建新的元素：

```
> sales[1] = 150;
<- 150
```

这个元素原本并不存在，于是 JavaScript 自动将其添加进数组中。由于赋值语句返回的是赋值，所以控制台显示的值是 150。接着，我们来看看数组中发生了什么变化。键入标识符 sales 并按下 Enter 键：

```
> sales
<- [101, 150]
```

JavaScript 显示了在数组最前面的元素 (它包含的值是 101) 和第二个元素 (它包含的值是 150)。JavaScript 会在必要的时候在数组中添加新的元素。你可以认为数组是"灵活"的，可以容纳所需要的任何项目。

Ch08-02 Storing data\Ch08-02 Array Ice Cream Sales 示例程序中，JavaScript 使用数组来存储销售额。下面的代码中，可以看到程序中的一些语句将数据放入数组中，以便进行分析。

```
var sales = [];                                          创建销售数组

sales[0] = getNumberFromElement("s0SalesText");          在数组的各个元素中存
                                                         储销售额
sales[1] = getNumberFromElement("s1SalesText");
sales[2] = getNumberFromElement("s2SalesText");
sales[3] = getNumberFromElement("s3SalesText");
sales[4] = getNumberFromElement("s4SalesText");
sales[5] = getNumberFromElement("s5SalesText");
```

以上语句创建了一个名为 sales 的数组，并将数组中的元素与 HTML 页面上的元素的销售额联系了起来。请注意，由于数组元素的索引是从 0 开始的，所以我改变了这些元素的 ID。换句话说，数组最边上的元素的索引值为 0，并从一个与 ID 相匹配的元素中分配了一个值。

```
sales[0] = getNumberFromElement("s0SalesText");
```

程序员观点

必须习惯从 0 开始计数

如果已经习惯了从 1 开始计数，那么你可能不太适应数组这种从 0 开始计数的方式。然而，必须习惯这样的计数方式，因为 JavaScript(和许多其他编程语言) 都是这样计数的。只要记住，包含 6 个元素的数组 (前面的 Sales 数组) 的索引会是 0 到 5。请注意，这意味着有时必须以一种方式为程序计数 (0 号到 5 号数组元素)，再用另一种方式为用户计数 (1 号到 6 号冰淇淋店)。

处理数组中的数据

数据存储在数组中时，程序可以很容易地处理其中的元素。可以通过使用索引值来访问每个元素或者使用 for-of 循环来处理这些元素。

```
total = 0;                                               设置总数为零
for(let saleValue of sales) {                            在销售额数组中工作
    total = total + saleValue;                           将每个销售额添加到总数中
}
```

前面的语句能根据 sales 数组计算出销售总额。它的优点是，适用于任何规模的数组。

找出最高和最低销售额

对于程序，客户提出的另一个需求是在结果集里找到最高和最低销售额。在开始写代码之前，最好先考虑一下要用什么算法。就这个例子而言，程序可以实施一种和人类的做法很相似的方法。如果你给我几个数并问我最大的数是什么的话，我会把每个数与我当前看到过的最大数进行比较，当我看到有更大的数时，脑海中就会更新当前的最大数。用编程的方式来表述的话，这个算法看起来就像下面这样。这不是JavaScript 代码之类的，类似这样的描述有时称为"伪代码"。它看起来有点儿像程序，但其实是用来表述一种算法的，而不是在电脑上运行的。

```
if(new value > highest I've seen)
  highest I've seen = new value
```

在开头处，我们将"highest I've seen"（我见到的最大值）设定为数组中第一个元素的值，因为这就是我们最开始看到的最大值。我可以把这个行为输入到一个函数中，这个函数将计算出被传入其中的任何数组的最大值。

```
function getHighest(inputArray) {

    var max = inputArray[0];              将最大值设置为第一个元素的值

    for (let value of inputArray) {       从头到尾地检查输入数组
        if (value > max) {                测试是否有新最大值
            max = value;                  将最大值设置为新值
        }
    }
    return max;                           返回最大值
}
```

程序可以使用 getHighest 函数从任何值的数组中获取最高值。我们可以在应用程序中分别创建名为 getHighest、getLowest 和 getTotal 的帮助函数。

```
function doCalc() {

    var sales = [];

    sales[0] = getNumberFromElement("s0SalesText");
    sales[1] = getNumberFromElement("s1SalesText");
```

```
        sales[2] = getNumberFromElement("s2SalesText");
        sales[3] = getNumberFromElement("s3SalesText");
        sales[4] = getNumberFromElement("s4SalesText");
        sales[5] = getNumberFromElement("s5SalesText");


        var totalSales = getTotal(sales);
        var highestSales = getHighest(sales);
        var lowestSales = getLowest(sales);


        var result = "Total:" + totalSales + "Highest:" + highestSales +
                        "Lowest:" + lowestSales;


        var outputElement = document.getElementById('outputParagraph');


        outputElement.textContent = result;
}
```

前面显示的是 doCalc 的完整版本，它创建一个销售数组，使用分析功能得出结果，并显示这些结果。这个版本的程序可以在 Ch08 Storing data\Ch08-02 Array Ice Cream Sales 文件夹中找到。

 注意事项

检测无效销售额

这个冰淇淋销售应用将 HTML 文档中的输入元素设定为数字类型的输入。

```
<input class="menuInput" type="number" id="s0SalesText" value="0" min="0" max="10000">
```

然而，使用这种输入类型并不能阻止用户直接输入无效的数值：

Stand 1 sales (0-10000): -100

在这种情况下，用户在输入数字时不小心按了减号键，输入了一个负值。好消息是，程序用来读取销售价值的 getNumberFromElement(从元素中获取数字) 函数，在读取元素的最大值和最小值以外的数值时，将返回 NaN(非数字) 为结果，第 7 章详细介绍了如何为应用程序添加错误处理。

坏消息是，我们的程序不会正确处理这个问题。这个问题可以通过使用 JavaScript 处理数字的方法来解决。请记住，在数学计算中加入"非数字"值，会得出"非数字"的结果。因此，如果总销售额不是一个数字的话，意味着销售额中至少有一个值不是数字。这时就需要用程序进行测试了。

```
var totalSales = getTotal(sales);


var result;


if (isNaN(totalSales)) {
    result = "Please enter numbers in the correct range"
}
else {

    var highestSales = getHighest(sales);
    var lowestSales = getLowest(sales);

    result = "Total:" + totalSales + "Highest:" + highestSales +
            "Lowest:" + lowestSales;

}
```

以上代码展示了测试是如何运作的。如果 `totalSales` 不是一个数字，`result` 变量会被设置为一个错误信息。不然的话，`result` 变量就会被设置成一个计算后得出的数值。在示例文件夹中可以找到这个版本的程序 Ch08 Storing data\Ch08-03 Error handling Ice Cream Sales。

用户界面

我们创建的程序满足了客户提出的所有要求。这使客户再次打来的电话不太受欢迎。她说她有个好消息，她的公司又新开了两家店。这意味着我们必须为应用程序的 HTML 再添加两个元素，并确保数据分析程序可以正确读取这些新的值。

在创建 HTML 数据输入页面和处理数据方面，多用支撑应用程序的文档对象模型 (DOM) 可以让我们轻松很多。在第 6 章介绍如何通过代码生成网页时，我们在创建乘法测验应用程序时就是这样做的，DOM 用一个 `for` 循环生成 HTML 输出元素，并将这些元素添加到文档中显示给用户。如果不确定它是如何运作的，可以回顾一下第 6 章中"通过代码来生成构建 HTML 页面"小节的代码分析部分。

```
<!DOCTYPE html>
<html lang="en">


<head>
```

```
    <title>Ice Cream Sales</title>                                      页面标题
    <link rel="stylesheet" href="styles.css">                  应用程序的样式表
    <script src="icecreamsales.js"></script>
  </head>

                                                         生成页面所调用的函数
<body onload="doBuildSalesInputItems('salesItems',0, 10000, 6);">
    <p class="menuHeading"> &#127846; Ice Cream Sales</p>          页面的名称

    <div id="salesItems">
    </div>                                                        销售项目的容器

    <p class="menuText" id="outputParagraph">                        输出段落

    </p>

    <p>
      <button class="menuText" onclick="doCalc('salesItems','outputParagraph')">
      Calculate</button>
    </p>


</body>
</html>
```

这是一个可自动生成输入段落的冰淇淋销售额程序的 HTML 页面。这些段落由与 onload 事件相联系的 doBuildSalesInputItems 方法生成。在第 3 章介绍如何创建走动的时钟时，我们接触过 onload 事件，在加载时钟页面时，我们利用了 onload 来让时钟开始走动。

对这个冰淇淋销售额应用而言，onload 事件将在页面载入时触发输入项的创建。输入项作为 div 元素加入 salesItem 的 ID 中。div 元素是一种 HTML 元素，用于分组。在第 3 章介绍如何用 <div> 和 <span> 对文档的部分进行格式化时，是我们第一次见到 div。

```
doBuildSalesInputItems('salesItems',0, 10000, 6);
```

DoBuildSalesInputItem 函数被调用时有下面 4 个参数。

1. 包含要创建的输入项的元素 ID 字符串。输入项目被添加到该元素的子元素中。

2. 该元素可输入的最小值。该值用于创建输入元素。在我们的应用程序中，最小的销售额是 0。

3. 该元素可输入的最大值。对该应用而言，客户说销售额不可能超过 10 000。

4. 创建有几段输入。前面的语句将创建 6 段输入。

现在，了解了如何调用 `doBuildSalesInputItems` 函数之后，接下来看看函数的代码：

```
function doBuildSalesInputItems(containerElementID, min, max, noOfItems)
{                                                            找到容器元素
    let containerElement = document.getElementById(containerElementID);
                                                    对每一个要添加的项目进行循环操作
    for (let itemCount = 1; itemCount <= noOfItems; itemCount = itemCount + 1) {
        let labelText = "Sales" + itemCount;                    为项目创建标签
        let itemPar = makeInputPar(labelText, min, max);        获取要添加的段落
        containerElement.appendChild(itemPar);                  将段落添加进容器中
    }
}
```

函数使用一个 `for` 循环，通过调用函数 `makeInputPar` 轮流生成每个输入段落。循环的结束点由 `noOfItems` 参数决定。`min` 参数和 `max` 参数的值会被传递到函数 `makeInputPar` 中。下面，我们来看看这是如何运作的。

创建一段输入

程序需要建立能让用户在其中输入数据的 HTML 元素。我将其创建为一个函数，以便在任何想从用户处读取数值的地方使用。图 8.3 显示了这段输入生成的结果。这里显示的是 1 号冰淇淋店的销售情况。

以下是描述这段输入的 HTML：

```
<p>
  <label class="menuLabel" for="s0SalesText">Stand 1 sales (0-10000):</label>
  <input class="menuInput" type="number" id="s0SalesText" value="0" min="0"
  max="10000">
</p>
```

这段输入由一个包含 `Stand 1 sales (0-10000)` 标签的标签元素和一个接收数据的输入元素组成。标签和输入元素分配了样式类，以便对它们的外观进行管理。浏览器使用输入元素的 `min` 属性和 `max` 属性来限制用户输入的值。

在这个应用程序的初始版本中，应用程序的 HTML 文件中定义了输入段。每个冰淇淋店都有这样的段落，总共有 6 段。然而，我们可以通过使用 JavaScript 开发输入段的方式来简化应用程序。

```
function makeInputPar(labelText, min, max) {                 创建外围段落
    let inputPar = document.createElement("p");
```

```
let labelElement = document.createElement("label");          创建输入标签
labelElement.innerText = labelText + " (" + min + "-" + max + "):";   在标签上添加
                                                                最大值和最小值
labelElement.className = "menuLabel";                        设置标签的样式类
labelElement.setAttribute("for", labelText);                 连接输入标签
inputPar.appendChild(labelElement);                          将标签添加到段落中
let inputElement = document.createElement("input");          创建输入元素
inputElement.setAttribute("max", max);                       设置最大值
inputElement.setAttribute("min", min);                       设置最小值
inputElement.setAttribute("value", 0);                       设置初始值为 0
inputElement.setAttribute("type", "number");                 设置输入类型为数字
inputElement.className = "menuInput";                        设置输入的样式类
inputElement.setAttribute("id", labelText);                  设置连接标签的 ID
inputPar.appendChild(inputElement);                          将输入添加到外围段落中


return inputPar;
}
```

函数 `makeInputPar` 使用文档对象提供的 `createElement` 函数来创建了一个段落元素 `inputPar` 并给该段落提供了两个子元素。子元素分别是标签元素（`labelElement`）和输入元素（`inputElement`）。`makeInputPar` 函数有下面三个参数。

1. 输入要用到的标签
2. 最大输入值
3. 最小输入值

程序可以通过以下调用来为 1 号冰淇淋店提供输入元素：

```
var stand1input = makeInputPar("Sales 1", 0, 10000);
```

然而，我们不打算这样做，因为我们正在使用一个循环来创建输入并将其添加到容器中。

代码分析

生成输入

可以通过使用 JavaScript 控制台来查看生成输入的过程。也可能对它有一些疑问。首先打开 Ch08 Storing data\Ch08-04 Input Generation 文件夹中的应用程序。这个应用程序包含一个由 `doBuildSalesInputItems` 函数生成的 HTML 页面。按 F12 功能键打开"开发者视图"。

问题 1： 我们可以看到由 `doBuildSalesInputItems` 函数生成的 HTML 代码吗？

解答: 可以。在"开发者视图"中点击 Elements 标签,窗口中将显示文档对象的视图。可以打开该视图,查看每个元素的 HTML 源代码。

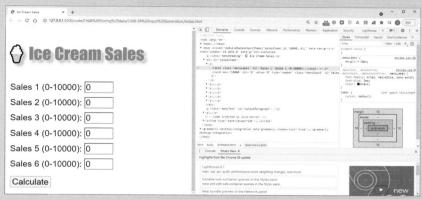

问题 2: 可以从控制台窗口把一个新输入元素添加进文档中吗?

解答: 可以。点击 Console 标签,打开控制台窗口。首先,需要引用容纳输入段落的容器元素。键入以下内容并按 Enter 键:

```
> var containerElement = document.getElementById('salesItems');
```

接下来,可以使用 makeInputPar 函数来创建一个新的输入项。下一节会讲解这个函数是如何运作的。调用 makeInputPar 函数,新建一个名为 "New Sales" 的输入项,最小值为 1,最大值为 99。

```
> var newPar=makeInputPar("New Sales", 1, 99);
```

有了新的段落后,下一步是把它添加到容器元素的子元素中:

```
> containerElement.appendChild(newPar);
```

这样,我们新创建的段落就被添加到页面中。如下图所示,它已经出现在页面上。它的标签是 "New Sales",输入值的范围是 1 到 99。

从上图中可以看到，新的元素 (名字是 "New Sales") 已经被添加到列表的底部。

问题 3：如何增加冰淇淋店的数量？

解答：用一个循环来生成页面的话，改变冰淇淋店的数量就会变得十分简单。查看 HTML 代码，你会发现它调用了 `doBuildSalesInputItems` 函数。这个调用的最终参数是要创建的店面数量，目前是 6。如果有 12 个店的话，只需改动 HTML 就可以了，不需要对 JavaScript 程序进行任何修改。

```
doBuildSalesInputItems('salesItems',0, 10000, 6);
```

现在，回到如何开发能够处理已输入数据的 JavaScript 程序的主题上。我们需要写一些代码，根据文档输入元素的内容来创建一个 sales 数组。

回读数值

在冰淇淋程序的上一版本中，有一个单独的语句为每个销售额创建一个数组元素。下面的语句用于获得前两个冰淇淋店销售额：

```
sales[0] = getNumberFromElement("s0SalesText");
sales[1] = getNumberFromElement("s1SalesText");
```

如果客户有了更多店面，我们就必须修改程序，添加更多语句。如果有 12 家冰淇淋店，就需要 12 条这样的语句。其实，可以用个更好的方法。我们可以使用一个循环来读取 HTML 元素的值。页面上的输入段落都会经历一遍循环。这些输入段落是 SalesItems 元素的子元素。

图 8.4 展示了这些元素的结构。左边是一个 ID 为 salesElements 的 div 元素，它包含所有的元素。div 元素包含 6 个段落，每个冰淇淋店都有一个段落。第一段获取 1 号冰淇淋店的输入，它包含一个标签和一个输入项。为了获取用户的输入，程序必须通过 SalesItems 从输入元素中提取数据。

```
▼<div id="salesItems">
  ▼<p>
     <label class="menuLabel" for="Sales 1">Sales 1 (0-10000):</label>
     <input max="10000" min="0" value="0" class="menuInput" id="Sales 1">
   </p>
  ▶<p>…</p>
  ▶<p>…</p>
  ▶<p>…</p>
  ▶<p>…</p>
  ▶<p>…</p>
  </div>
```

图 8.4　多段输入

该程序可以使用 for-of 循环来处理子元素并提取每个项的值。以下代码展示了具体过程：

```
var sales = [];                                          创建一个空数组
var salesPos = 0;                                        从数组的开头开始

var salesElement = document.getElementById('salesItems');   获取对包含销售
                                                            项的元素的引用

for (let item of salesElement.children) {                   通过该元素的子元素进行操作

    let salesValue = getNumberFromElement(item.children[1]);   从输入元素
                                                               中获取数字

    sales[salesPos] = salesValue;                           在数组中存储数字

    salesPos = salesPos + 1;                                转移到数组中的下一个元素
}
```

 代码分析

读取数字

问题 1：这段代码是做什么的？

解答：好问题。当用户输入了销售额，按下计算按钮后，用户希望看到总销售额、最高销售额和最低销售额一一显示出来。程序要做的第一件事是从页面上的输入元素中取得数值并放入 sales 数组中。输入元素是段落的子元素，而段落是 salesItems 元素的子元素。把 salesItem 元素想象成一个祖父级元素。祖父有 6 个孩子，也就是在建立页面时生成的段落。这 6 个子元素又各自有 2 个子元素，也就是标签和输入元素。

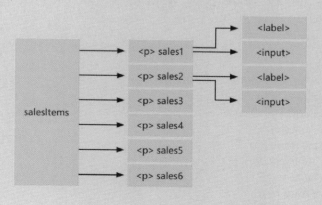

salesItems 容器中的每个子元素都会通过 for-of 循环。每一次循环，变量项都指向 salesItems 中的下一个段落元素。每个段落元素都包含两个子元素：输入的标签和输入本身。我们需要的输入元素是销售段的第二个子元素，它的索引号为 1(因为索引总是从 0 开始计数)。

```
let salesValue = getNumberFromElement(item.children[1]);
```

getNumberFromElement 函数正在读取的元素的引用被提供给它，因此它取得了输入值，并将结果作为数字返回。

问题 2：如果输入元素包含一个无效的值，会怎样？

解答：输入元素包含 max 属性和 min 属性，getNumberFromElement 用这两个属性来验证用户输入的数字。如果用户输入的数字超出这个范围，或者用户输入的不是数字，getNumberFromElement 函数就会返回 NaN 结果。

问题 3：如果要增加更多冰淇淋店，我需要更改这段代码吗？

解答：不用。这就是循环的伟大之处。它适用于任何数量的输入段落。

 动手实践

用调试器观察代码运作

前面的代码可能有点儿难以理解。你可能会想，如果能够看到它的执行情况，观察每条语句有什么样作用，就太好了。实际上，可以为此使用浏览器开发者视图中的调试器。就这个例子而言，我们调试程序不是因为它有什么问题，而只是想看看它是如何运作的。首先，打开示例代码中 Ch08 Storing data\Ch08-04 Input Generation 文件夹中的应用程序。这个应用程序包含一个由 doBuildSalesInputItems 函数生成的 HTML 页面。输入一些冰淇淋店的销售数据，然后按 F12 功能键打开"开发者视图"，从中选择 Sources 标签，源代码窗口。如下图所示。

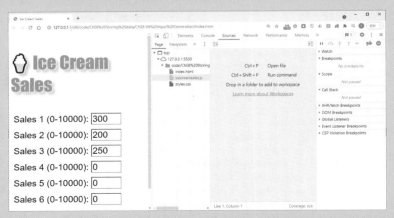

　　Sources(源代码) 窗口显示构成应用程序的所有文件。注意，你看到的浏览器界面显示可能与上图中的不一样。我改变了浏览器中窗口的布局，并放大了开发者视图，使它在书上看起来更加清晰。不过，可以通过拖动窗口边框来达到类似的效果。

　　先来看文件 icecreamsales.js 中的 JavaScript 代码。点击该文件名 (图中以深灰色突出显示的部分)。

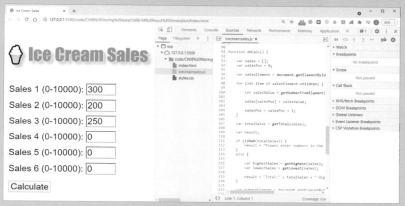

　　现在，Sources(源代码) 窗口中显示了 JavaScript 代码。使用鼠标滚轮向下滑动代码，找到 doCalc 函数。当 Calculate 按钮被按下时，这个函数从 HTML 调用。我们将在这个函数的第一条语句处设置一个断点。当程序到达断点时，它会“休息一下”，也就是会暂停。这时，就能够调查该函数正在做什么甚至逐个运行这些语句了。断点可以通过点击列表左边的行号来设置。

```
91  function doCalc() {
92
93      var sales = [];
94      var salesPos = 0;
95
```

　　如上图所示，这个位置会显示一个红点。点击即可添加断点。如果手滑点到了的话，可以通过点击红点来删除断点。设置好断点后，点击应用程序中的 Calculate 按钮运行函数。浏览器将调用 doCalc 函数，然后在断点处暂停。

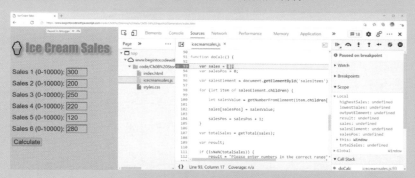

程序在设置断点的语句处暂停了。如图所示，暂停键高亮显示为蓝色。可以使用传输按钮来使程序一次运行一条语句。

单步执行

传输控制的图标看起来有点儿像埃及的象形文字。在我的浏览器中，它们在屏幕的右上方，但在你的浏览器中，它们可能在其他位置。我们会逐步了解更多关于每个控件的信息。现在，我们要使用上图标出来的 Step 按钮。点击它，程序就会执行当前语句，然后移到下一条语句。

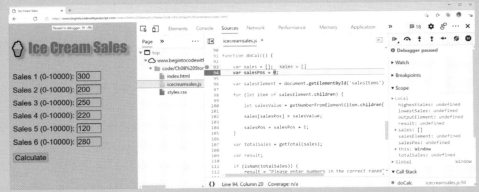

请注意，现在显示的是 sales 数组的内容。如果再次按下 Step 按钮，就会看到 salePos 变量的内容。可以一直点击这个按钮 (或使用功能键 F9) 来观察程序的逐步运行。你会看到程序得到对销售元素的引用，然后进入 for 循环对元素进行处理。当程序调用 getElement 函数时，视图会转移到该函数上，让你可以逐步浏览其中的语句。

```
62  function getNumberFromElement(element) {  element = input#Sales 1.menuInp
63
64      var text = element.value;  text = "300", element = input#Sales 1.menu
65
66      var result = Number(text);   result = 300, text = "300"
67
68      if (isNaN(result)) {
69          // fail with bad number input
70          element.className = "menuInputError";
71          return NaN;
72      }
```

getNumberFromElement 函数从一个输入元素中读取文本，并将其转换为一个数字。作为文本的 300 是一个字符串，而作为结果的 300 是一个值。回顾一下这个应用程序，你会发现第一个销售额是 300。

可以用另一个传输按钮来跳出 getNumberFromElement 函数，并返回它被调用的地方。

跳出当前函数

之后，可以按下传输控制，恢复程序的正常执行。如果不删除断点的话，你会发现，如果点击程序中的计算按钮，程序下次还会在断点处暂停。

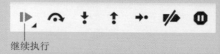

继续执行

想花多少时间来处理代码都行。这个办法也可以用来在其他任何一个示例程序中设置断点并观察它们的运行情况。

了解程序是如何运作的之后，可以着手进行修改，在系统中增加两个新的冰淇淋店了。好消息是，只需要在程序中的某个地方将数值 6 改为 8 就行。在 **Ch08 Storing data\Ch08-05 Eight Stand Version** 文件夹中可以找到我的版本。

客户产生了一个新的想法。她不希望应用程序用几号店来指代店铺，而是希望用冰淇淋店所在的地点来指代，如图 8.5 所示。

Ice Cream Sales

Riverside Walk (0-10000): `0`

City Plaza (0-10000): `0`

Central Park (0-10000): `0`

Zoo Entrance (0-10000): `0`

Main Library (0-10000): `0`

North Station (0-10000): `0`

New Theatre (0-10000): `0`

Movie House (0-10000): `0`

`Calculate`

图 8.5　以店址来命名的店铺

作为查询表的数组

客户的要求乍一看似乎很难实现，但其实可以用数组来帮忙。这种情况下，可以用数组来存放地名列表。第一次创建数组时，使用了以下语句：

```
var newArray=[];
```

字符 [和] 标志着数组的开始和结束。这条语句创建了一个空数组，因为 [和] 之间没有任何内容。通过将值放入其中，把值设置到数组中：

```
var newArray=[1,2];
```

这条语句创建了一个名为 newArray 的数组，其中包含两个数字。第一个元素包含数值 1，第二个元素包含数值 2。这条语句完全等同于以下三条语句：

```
var newArray=[];
newArray[0]=1;
newArray[1]=2;
```

还可以创建字符串的数组。比如以下语句：

```
var standNames = ['Riverside Walk','City Plaza','Central Park','Zoo Entrance',
    'Main Library','North Station','New Theatre','Movie House'];
```

这条语句创建了一个名为 standNames 的变量，其中包含所有冰淇淋店的地理位置。赋值右边的项是实际的数组。在函数调用中还可以使用这样的数组：

```
doBuildSalesInputItems('salesItems',0, 10000,
  ['Riverside Walk', 'City Plaza', 'Central Park', 'Zoo Entrance',
  'Main Library','North Station','New Theatre','Movie House']);
```

以上语句调用了函数 doBuildSalesItems。这个调用最后的参数是一个包含所有冰淇淋店的地理位置 (店址) 的数组。这个版本的函数接下来可以使用这些地名来建 HTML 页面：

```
function doBuildSalesInputItems(containerElementID, min, max, placeNames) {
    var containerElement = document.getElementById(containerElementID);
                                                                    获取存储项的容器

    for (placeName of placeNames) {                                 处理地名
        let itemPar = makeInputPar(placeName, min, max);            创建输入参数
        containerElement.appendChild(itemPar);                      将输入参数添加进
                                                                    容器中的子项上
    }
}
```

这个版本的函数没有创建 Sales x 这样的名称 (x 是店铺的编号)，而是将各个店铺所在的位置依次传入 makeInputPar 函数中。当浏览器加载页面时，onload 事件触发，doBuildSalesInputItems 函数从 HTML 文件调用：

```
<body onload="var standNames = doBuildSalesInputItems('salesItems',0, 10000,
  ['Riverside Walk', 'City Plaza', 'Central Park','Zoo Entrance',
  'Main Library','North Station','New Theatre','Movie House']);">
```

以上代码来自应用程序的 HTML 文件。body 元素可以包含一个名为 onload 的属性，onload 属性中包含 JavaScript 字符串，当浏览器加载页面时，该字符串将被执行。对于这个应用程序，JavaScript 字符串会调用 doBuildInputSalesItems 函数来创建销售额的输入段落。在 Ch08 Storing data\Ch08-06 Named Stands 文件夹的示例程序中，可以找到这个函数。

 代码分析

创建以店址来命名的冰淇淋店

这些内容应该不难理解。但你可能有下面这些疑问。

问题 1： 当数组被用作一个函数的参数时，传入函数的会是什么？

解答： 函数中的参数是对数组的引用。这意味着如果函数改变了数组的内容 (通过给数组中的某个值赋值或在数组末端添加一个新元素)，就会改变数组，因为数组本身只有一个副本。请看以下函数：

```
function changeArrayElement(inputArray)
{
    inputArray[0]=99;
}
```

函数 changeArrayElement 只有一个参数，也就是一个数组。该函数将数组的第一个数值改成了 99。

```
var testArray = [0];
```

以上语句创建了一个名为 testArray 的数组，其中包含一个设置为 0 的元素：

```
changeArrayElement(testArray);
```

这条语句调用了 changeArray 方法，并使 testArray 作为其参数。我们需要考虑的问题是 "在调用 changeArrayElement 后，testArray 的 0 元素中的值是什么？ " 答案是 99，因为函数的参数是对数组的引用。当函数运行时，这个引用被用来改变数组中的元素。仔细琢磨一下，你会发现通过引用传递数组是非常合理的。不然的话，程序将不得不做个数组的副本来传递给函数调用。

问题 2：如何在应用程序中添加一个新冰淇淋店的店址？

解答：这个应用程序设计的便利之处在于，要在应用程序中添加新店，只需在传递到 `doBuildInputSalesItems` 调用中的数组值里添加新店的店址即可，完全不用更改 JavaScript 代码。

问题 3：数组可以在不同的元素中存放数字和字符串吗？

解答：可以。数组的每个元素都可以看作完全独立的变量，能容纳任何值。但是如果以这种方式使用数组，就容易混淆。因此，下一章将会介绍如何设计不同类型项目集合的变量。

问题 4：一个数组可以有多大？

解答：一个数组可以非常非常大。数组的极限由运行 JavaScript 的计算机的内存空间来决定。现代计算机的内存足够大，所以程序不太可能出现数组过大的问题。

创建固定宽度的布局

运行 Ch08 Storing data\Ch08-06 Named Stands 文件夹中的程序时，你会发现它看起来很不错，但输入元素的布局不太一致，如图 8.6 所示。

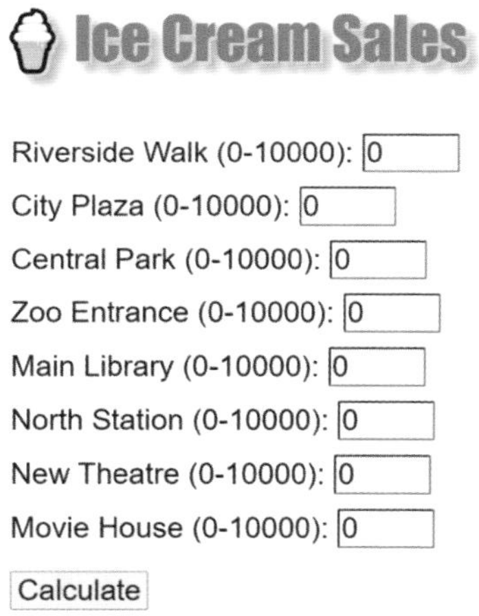

图 8.6   参差不齐的布局

输入元素不是整齐地垂直排列的，因为不同地名的长度不同。这不是程序的问题，所以不需要对 JavaScript 进行修改，而是要修改每个项目的标签样式，使其大小一致。

```
.menuLabel {
    display:inline-block;
    width:12em;
    margin: 10px;
}
```

将此元素作为区块元素与文本并列显示

将区块宽度设置为 12 个字符

前面的 CSS 文本是 menuLabel 样式类的定义，这个样式类用于为菜单标签设置样式 (因此而命名)。我在样式定义中加入了两个新属性。第一个属性告诉浏览器，这个元素是一个区块，应该与外围元素并列显示。第二个属性将元素的宽度设置为 12 个字符。这样修改样式表后，输入框就符合客户的要求了。在 Ch08 Storing data\Ch08-07 Named Stands fixed width example 文件夹中，可以找到应用程序的这个版本。

 动手实践

突出显示销售业绩最好和最差的店铺所在位置

客户 (到现在为止，她已经送了你很多冰淇淋) 最后还有一个要求。她希望程序能够突出显示销售业绩最好和最差的店址所在区域。她希望用黄色标出销售额最高的店，用蓝色标出销售额最低的店。

提示：要做到这一点，程序必须在确定了最高值和最低值后对 sales 元素进行第二次处理。任何与最高值相匹配的 sales 元素都被分配一个黄色样式类。任何与最低销售值相匹配的 sales 元素都被分配到一个蓝色样式类。这个办法最好，因为可能会有几家店的销售额并列最高或最低。在 Ch08 Storing data\Ch08-08 Highlight High and Low 文件夹下的例子中，可以找到我的版本。

交互式乘法口诀表测验

Multiplication Table Tester

1 times 13 is: 13
2 times 13 is: 26
3 times 13 is: 39
4 times 13 is: 52
5 times 13 is: 65
6 times 13 is: 68

Which multiplication table do you want : 13
How many lines do you want : 6

Make the multiplication table   Check the multiplication table

本章学到的新知识可以用来改进第 6 章中的乘法测验应用程序。前面的版本可以为任何数值生成一个乘法测验，然后检查用户输入的答案是否正确。在 Ch08 Storing data/Ch08-08 Multiplication Table Tester 范例文件夹中可以找到这个程序。

有人建议，程序的结尾处如果能显示得分的话会更好。

You got 2 correct out of 6

若想增加这一功能，需要在 HTML 中添加一个新段落来显示结果，然后通过程序来找出正确回答有几个。可以先试着自己完成，然后再看看 Ch08 Storing data\Ch08-09 Multiplication Table Tester with scores 文件夹中我的版本。

技术总结与思考练习

本章介绍了程序如何使用数组来存储大量的数据，还介绍了 JavaScript 程序如何生成和显示文档元素。

- 变量可以被声明为数组，并作为容器来存储多个值。数组中的每个值都被存储在一个元素中，特定元素可以通过索引值来识别。索引有时称为"下标"。

- 数组中具有特定索引值的元素是在该元素被赋值时创建的。在创建数组时，不需要指定数组的大小。

- 一个数组值揭示的长度属性给出了数组中元素的数量。

- 元素索引值从 0 开始，一直延伸到 length-1 的值。这个索引值范围称为"数组的边界"。没有任何元素的索引值是数组的长度。

- 如果程序使用的索引值超出数组的边界，就会返回 undefined。

- 程序可以使用 for-of 循环结构来处理数组中的元素，也可以创建变量，通过数组中的索引值进行计数来处理数组中的元素。

- 用一条语句可以创建一个包含许多元素的数组。

- 可以给 HTML 文档中的输入分配标签元素，以显示对该输入的提示。

- 浏览器的开发者控制台可以用来浏览 JavaScript 程序并查看其中的变量内容。

下面这些程序中如何使用函数的问题，值得深入思考。

1. **如何确定一个数组的大小？**

   数组变量提供了一个 `length` 属性，其中包含数组中的元素数量。

2. **数组中的每个元素都必须是同一类型的数据吗？**

   不是必须的。一个数组可以包含数字、字符串以及对其他对象的引用。

3. **必须在每个元素中都输入一个值吗？**

   并非如此。举个例子，你可以创建一个索引为 0 的元素和一个索引为 5 的元素。中间的所有元素 (也就是那些索引值为 1、2、3、4 的元素) 将设置为 `undefined`。

4. **可以把数据表存储为数组吗？**

   JavaScript 数组只有一个维度——数组的长度。可以把它看成一行。有些编程语言可以创建"二维数组"。可以把它想象成一个有宽度和高度的表格。但 JavaScript 不允许创建二维数组。不过，可以创建一个每个元素都是数组的数组，以创建数据表结构。

5. **如果我用了一个超出数组范围的索引值，程序会有何反应？**

   如果程序在这个位置存储数据，为了容纳新的索引值，数组将被扩展。如果程序正在从这个位置读取数据，那么数组访问将返回未定义值。

6. **在其他数据项上能使用索引吗？**

   能使用索引。可以使用索引获取一个字符串中的各个字符。

7. **如果不初始化一个新数组中的元素，会怎样？**

   任何没有初始化的元素都会被设置为 `undefined`。

8. **如果用 + 运算符将两个数组加在一起，会怎样？**

   在我们的想象中，如果把两个数组加在一起，那么其中一个数组中的元素会附加到另一个数组上，结合成一个长数组。不幸的是，事实并非如此。JavaScript 会创建每个数组的字符串版本，然后将一个字符串附加到另一个上。不过，JavaScript 数组对象提供 `concat()` 方法，可以用来将一个数组接 (添加) 到另一个数组的末尾。

9. **可以使用图片作为输入项的标签吗？**

   可以。标签的内容可以是一张图片或一些文本加一张图片。

10. HTML 元素的子元素和 JavaScript 数组有什么区别？

它们的实现方式略有不同，但可使用索引来访问二者中每个元素的值，并且，它们都揭示了长度属性。也可使用 `for-of` 循环结构来处理二者之中的元素。

11. 可以用数组来允许一个函数返回多个值吗？

真是个好问题。是的，程序可以返回一个数组，数组中可以包含多个值。但是，函数和调用方必须就每个数组元素中的内容达成一致。下一章将介绍如何用一种更简洁的方法来创建包含命名数据项的对象。

12. 可以使用 JavaScript 调试器来调试任何网页中的 JavaScript 吗？

是的。在浏览网页时按下功能键 F12，就可以打开并查看 JavaScript 文件。

第 9 章

对象

本章概要

程序可以处理许多不同类型的数据，包括整数、浮点数和文本字符串；还可以创建特定数据类型的数组。然而，程序需要处理的数据往往比单一数值更复杂。本章将学习如何使用对象来存储相关的数据项。同时，还要探索软件如何创建自定义对象以及着手解决一个真正的计算问题。

开发一个简易版通讯录

假设有位律师朋友请你为她开发一个个人通讯录应用。她希望能有一个小的、"轻量级"的应用程序来为自己的重要客户提供快速存储联系信息，比如姓名、地址和电话号码。你和她坐在一起讨论这个应用程序怎么运行。

图 9.1 展示了这个应用程序的大致模样。它有三个输入数据的文本框和两个按钮。点击 Save Contact(保存联系人) 按钮时，输入到文本框中的数据就会被保存起来。想要查找联系人时，用户输入姓名，然后点击 Find Contact(查找联系人) 按钮。程序就会在已存联系人中按照指定名称搜索联系人。如果找到该联系人，程序就会显示其地址和电话号码信息。如果没有找到，则弹出提示框，如图 9.2 所示。

图 9.1   简易版通讯录的原型

图 9.2   未找到联系人

原型 HTML 页面

向客户展示程序大致样子的最好方法是创建一个功能差不多的原型。创建一个
HTML 页面，添加适量的 JavaScript 之后，就可以进行程序的演示了。

```
<!DOCTYPE html>
<html lang="en">

<head>
  <title>Tiny Contacts</title>
  <link rel="stylesheet" href="styles.css">          应用程序的样式表
  <script src="tinycontacts.js"></script>            应用程序的 JavaScript 程序
</head>

<body>
  <p class="menuHeading"> &#128199; Tiny Contacts </p>

  <p>
    <label class="inputLabel" for="name">Name:</label>
    <input class="inputText" id="name">
  </p>

  <p>
    <label class="inputLabel" for="address">Address:</label>
    <textarea class="inputTextarea" rows="5" cols="40" id="address"></textarea>
  </p>

  <p>
    <label class="inputLabel" for="phone">Phone:</label>
    <input class="inputText" id="phone">
  </p>

  <p>
                                                       调用 doFind 来查找联系人
    <button class="menuButton" onclick="doFind()">Find Contact</button>
    <button class="menuButton" onclick="doSave()">Save Contact</button>
  </p>
                                                       调用 doSave 来保存联系人

</body>

</html>
```

以上原型 HTML 定义了三个输入框和两个按钮。页面中有一个新的元素 textarea 元素。

textarea 元素

从图 9.1 中可以看出，联系人的地址可以以多行文本的形式输入。一个输入元素是无法读取多行文本的，因为输入元素只支持单行。textarea 元素是由 row 和 cols 这两个特性来配置的，它们定义了屏幕上的数据输入区域的大小。我们这个简易通讯录用的是一个有 5 行和 40 列的区域：

```
<textarea class="inputTextarea" rows="5" cols="40" id="address"></textarea>
```

如果用户输入的文本超过 5 行，文本栏的右侧就会显示一个滚动条，如果用户输入的内容长度超出文本栏的宽度，输入内容就会自动换行。JavaScript 程序可以使用 textarea 元素的 value 属性来与文本栏中的内容进行交互。

原型样式表

HTML 文件包含构成应用程序显示的元素。CSS 文件则掌控着显示屏的外观。客户希望通讯录有一个简洁的黑白界面，因此我们可以设置以下样式表：

```
.menuHeading {
    font-size: 4em;
    font-family: Impact, Haettenschweiler, 'Arial Narrow Bold', sans-serif;
    color: black;                                           应用程序标题的样式类
    text-shadow: 3px 3px blue, 10px 10px 10px grey;
}


.inputLabel,.inputText, .inputTextarea, .menuButton
                                                     这些设置应用于所有文本样式类
{
    font-family:Arial, Helvetica, sans-serif;
    font-size: 2em;
    color:black;
}


.inputLabel
                                                     这些设置只应用于标签样式类
{
    display:inline-block;                            将标签放入行内区块中
    vertical-align: top;                             将文本放在区块上
    width:6em;                                       修改标签宽度
}
```

　　这个 CSS 文件为标题定义了样式。然后，它对文档中所有其他文本的样式进行设置，接着对仅适用于标签的样式进行设置。CSS 文件使得改变所有文本的字体、大小或颜色变得轻而易举。有了它，设计者可以在不改变 HTML 文件的情况下改变页面上任意元素的样式。

原型 JavaScript

　　简易版通讯录应用的第三个组成部分是提供行为的 JavaScript。原型应用能做的并不多，只有在用户搜索 Rob Miles 时，程序才会显示联系信息，用户搜索其他名字时，则会显示 Contact not found。点击按钮保存联系人的话，则会弹出一个提示框。

```javascript
function displayElementValue(id, text) {          显示具有指定 ID 的元素中的文本
    var element = document.getElementById(id);
    element.value = text;
}


function getElementValue(id) {                    从具有指定 ID 的元素中获取数据值
    var element = document.getElementById(id);
    return element.value;
}

function displayContactNotFound()
{
    alert("Not found");
}


function doSave() {                                          保存联系人信息
    alert("Saves a contact in the store");
}


function doFind() {                                             找到联系人
    var name = getElementValue("name");                        获取姓名值
    if(name=="Rob Miles")                                 姓名是 "Rob Miles" 吗？
    {
        displayElementValue("address", "18 Pussycat Mews\nLondon\nNE1 410S");
        displayElementValue("phone", "+44(1234) 56789");
    }
    else {                                        如果不是 "Rob Miles"，则清除详细信息
```

```
        displayContactNotFound();
    }
}
```

在 Ch09 Objects\Ch09-01 Tiny Contacts Prototype sample 文件夹中，可以找到这个
原型应用程序。可以用它输入和搜索联系人信息。这个应用程序只有在搜索名为 Rob
Miles 的联系人时才会显示输出，并且无法存储任何输入的数据。不过，它成功地演
示了应用程序的工作方式。客户认可应用程序的设计，并表示你可以开始生成正式的
程序了。

辅助函数

仔细看一看原型 JavaScript 代码，你会注意到一对小小的函数。这对函数是为在
HTML 页面和应用程序之间的数据移动而写的：

```
function displayElementValue(id, text) {
    var element = document.getElementById(id);      获取正在被更改的元素
    element.value = text;                           设置元素中的值
}


function getElementValue(id){
    var element = document.getElementById(id);      获取正在被读取的函数
    return element.value;                           返回元素中的值
}
```

函数 displayElementValue 接受两个参数：元素的 id 和要显示的文本。这个
函数用于在 HTML 页面上显示数值。下面的函数调用会在页面上显示电话号码。注意，
尽管电话号码被描述成数字，但其本身是文本字符串。

```
displayElementValue("phoneText", "+44(1234) 56789")
```

函数 getElementValue 接受一个参数：要读取的输入元素的 id。以下函数的
调用将得到 HTML 页面中输入的姓名，并将其存储在一个叫 name 的变量中。

```
var name = getElementValue("name");
```

你可能想知道为什么我要用这么微不足道的函数。它们并没有使程序变小多少。
如果我不写这些函数，也只会增加几条语句。不过，我认为它们确实能够使程序更加
清晰，因为这些函数准确表达了正在做的事情，并没有使人们忽视其工作原理。举个
例子，当没有找到联系人信息时会调用一个函数。在调用该函数时，我们可以根据它
的名称准确了解程序正在做什么。

```
Function displayContactNotFound()
```

```
{
    alert("Notfound");
}
```

　　使用这种函数的另一个好处是，更容易改动程序，使其在未找到联系人时有不同的结果。要是客户想在未找到联系人时有个提示音，我们可以直接把它添加到 displayContactNotFound 函数中，而不需要在程序中找到相关的代码。

存储联系人的详细信息

　　客户已经认可程序的设计，我们也已经建立好了 HTML 页面和样式表文件，现在，可以开始创建代码了。不过，在开始编写保存联系人信息的代码之前，需要先确定如何存储联系人的信息。需要存储的联系人可不少。上一章编写冰淇淋销售程序时，我们使用了一个数组来保存销售信息。存储联系人的详细信息，一个方法是使用三个数组一个用于存储姓名，一个用于存储地址，第三个用于存储电话号码。

```
var contactNames = [];
var contactAddresses = [];
var contactPhones = [];
```

　　联系人的数据将被保存在具有特定索引值的数组元素中。换句话说，contactNames[0] 在存储开始时保存联系人的名字，contactAddresses[0] 保存地址，而 contactPhones[0] 保存电话号码。图 9.3 显示了这是如何工作的。

图 9.3　数组存储

每个数组中索引为 0 的元素保存着 Rob Miles 的详细信息。使用具有特定索引的元素可以建立某个特定人物的联系信息集。例如，Imogen Bloggs 住在 Immy Villas，他的电话号码是 (1234)723523。我们可以写一个函数，在所有数组的特定索引位置中存储联系人：

```
function storeContact(pos){
    contactNames[pos] = getElementValue("name");          存储姓名
    contactAddresses[pos] = getElementValue("address");   存储地址
    contactPhones[pos] = getElementValue("phone");        存储电话号码
}
```

函数 storeContact 接收到一个给出数组中位置的参数。存储联系人信息就保存在这个位置。换句话说，如果参数值为 0，那么联系人将被存储在第一列。

函数中的每个语句都从 HTML 页面上的一个元素中获取数据，并将其存储在保存该类型数据的数组中指定的索引处。请记住，当程序在该元素中存储一个值时，JavaScript 程序会在指定索引处自动创建一个数组元素。第一个联系人的信息将被存储在索引值为 0 的元素中 (记住，数组的索引值是从 0 开始的)。第二个联系人的信息将被存储在索引值 1 处，以此类推。以下语句将 HTML 页面上的联系人信息保存在数组开头的元素中。

```
storeContact(0);
```

查找多个联系人

知道如何存储联系人信息之后，接下来要研究如何查找信息。客户希望能够通过姓名来搜索联系人。我们需要想办法从通讯录中找到对应联系人的位置。换句话说，如果要想在图 9.3 所示的通讯录中找到 "Joe Smith" 的相关条目，程序将返回索引值 2。

```
function findContactPos(name) {                             通过数组元素计数
    for(let pos=0;pos<contactNames.length;pos=pos+1){
        if(contactNames[pos]==name) {                       看存储的姓名是否与参数一致
            return pos;                                      如果姓名匹配，则返回索引值
        }
    }
    return NaN;                                              如果没有找到名字，则返回 Not a Number(NaN)
}
```

findContactPos 返回联系人在数组中的位置，并把姓名作为参数提供。程序使用 for 循环来处理 contactNames 数组，将数组中的每个元素与搜索的名字进行比较。

findContacts 函数

findContacts 函数是应用程序的重要组成部分。你可能对它有一些疑问。

问题 1：for 循环是用来做什么的？

解答：函数需要查看 contactNames 数组中的每个元素，确认它们是否与该函数要搜索的名字相匹配。如果我让你在一排鸽子笼中查找有我名字的鸽子笼，你会从第一个鸽子笼开始找起，如果我的名字不在这个笼子上，你就会接着查看下一个。for 循环控制一个叫 pos(position 的缩写) 的变量的内容。pos 的值从 0 开始，当 pos 的值等于数组的长度时，循环结束。

问题 2：如果在调用 findContacts 函数时，contactNames 数组是空的，会怎样？

解答：只要 pos 的值小于数组的长度，这个循环就会运行。一个空数组的长度为 0。这意味着，如果数组是空的，循环就不会执行，因为 0 并不小于 0。

问题 3：当找到一个与被搜索的名字相匹配的元素时，会怎样？

解答：当程序找到匹配的名字时，索引变量的值会返回给调用方。这个值就是该名字在数组中的位置。

```
var pos = findContactPos("Fred Bloggs");
```

以图 9.3 中的存储数据为例，上述语句将创建一个 pos 变量，它将被 findContactPos 的调用设置为 1。

问题 4：如果没能在 contactNames 数组中找到相应的姓名，findContactPos 函数会怎么做？

解答：如果没有在数组中找到相应姓名，for 循环将在没有找到匹配的情况下完成。程序接着将转到 for 循环之后的语句，该语句返回 Not a Number (NaN) 的值，表示没有找到该联系人。一个函数包含一个以上的返回语句是完全合理的。请注意，要由调用 findContactPos 的程序来检查是否找到了这个名字。

这种类型的搜索行为在我们日常使用的系统中很常见。使用信用卡进行支付时，银行的计算机会用信用卡号码来搜索对应的银行账户信息，以便交易可以被授权并添加到账户的流水账单中。

显示多个联系人

程序的最后一个函数是一个在 HTML 页面上显示联系人信息的函数。这个函数在通讯录中被给定一个位置，并显示每个数组中处于该位置的元素。这里用前面提到

的 `displayElementValue` 函数来显示每个条目。

```
function storeContact(pos) {
    contactNames[pos] = getElementValue("name");
    contactAddresses[pos] = getElementValue("address");
    contactPhones[pos] = getElementValue("phone");
}
```

保存单个联系人

程序的最后几段代码是用来响应程序按钮的函数。当用户点击保存联系人按钮时，浏览器会调用 doSave 函数。这个函数需要以下面两种不同的方式工作。

1. 它需要为新的联系人创建新的记录。

2. 它需要更新现有联系人的联系信息。

doSave 函数从网页上获取联系人的姓名，然后使用 findContactPos 函数来查看这个名字是否已经存在于通讯录中。findContactPos 返回一个值，该值存储在一个叫 pos 的变量中。如果返回的 pos 值是 NaN，该函数将 pos 的值设置为数组的长度，这样，联系人信息就会被存储在数组的末尾。如果返回的 pos 值不是 NaN，那么新保存的数据就会覆盖现有数据。我在这段代码中加了一些注释，以便读者能够清楚地了解每部分代码都在做什么。

```
function doSave() {

    // get the name of the contact being saved
    var name = getElementValue("name");

    // find the position of the name to save
    var pos = findContactPos(name);

    if(isNaN(pos)){
        // if we didn't find an existing contact name
        // we store the contact on the end of the array
        pos = contactNames.length;
    }

    storeContact(pos);
}
```

代码分析

doSave 函数

doSave 函数实现了应用程序的编辑行为。你可能对它有一些疑问。

问题 1：为什么 findContactPos 函数有时会返回 NaN？

解答：我们都知道，JavaScript 语言提供了一个叫 NaN 的变量值。这是 JavaScript 本身使用的。如果要求 JavaScript 的 Number 函数将 Fred 这个字符串转换为数字值，它就会返回 NaN。在简易版通讯录应用中，我在 findContactPos 函数中使用 NaN 值来表示无法找到一个位置。这就好比如果我让你在一排鸽子笼中查找有我名字的那一个，你要是找不到的话，会说："抱歉，我找不到。" NaN 这个值意味着 findContactPos 表示它无法找到要求它查找的内容。如果我想的话，可以使用一个不同的标志值，比如 -1(作为数组的索引，它是没有意义的)。这种形式的通知依靠的是函数的用户检查该函数的回复。之后，我们会研究如何让程序在出错时通过引发异常来明确终止运行。

问题 2：这个函数为什么要用到 contactNames 数组的长度？

解答：如果 findContactPos 函数表示找不到有这个名字的联系人 (它通过返回 NaN 来实现)，意味着通讯录里不包含有这个名字的联系人。联系信息需要存储在一个新的位置。当程序第一次运行时，数组的长度是 0，所以第一个联系人将被存储在数组的开头；第二个联系人将被存储在 1 号元素 (因为数组的长度变成了 1)；以此类推。

问题 3：如果用户更改联系人的名字后再次保存的话，会发生什么？

解答：非常好的问题。它点明了应用程序中一个潜在的 bug。我们可以通过一个例子来回答这个问题。如果用户打开一个叫 "Rob" 的联系人的信息，把名字改成 "Rob Miles"，然后点击保存按钮，doSave 函数会做什么？该函数将无法找到名为 "Rob Miles" 的联系人，所以它用这个名字新建了联系人。这可能会带来困扰，因为现在同一个联系人有两个联系信息。如果用户不小心搜索 "Rob" 这个名字，显示出来的联系信息可能已经过时了。

这种问题在创建软件时经常出现。写程序代码时，你会发现一些问题在探讨应用程序的设计时被忽视了。解决这个问题的惟一方法是询问客户的想法。我们的用户表示，她永远不需要改变联系人的名字，所以不必为此修改程序。

查找单个联系人

当用户点击查找联系人按钮时，会运行 doFind 函数。它会调用 findContactPos 函数来搜索与用户输入的姓名相匹配的联系人。如果找到了，就显示其联系信息。如果没找到的话，就需要显示提示信息：

```
function doFind() {

    var name = getElementValue("name");


    var pos = findContactPos(name);


    if(isNaN(pos)){
        displayContactNotFound();
    }
    else{
        displayContact(pos);
    }
}
```

在 Ch09 Objects\Ch09-02 Array Tiny Contacts 文件夹中，可以找到完整的应用程序。它很好用，你可以试试看。这个应用支持输入联系人的详细信息并进行保存和搜索。

使用对象来存储联系人的详细信息

如你所见，可以用列表为想要存储的联系人的每一条信息创建一个好用的简易版通讯录应用。然而，处理以这种方式存储的数据并不像想象中的那样简单。如果想为联系人添加一个新的数据项（比如电子邮件地址），不仅需要添加一个新的列表，还得确保其中的条目可以得到妥善的管理。

我们想要一种可以把所有联系人的相关信息保存在一起的方法。我们需要某种"容器"来容纳姓名、地址、电话号码和其他任何想存储的条目。一个可能的解决方案是使用数组来存储每个客户的信息，但这样的话，访问特定的细节条目会比较麻烦。因此，我们选择使用 JavaScript 对象。

接下来的几章会涉及很多有关对象的内容，因为它是构成语言的基本组成部分之一。你可能听说过"面向对象程序设计"这个术语。接下来，我们将了解什么是对象以及如何在 JavaScript 程序中使用它。

动手实践

创建对象

可以首先在浏览器中使用 JavaScript 控制台来创建对象。打开 Ch09 Objects\
Ch09-03 Object Tiny Contacts examples 文件夹中的示例应用程序，按 F12 功能键打开
开发者视图，从中选择 Control 标签，进入控制台窗口。

在 JavaScript 中，可以通过使用 { 和 } 来创建一个空对象。键入以下语句并按
Enter 键。不要使用大括号 [和]，它们是用来创建数组的。

```
> var contact = {};
```

创建对象的过程并不返回值，所以按下 Enter 键时，你会看到熟悉的 undefined：

```
> var contact = {};
<- undefined
```

在 JavaScript 控制台中，可以通过输入变量名称来查看变量的内容。键入
contact，然后按 Enter 键：

```
> contact
```

JavaScript 显示，contact 对象不包含任何属性。

```
> contact
<- {}
```

接着，给联系人对象添加一个名字属性。键入下面的语句，它将联系人对象的名
字属性设置成字符串 Rob Miles，按 Enter 键。

```
> contact.name = "Rob Miles";
```

这是一个赋值操作 (这就是等号的意义)，即一个赋值表达式总是返回被赋值的
值，所以 JavaScript 返回了字符串 "Rob Miles"。

```
> contact.name = "Rob Miles";
<- "Rob Miles"
```

接下来看对象中有什么变化。输入 contact 并按 Enter 键，查看联系人对象的内容：

```
> contact
```

联系对象包含一个属性，也就是联系人的名字。

```
> contact
<- {name: "Rob Miles"}
```

可以通过设置地址属性来为联系人添加第二个属性，方法与添加名字时用到的完全相同。键入下面的语句并按 Enter 键。

```
> contact.address = "18 Pussycat Mews";
```

地址被添加到 contact 中，并且，控制台中显示了前面分配的值。

```
> contact.address = "18 Pussycat Mews";
<- "18 Pussycat Mews"
```

键入以下语句来查看联系人，并按下 Enter 键查看已经添加到联系人中的内容。

```
> contact
```

联系人对象现在包含名字和地址。可以继续添加属性以满足应用的要求。

```
> contact
<- {name: "Rob Miles", address = "18 Pussycat Mews}
```

对象是通过引用来管理的。换句话说，我们创建的联系人变量指向的是计算机中存储联系人对象的位置。我们可以创建一个新的变量，并设置它指向的位置与联系人变量相同。键入以下语句，创建一个名为 refDemo 的变量，它与 contact 指向同一个对象。键入语句后按 Enter 键。

```
> var refDemo = contact;
```

创建一个新的变量总是会返回一个未定义的结果，也就是现在控制台显示的。

```
> var refDemo = contact;
<- undefined
```

现在来看一下 refDemo 所指向的对象。输入 refDemo 并按 Enter 键，让控制台显示 refDemo 指向的对象。

```
> refDemo
```

因为 refDemo 引用的对象与 contact 相同，所以显示的属性也一样。

```
> refDemo
<- {name: "Rob Miles", address = "18 Pussycat Mews}
```

refDemo 变量和 contact 指向同一个对象。我们可以证明这一点。输入以下语句并按 Enter 键。

```
> refDemo.name = "Rob Bloggs"
```

这条语句改变了 refDemo 所指对象的名称属性。与其他赋值一样，它显示了被赋予的值。

```
> refDemo.name = "Rob Bloggs";
<- "Rob Bloggs"
```

现在，输入联系人变量的名称并按 Enter 键来查看其内容。

```
> contact
```

contact 和 refDemo 都指向同一个对象，所以通过 refDemo 所做的改变也会改变 contact 所指向的对象。

```
> contact
<- {name: "Rob Bloggs", address = "18 Pussycat Mews}
```

现在的名字属性是 Rob Bloggs。这不是通过 contact 引用来改变的，而是通过 refDemo 引用来改变的。

在简易版通讯录中使用对象

我们可以使用一个对象来简化简易版通讯录，使其只需要一个数组来保存所有的联系人信息。

```
var contactStore = [];
```

contactStore 数组中的每个对象都将有一组属性，这些属性是该联系人的存储数据。为了使其发挥作用，需要修改程序中的一些函数。storeContact 函数现在不是将联系人数据的不同部分存储在单独的数组中，而是将这些元素作为属性添加到联系人对象中。

```
function storeContact(pos) {
    var contact = {};                                新建一个空的对象
    contact.name = getElementValue("name");          添加姓名
    contact.address = getElementValue("address");    添加地址
    contact.phone = getElementValue("phone");        添加手机号码
    contactStore[pos]=contact;                       在数组中存储联系人
}
```

displayContact 函数现在显示的是联系人对象中的属性，而不是存储联系人数据的三个数组中的元素。

```
function displayContact(pos) {
    var contact = contactStore[pos];
    displayElementValue("name", contact.name);
```

```
    displayElementValue("address", contact.address);
    displayElementValue("phone", contact.phone);
}
```

Ch09 ObjectsCh09-03 Object Tiny Contacts 文件夹中的示例程序包含了一个使用对象而不是数组的简易版通讯录应用。仔细看看 JavaScript 代码,可以发现有些函数完全没有任何变化。

在 JavaScript 本地存储中存储数据

到目前为止,简易版通讯录一切都很好,惟一不足的是无法永久保存通讯录数据。用户每次打开页面,都是从一个空白的通讯录开始的。为了使简易版通讯录真正派上用场,需要一种存储数据的方法。一些计算机语言可以在运行系统上的存储文件中保存和加载数据。在浏览器中运行的 JavaScript 程序通常不能与存储在主机上的文件互动。JavaScript 程序通常是从互联网中下载的网页的一部分。让这样的程序访问计算机上的文件是很有风险的。

不过,JavaScript 确实提供由浏览器来管理的本地存储。JavaScript 程序可以用它来存储一定数量的数据。

可以把本地存储看作是由浏览器在主机上持久保存的数据对象。这意味着每台机器都有自己的本地存储副本。幸运的是,我们的客户只有一台用于处理一切事务的电脑,所以这不会带来麻烦。后面的章节将探索如何使用网络存储来存储数据。

每个浏览器程序都有自己的本地存储,也就是说,使用 Edge 浏览器时所存储的项目无法用 Chrome 浏览器访问。浏览器维护着一个 `LocalStorage` 对象,该对象有一些用于在本地存储中进行存取的方法。

 动手实践

深入探究本地存储

Ch09 Objects\Ch09-04 Local Storage Tiny Contacts 文件夹中的示例程序使用本地存储来存储通讯录。下面来看看它是如何工作的。在浏览器中打开程序。

第一次打开页面时，没有任何记录。页面上的提示框表明了这一点。点击提示框中的 **OK** 按钮来清除它，并按下 **F12** 功能键打开开发者视图。点击 **Control** 标签，进入控制台窗口，输入一些 JavaScript 代码。程序通过将文本字符串放在指定位置来使用本地存储。在本地存储中存储一个条目的方法叫 `setItem`。输入以下语句，然后按 **Enter** 键。

```
> localStorage.setItem("test", "This is some test data we are storing");
```

按下 **Enter** 键时，`setItem` 方法将运行并存储在 `test` 中的字符串 `This is some test data we are storing`。`setItem` 方法返回值 `undefined`：

```
> localStorage.setItem("test", "This is some test data we are storing");
<- undefined
```

接着，可以用 `getItem` 方法查看存储在本地存储中的项目的内容。键入下面的语句。

```
> localStorage.getItem("test");
```

按下 **Enter** 键，`getItem` 方法将运行并返回保存该位置的内容：

```
> localStorage.getItem("test");
<- "This is some test data we are storing"
```

关闭浏览器后再打开这个网页，保存的内容还在。哪怕重启计算机，它也在。我们可以看看简易通讯录应用是如何进行数据存储的。在应用程序中输入联系信息，然后按下 `Save Contact` 按钮保存联系人。这些联系信息保存在一个名为 `TinyContactsStore` 的位置。键入以下语句以读取该位置的内容。

```
> localStorage.getItem("TinyContactsStore");
```

按下 **Enter** 键，可以看到通讯录中有了刚才输入的数据。

如果保存更多联系人，也会陆续添加到存储项中。试着重启计算机并再次加载这个应用程序，你会发现联系信息还在。

有两个函数 setItem 和 getItem 可以用来存储和检索本地存储的数据。如果想删除本地存储中的内容，可以使用 removeItem 函数来删除条目。下面的语句会把 TinyContactsStore 从浏览器存储中删除。

```
localStorage.removeItem("TinyContactsStore");
```

用 JSON 为对象数据编码

现在，是时候探索 JavaScript 程序如何将数据存储为格式化文本。这是 JavaScript 最强大的功能之一，它支撑着许多在互联网上存储和传输数据的 JavaScript 应用程序。它还让 JavaScript 应用程序能够和其他编程语言编写的应用程序交换数据。这项技术称为 JSON，即 JavaScript 对象符号 (JavaScript Object Notation)。在前面的"动手实践"中，我们看到通讯录另存为文本字符串，这就是用 JSON 来编码的。

```
[{"name":"Rob Miles","address":"18 Pussycat Mews\nLondon\nNE14
 10S","phone":"+44(1234) 56789"}]
```

前面的 JSON 字符串代表一个包含一位联系人的通讯录。仔细观察的话，可以发现一些字符串是属性的名称 (例如 phone)，一些字符串是值 (例如 +44(1234) 56789)。以上字符串实际创建了一个数组，所以这里使用了方括号 [和]。数组内部包含一个对象 (也就是大括号 { 和 } 中所包含的元素)。

动手实践

使用 JSON

　　浏览器中应该还开着 Ch09-04 Local Storage Tiny Contacts 文件夹中的示例程序。如果没有，请再次打开该程序，按 F12 功能键打开"开发者视图"，并选择 Control 标签，进入控制台窗口。可以先创建一个对象并为其添加一些属性。输入以下语句并按 Enter 键：

```
> var contact = {name: "Rob", address: "Rob's House", phone: "1234"};
```

　　我们之前没有接触过这种快速创建 JavaScript 对象的方法。这次，没有先创建一个空对象，而是直接用三个属性填充一个新对象。每个属性都是先给出属性名称，后面跟着冒号：和该属性的值。不同属性由逗号 , 字符分隔。现在有一个包含着我的详细信息的名为 contact 的变量。输入变量名，控制台显示详细内容：

```
> contact
<- {name: "Rob", address: "Rob's House", phone: "1234"}
```

　　控制台显示的是 JavaScript 表述的 contact 对象。可以通过使用 JSON 对象提供的 stringify 方法将该对象转换成 JSON 字符串。输入以下语句并按 Enter 键：

```
> var jsonContact = JSON.stringify(contact);
<- undefined
```

　　stringify 方法作用于 JavaScript 对象并返回一个描述该对象的 JSON 文本字符串。变量 jsonContact 现在包含一个显示 contact 内容的 JSON 格式的字符串。键入 jsonContact 并按下 Enter 键进行查看：

```
> jsonContact
<- "{"name":"Rob","address":"Robs House","phone":"1234"}"
```

　　对象的 JSON 字符串版本看起来和 JavaScript 表述差不多，不同的是，JSON 字符串中的属性名称也用双引号 " 括了起来。可以用 parse 方法将字符串转换回对象：

```
> var decodedContact = JSON.parse(jsonContact)
<- undefined
```

　　现在有了一个新的叫 decodedContact 的变量，它包含着存储在 jsonContact 字符串中的联系人信息。输入该变量的名称，即可查看信息：

```
> decodedContact
<- "{"name":"Rob","address":"Robs House","phone":"1234"}"
```

在这次的动手实践中，我们为一个 contact 对象提供了一次"往返旅程"。我们用奇妙的 stringify 方法将其转换成文本字符串，又用 parse 方法将字符串转换为对象。

我们可以将本地存储和 JSON 结合起来，做成两个方法，在简易通讯录应用程序中保存和加载联系人。

```
var contactStore = [];                              保存联系人的数组

var storeName ;                                     在本地存储中保存姓名的常量变量

function saveContactStore() {                        保存联系人

    var storeJson = JSON.stringify(contactStore);   将联系信息转换为字符串

    localStorage.setItem(storeName, storeJson);     将字符串存入本地存储
}

function loadContactStore() {                        加载联系人

    var dataString = localStorage.getItem(storeName);   从本地存储中
                                                        获取字符串

    if(dataString==null) {
        contactStore = [];
        return false;
    }

    contactStore = JSON.parse(dataString);

    return true;
}
```

页面首次加载时，会调用 loadContactStore 函数。每次保存联系人时会调用 saveContactStore 函数。用于存储通讯录数据的本地存储项的名称保存在一个叫 storeName 的变量中。在应用程序启动时，已经设置了这个变量中的值。

```
function doStartTinyContacts(storeNameToUse){
    storeName = storeNameToUse;

    if(!loadContactStore()){
```

```
        alert("Empty contact store created");
    }
}
```

　　启动联系人存储并加载联系人的值时，函数 doStartTinyContacts 被调用。如果无法加载，该函数会显示一个提示框，表明程序已经建立了一个空的通讯录。应用程序的 HTML 页面在加载页面时调用 doStartTinyContacts 函数。

```
<body onload='doStartTinyContacts("TinyContactsStore");'>
```

　　作为一个参数，字符串 "TinyContactsStore" 在网页调用 doStartTiny Contacts 时给出。这让改变存储数据的位置变得轻而易举。在 Ch09 Objects\Ch09-04 Local Storage Tiny Contacts 文件夹的示例应用程序中，可以找到这段代码。

 代码分析

运用 JSON

　　JSON 使得在 JavaScript 应用程序之间移动数据并以字符串的形式存储数据变得更加容易。但你可能还有一些疑问。

　　问题 1：JSON 标准是如何定义的？

　　解答：JSON 的优点之一是它是人类可读的。可以看出属性名和值之间的关联。如果想知道定义 JSON 文档内容的标准，请访问 https://www.json.org/。

　　问题 2：JSON 文档可以存储哪些类型的数据？

　　解答：可以存储文本字符串 (需用引号括起来)、数字值及布尔值 true 和 false。

　　问题 3：JSON 字符串可以有多长？

　　解答：JavaScript 中的字符串可以扩展到数千个字符，所以如果需要的话，可以用 JSON 来存储比较大的对象。

　　问题 4：如果在 JSON 字符串中存储一个引用，会怎样？

　　解答：引用会被跟踪，然后，对象的内容会被插入到 JSON 中。前面我们看到过。简易通讯录应用中的 contactStore 是对象的一个引用数组。当它被转换为对象时，每个引用被跟踪，然后，对象内容被插入字符串中。

　　问题 5：如果程序试图在 JSON 字符串中存储一个无效的值，比如 Not a Number(NaN)，会怎样？

　　解答：前面可以看到，JavaScript 变量能保存 Not an Number(NaN) 或 infinity 这样的值。这些值在 JSON 字符串中被存储为特殊值 null，在 JSON 中用来表示缺少值。

问题 6：如果程序试图解析不包含有效 JSON 文本的字符串，会怎样？

解答：`JSON.parse` 方法期望处理的是 JSON 字符串。如果 `parse` 方法无法解码字符串，会抛出异常并终止程序的执行。异常是强迫程序对错误做出反应的一种方式。下一章将对此进行详细的讨论。

使用属性访问器

本节可能是全书中最难以理解的。JavaScript 程序员可以使用属性访问器来处理对象中的属性。在开始研究属性访问器之前，我们先来回忆一下什么是属性。

```
var contact = {};
contact.phone = "+44(1234) 56789";
```

JavaScript 程序可以创建一个空对象并为其添加属性。以上两条语句创建了一个 `contact` 对象，并向其添加了一个 phone 属性——字符串 "+44(1234) 56789"。如前所示，程序能向对象添加属性。对象作为一个容器，存放着被添加到其中的属性值。程序中可以通过名称来识别这些属性，就像前面代码中创建的 phone 属性那样。这种方法被称为"圆点记法"，因为在代码中，属性的名称是在一个点 . 后面给出的。

属性访问器看起来很像数组索引器。它称为"括号表示法"，因为属性标识符被包含在方括号中。属性访问器的工作原理和数组相似，不同之处在于，作为索引的项目可以是任何值。这使得 JavaScript 对象的行为像字典一样。我最喜欢开的玩笑是告诉别人 gullible(好骗的) 这个词字典里没有，然后看着他们查找这个词并自豪地念给我听。在字典中查找词汇可以得到词汇的定义。如果在字典中查找 gullible 这个词，会得到类似"容易受到蒙骗，轻信于别人说的话"这样的结果。如果在 JavaScript 中查询属性访问器的话，会得到具有相应名称的属性的值。

```
var contact = {};                                    创建一个空对象
contact["phone"] = "+44(1234) 56789";                使用属性访问器向该
                                                     对象添加 phone 属性
```

以上语句展示了这个过程。第一条语句创建了一个名为 `contact` 的空对象。第二条语句通过使用属性访问器向空对象添加属性 "phone"。请注意，属性访问器是字符串 "phone"。这是 JSON 的一个非常强大的功能，但可能也比较令人费解，特别是当你试图比较 JavaScript 对象与 JavaScript 数组的时候。下面来看是否能够更充分地理解这个功能。

动手实践

研究属性访问器

打开示例文件夹 Ch09 Objects\Ch09-05 Universal Tiny Contacts 中的应用程序。这是个通讯录管理器，其工作方式和之前的通讯录应用相同。按 F12 功能键打开"开发者视图"，选择 Control 标签，进入控制台窗口。首先要做的是研究属性访问器。从创建一个空 contact 开始。输入以下语句并按 Enter 键：

```
> var contact = {};
```

创建新变量并不会返回值，所以控制台显示了我们熟悉的 undefined。

```
> var contact = {};
<- undefined
```

现在有了一个 contact 对象，它不含任何属性。通过输入 contact 的名字并按下 Enter 键来查看它的内容：

```
> contact
```

JavaScript 会通过打印一对中间不含任何内容的大括号来表明 contact 对象为空：

```
> contact
<- {}
```

现在，为联系人对象添加一个名字属性。输入以下内容并按 Enter 键：

```
> contact.name = "Rob";
```

这个语句会返回被分配的值，所以控制台会打印出值 "Rob"。

```
> contact.name = "Rob";
<- "Rob"
```

contact 对象现在包含一个名为 name 的属性，其中包含值 "Rob"。接着添加另一个属性，但这次，我们要用一个属性访问器来引用该属性。键入以下语句并按 Enter 键：

```
> contact.["address"] = "House of Rob"
```

这个语句添加了一个名为 address 的属性，它被设置为 "House of Rob"。一如既往，分配的值显示出来了：

```
> contact.["address"] = "House of Rob"
<- "House of Rob"
```

如果这时候查看 contact 对象的内容，会发现这两个属性都在。键入以下语句，然后按 Enter 键，再次查看 contact 对象的内容：

```
> contact
```

现在，contact 对象包含姓名和地址属性：

```
> contact
<- {name: "Rob", address: "House of Rob"}
```

这个时候，你可能在想，属性访问器让每个对象看起来都像数组一样。那么，不妨试着以使用数组的方式来使用对象，看看会怎样。以下语句试图将字符串 "Hello world" 存储在数组中元素 0 的为止。我们试着用 contact 对象做这件事。键入以下语句，然后按 Enter 键：

```
> contact[0] = "Hello world";
```

JavaScript 没有生成错误信息，所以这条语句肯定起到了些什么作用。现在，"Hello world" 这个值已经被添加为 contact 对象的一个属性。

```
> contact[0] = "Hello world";
<- "Hello world"
```

看看联系人对象的内容。键入对象名称并按 Enter 键：

```
> contact
```

真令人费解。contact 对象现在有一个名为 0 的属性，其中包含字符串 "Hello world"：

```
> contact
<- 0: "Hello world", name: "Rob", address: "House of Rob"}
```

接下来，尝试在程序中使用 0 作为一个属性标识符。以下语句的目的是访问这个 0 属性，键入并按下 Enter 键，看看会怎样：

```
> contact.0
```

JavaScript 不允许使用数字作为对象的属性标识符，所以这条语句会生成一个错误：

```
> contact.0
VM142:1 Uncaught SyntaxError: Unexpected number
```

程序中属性标识符必须遵守的规则和所有 JavaScript 标识符要遵守的相同。不过，我们还是可以用 0 作为属性访问器来访问这个属性。键入以下语句并按 Enter 键来证明这一点：

```
> contact[0]
```

正确标识了一个属性之后，JavaScript 显示了它所持有的值：

```
> contact[0]
<- "Hello world"
```

请记住，我绝对不是在推荐你用文本字符串以外的东西作为属性访问器。就像生活中的很多事情一样，有些事情可以做，但并不意味着就应该去做。

我们发现，文本字符串可以作为属性访问器使用，而不用将属性名称写入程序代码中。这很有意思，但目前我们还不了解它的实用性到底体现在哪里。事实证明，属性访问器赋予了我们很大的权力。我们能让程序创建自己的对象设计。请看以下两条语句：

```
var propertyName = "phone";
contact[propertyName] = "+44(1234) 56789";
```

第一条语句创建了一个名为 propertyName 的变量，其中包含作为文本字符串的 "phone"。第二条语句使用 propertyName 的内容作为属性访问器。以上语句的作用是改变 contact 变量的 phone 属性。现在，如果我想创建一个具有特定属性集的对象，可以直接在程序中完成，而不用再动手编写代码。为什么这很实用呢？因为我们能够创建一个描述对象设计的模式，然后再使用该模式来创建对象本身。

使用数据模式

你做的简易版通讯录应用很受欢迎。一个朋友看到这个程序之后，拜托你做个程序来记录电子游戏的得分。另一个朋友则希望有个能用来保存菜谱的程序。实际上，似乎有不少人都在查找简易版的数据存储应用。你可以编辑简易版通讯录应用，通过修改 HTML 元素和 JavaScript 代码来做出不同的程序。但这可能非常耗费时间和精力。

一个更好的方法是建立一个模式来描述每个程序需要的数据存储。程序员称之为"模式"(schema)。简易版通讯录应用的模式包括每个联系人的姓名、地址和电话等条目。电子游戏得分这个应用的模式包括每个得分的游戏名称、具体分数、日期和时间等条目。模式一开始就要设计好。然后，程序运行时就可以通过模式中描述的属性访问器来创建数据存储对象。

程序员观点

在开始构建系统之前，务必先完成设计工作

如果你要制造一架飞机，那么在着手装机翼之前，肯定要先确保有一个详尽的设计方案。软件项目也如此。在开始编写任何代码之前，必须考虑好要存储什么数据以及如何将其组合在一起，这一点至关重要。

大型软件系统包含许多不同的组件。在设计时，程序员首先要做的是识别这些组件以及它们之间的关系。比如，银行应用程序要包含客户、账户、地址、报表和交易。设计的第一步，就是确定系统中这些组件之间的关系。对于银行来说，我们可能要决定一个客户可以有多个账户，但只能有一个家庭地址。在这种时候，我们要在一个高度抽象的层次上工作。可以把抽象看作是一种方式，让你从要解决的问题中"退后一步"，思考代码应该有什么样的"大局"。

完成概要设计之后，我们就与客户一起工作，以确保设计可以满足他们的要求。接着，我们将继续为每个组件创建一个模式，并和客户一起检查每个组件是否持有所需的数据。

这么做是为了努力避免在项目末期，客户提出类似"每笔交易的日期保存在哪里？"这样的问题。如果不和客户深入商讨，我们在自以为了解客户需要的时候就立刻动手开发软件，可能就会漏掉这个功能，而要想在已完成的系统中添加该功能，会相当耗时耗力。

JavaScript 属性访问器让我们能够创建数据对象，描述要存储的数据项。它们之后可以被应用程序用来创建保存数据的对象。在乘法口诀表测验和冰淇淋销售应用程序中，有过类似的操作：让应用程序创建用于输入数据的 HTML 页面。现在，我们正在扩展这个过程，让应用程序创建量身打造的对象来保存数据。在 Ch09 Objects\Ch09-05 Universal Tiny Contacts 应用程序的 HTML 页面中，包含一个对函数 `doBuildPage` 的调用。

根据模式来生成 HTML

`doBuildPage` 函数要用到两个参数。第一个参数是 HTML 页面上的显示元素的名称，这个元素包含为提供用户界面而生成的所有 HTML。前面的冰淇淋销售程序中用过这种技术，程序为所有冰淇淋连锁店都生成了输入框。

```
doBuildPage( "contactItems",                      网页上的 HTML 容器对象
[ { id:"name", prompt:"Name", type:"input"},           名称条目的描述
```

```
{ id:"address", prompt:"Address", type:"textarea", rows:"3", cols:"40"},
{ id:"phone", prompt:"Phone", type:"input"} ] );
```

电话条目的描述

地址条目的描述

　　第二个参数是一个对象数组，每个对象描述要存储的一个条目。以上模式是针对简易版通讯录应用设计的，它定义了三个数据项：姓名、地址和电话号码。所有描述至少都包含三个属性值。

　　1. id 用来识别对象中用于存储联系人的属性。

　　2. prompt 给出编辑该属性时要在 HTML 元素中显示的文本。

　　3. type 给出条目的类型。有两种类型的属性。input 类型使用输入 HTML 元素来读取单行文本。textarea 类型则使用一个文本区域。为了确定文本区域的大小，对于 textarea 的描述还包含 row 和 col 的值。

　　doBuildPage 函数依次处理模式中的所有条目，为每个条目创建 HTML 元素，然后将其添加到 Container 元素以生成结果显示。这个函数在页面加载的时候被调用。

```
function doBuildPage(containerElementID, schema) {

    // store the schema for use later by the application
    dataSchema = schema;

    // get a reference to the element containing the edit items
    var containerElement = document.getElementById(containerElementID);

    // work through each of the items in the schema
    for (item of dataSchema) {
        // make an element for that item
        let itemElement = makeElement(item);
        // add the element to the container
        containerElement.appendChild(itemElement);
    }
}
```

　　doBuildPage 函数使用一个 makeElement 函数来生成每个 HTML 元素，以便在页面上显示。这个函数使用模式中的描述来决定生成哪种元素。

```
function makeElement(description) {
    // Create the enclosing paragraph
    var inputPar = document.createElement("p");
```

```
// Create the label for the element
var labelElement = document.createElement("label");
labelElement.innerText = description.prompt + ":";
labelElement.className = "inputLabel";
labelElement.setAttribute("for", description.id);
inputPar.appendChild(labelElement);

// decide what kind of element to make
switch (description.type) {
    case "input":
        inputElement = document.createElement("input");
        inputElement.className="inputText";
        break;

    case "textarea":
        inputElement = document.createElement("textarea");
        inputElement.className = "inputTextarea";
        inputElement.setAttribute("rows", description.rows);
        inputElement.setAttribute("cols", description.cols);
        break;
    // add new kinds of element here
}

// set the id for the element
inputElement.setAttribute("id", description.id);
// give the element an initial value
inputElement.setAttribute("value", "");
// add the element to the paragraph
inputPar.appendChild(inputElement);
// return the whole paragraph
return inputPar;
}
```

makeElement 中的代码与第 8 章介绍如何创建输入段落时创建的 makeInputPar 函数中的代码大同小异。它创建了一个包含标签和输入元素的 HTML 段落。makeElement 函数附带一个描述所需输入类型的对象。这个对象包含我们前面见过的三个属性 id、type 和 prompt。这些都是用来生成 HTML 结果显示的。

根据模式来生成数据对象

当用户点击保存联系人按钮时，storeData 函数从页面上的 HTML 元素中读取数据，然后在一个新数据对象中创建并存储属性。

```
function storeData(pos) {
    // Create an empty data item
    var newData = {};

    // Work through the data schema
    for(property of dataSchema) {
        // Get the data out of the HTML element
        let itemData = getElementValue(property.id);
        // Create a property to store that data
        newData[property.id] = itemData;
    }
    // put the new data in the storage array
    dataStore[pos]=newData;

    // save the data store
    saveDataStore();
}
```

用于存储数据的数组将应用程序集中放在一起，它描述了编辑器要显示的每一个数据项，还被用来生成 HTML 页面并创建每个用于存储的数据对象。我们可以通过添加新的数据输入类型——比如数字输入类型——来扩展数据模式的设计。

 动手实践

动手创建数据存储

本次的"动手实践"中，我想让你调查一些运作中的程序，并尝试自己创建数据存储模式。在 Ch09 Objects\Ch09-05 Universal Tiny Contacts 文件夹中，示例程序拥有一个使用上述模式的简易版通讯录数据管理器。Ch09 Objects\Ch09-06 Recipe Store 文件夹中的示例程序是一个用来保存菜谱的程序。两个程序都使用相同的 JavaScript 和样式表文件。两个应用程序惟一有所不同的是包含应用程序模式的 HTML 文件。研究这两个程序，然后运用你挖掘到的知识来创建一个可以存储电子游戏分数的程序。要存储的条目如下：

* 电子游戏名称

- 得分
- 游戏持续时间（分钟）
- 一个至少能容纳 5 行 40 列文本的详情页

只需改变 HTML 文件的内容即可完成。要是遇到瓶颈的话，可以在 Ch09 Objects\ Ch09-07 Game Scores 中看看我是怎么做的。

用户界面改进

现在我们的数据存储已经可以投入使用了，但它的设计不太人性化。如果想要搜索一个条目，用户必须输入一模一样的名称，才能找到相应的条目。只要打错了名字中的一个字母，比如输入的是 rob 而不是 Rob，那么名字就无法匹配。这种问题是由在数据存储中查找条目的函数过于简单所造成的：

```
function findDataPos(name) {
    for(let pos=0;pos<dataStore.length;pos=pos+1) {
        let storedName=dataStore[pos].name;
        if(storedName==name) {            过于简单的姓名匹配测试
            return pos;
        }
    }
    return NaN;
}
```

要是测试能够忽略大小写，用户体验会更好。这可以通过在执行测试前将搜索字符串和要搜索的所有项目都转换为小写来实现。

```
function findDataPos(name) {
    name=name.toLowerCase();
    for(let pos=0;pos<dataStore.length;pos=pos+1) {
        let storedName=dataStore[pos].name;
        storeName = storedName.toLowerCase();
        if(storedName==name) {
            return pos;
        }
    }
    return NaN;
}
```

在 Ch09 Objects\Ch09-08 中的 `Tiny Contacts Improved Search` 文件夹下的示例版本中，可以找到以上代码。

在简易版通讯录中添加"超级搜索"功能

你向律师朋友展示了改进后的程序，她非常高兴。然而，过了一段时间，她兴冲冲地找到你，说她有一个很棒的想法能让这个应用程序变得更好。她觉得在搜索联系人时必须输入整个名字太麻烦了，她希望可以只输入名字的第一个字，然后用查找联系人按钮来浏览所有以这个字开头的联系人。比如，只输入字母"R"，然后反复点击"查找联系人"按钮，就能找到 Rob、Ronald 和 Rita 等联系人。她称之为"超级搜索"功能，她非常希望你能将该功能添加到简易版通讯录中。

> **程序员观点**
>
> **来自用户的想法往往是最好的想法**
>
> 做出一个优秀的应用程序只是迈向成功的第一步。你还必须努力与用户协作，让他们成为你的销售力量。从前面可以看出，做到这一点的方法之一是始终对反馈的错误给予建设性的回应。还有一个实用技巧是多与用户交流，鼓励他们提出改进建议。这是双赢的。客户能得到为其个性化需求量身定制的解决方案，而你能做出解决方案的另一个卖点功能。

解决问题

该如何实现超级搜索功能呢？这是个很有趣的问题。我想，它是我们遇见的第一个"正式的"编程问题。我的意思是，对于这个问题，我们尚且没有明确的解决方案。之前创建其他所有应用程序的时候，我们一直都清楚应该做什么，该怎么做。小学时，我们就掌握了乘法运算，知道如何计算冰淇淋销售总额。但现在，我们不知道应该怎么实现超级搜索功能。因此，现在最好告诉律师朋友需要先考虑一下，之后再给她答复。

在开始解决问题之前，先要确定这个问题是否能够解决。试图做明知不可能的事从来不会有什么好结果。就超级搜索功能而言，可以告诉你的是，我已经成功做出了符合律师朋友期望的程序，所以它是可以实现的。知道这些之后，我们来研究一下如何解决这个问题。解决问题的第一步是写下在应用程序中使用该功能需要执行哪些操作。

1. 在输入框中键入一个字母，例如 R。

2. 点击查找联系人按钮。第一个名字以 R 开头的联系人 (最接近 `contactStore` 数组开头的那个) 会显示出来。

3. 如果用户再次点击查找联系人，则会显示下一个名字以 R 开头的联系人。

4. 如果用户输入一个新名字，查找行为将被重置，并且点击"查找联系人"按钮后搜索新输入的名字。

经过思考，我发现要想使这些行为发挥作用，应用程序需要做到以下三点。

1. 应用程序需要能够测试一个字符串的首字母是否与输入框中的字符串一致。这样它才能将名为 Rob 的联系人与搜索字符串 R 匹配起来。

2. 应用程序需要在 `connectStore` 数组中存储搜索字符串和它搜索到的位置。因为当用户按下"查找联系人"按钮时，应用程序需要知道要搜索什么以及从哪里开始搜索。

3. 应用程序需要知道用户是否输入了新名字。因为在更改名字时，应用程序需要重新加载搜索字符串并在数据数组的开始处重新开始搜索。

确认一个字符串是否以另一个字符串开头

JavaScript 的字符串对象提供了一个 `startsWith` 方法，如果一个字符串以另一个字符串开头，则返回 `true`。

```javascript
var name="Rob";
if(name.startsWith("R")) {
    alert("Rob starts with R!")
}
```

以上 JavaScript 代码展示了这个函数是如何运作的。学会如何在通讯录中搜索以一个字符串开头的名字后，我们可以继续研究下一个问题了，即程序需要存储当前的搜索字符串和它搜索到的位置。

保留查找字符串和查找位置

以下两个变量保存查找的字符串以及当前查找到的位置。它们是声明在函数之外的全局变量，对应用程序中所有函数都是可见的。

```javascript
var findString = "";
var findPos = 0;
```

首先，将查找字符串 (findString) 设置为空字符串 ("")，将查找位置 (findPos) 设置为 0。这样一来，如果用户在应用程序启动后直接点击查找联系人按钮，将会匹配所有联系人 (所有以空字符串开头的名字)，并从头开始搜索。请记住，数组的索引从 0 开始。

当用户按下查找联系人按钮时，doFind 函数被调用来进行搜索。我们可以让这个函数在当前位置用搜索字符串开始搜索：

```
function doFind() {

    var pos = findStartsWithDataPos(findString,findPos);          查找联系人

    if(isNaN(pos)){                                          是否找到匹配联系人
        displayDataNotFound();                          如果未找到匹配，就显示一条提示信息
    }
    else{
        displayData(pos);                                    显示找到的联系人
        findPos = pos+1;                                     储存查找到的位置
    }
}
```

doFind 函数利用了 findStartsWithDataPos 函数，后者被赋予当前的 findString（可能是字符串 "R"）和 findPos 的当前值（可能是位置 0）。如果 findStartsWithDataPos 没有找到匹配，它会返回 Not a Number (NaN)，并调用 displayDataNotFound 函数来告知用户。

findStartsWithDataPos 函数根据提供的一个要搜索的名字和一个起始位置，从设定的起始位置开始搜索名字以查找的字符串开头的联系人：

```
function findStartsWithDataPos(name, startPos) {          在搜索位置开始搜索
    name=name.toLowerCase();                              将名字转换为小写字母
    for(let pos=startPos;pos<dataStore.length;pos=pos+1){
        let storedName=dataStore[pos].name;              从搜索联系人中提取名字
        var lowerCaseStoredName = storedName.toLowerCase();   检查是否匹配
        if(lowerCaseStoredName.startsWith(name)) {           返回搜索结果
            return pos;
        }
    }
    return NaN;                                       如果未找到匹配项，就返回 NaN
}                                                        将名字转换为小写字母
```

我们的应用程序可以用这两个函数在数据存储数组中搜索以特定字符串开头的联系人。每当 doFind 被调用时，它都会用 findStartsWithDataPos 函数查找下一个要显示的联系人。最后一个要解决的问题是如何在用户每次更改姓名输入框内容时重启搜索。

检测姓名输入框的变化

这部分可能是解决方案中最简单的。在文档发生变化时，可以让 HTML 元素调用 JavaScript 函数。我们利用 onload 属性指定 HTML 文档加载到浏览器中时要调用的 JavaScript 函数。用户在输入框中键入文本时，HTML 提供的 oninput 函数会调用一个 JavaScript 函数。可以用它来指定用户更改姓名输入框时运行的方法：

```
<input class="inputText" oninput="resetFind();" id="name" value="">
```

这个功能非常强大。若你见过在输入时自动更新或检查输入文本的网页，现在应该知道它的工作原理。resetFind 函数设置了一个新的搜索：

```
function resetFind(){
    nameString=getElementValue("name");          从 HTML 输入元素中获取名字
    findString=nameString.trim();                 删除开头和尾部的空格
    findPos=0;                                     将查找位置设为数组的起始位置
}
```

resetFind 函数从 HTML 文档中获得姓名元素，然后用到一个前面没有提过的 JavaScript 字符串功能。trim 函数返回一个去除了所有字符串开头和末尾的空格的版本。它将把 R 转换为 R.。这非常实用。要是搜索 Rob 却找不到 Rob,，用户会一头雾水，trim 函数有效避免了这种问题的发生。接着，findString 的值被设置为这个修整后的值，findPos 设置为 0，使下一次搜索从存储联系人的起始处开始。

 代码分析

深入研究超级搜索

超级搜索版本的简易版通讯录可以在 Ch09 Objects\Ch09-09 Tiny Contacts Super Search 示例文件夹中找到。打开它，深入研究一下。在浏览器中打开应用程序，按 F12 功能键打开该应用的"开发者视图"。

问题 1：超级搜索功能成功安装了吗？

解答：好问题。不妨自己试试看吧。输入一些数据并保存，在姓名输入框中输入其中一个名字的首字母，然后点击查找联系人。应用程序会接连显示匹配到的结果，直到没有更多匹配对象。

问题 2：如果什么都不输入就点击查找，会怎样？

解答：可以试试看。startsWith 函数会让所有字符串都以空字符串开头，所以 findStartsWithDataPos 函数会匹配所有联系人。简易版通讯录的用户应该很喜欢这个设计，因为可以浏览全部联系人。

问题 3：程序如何将 oninput 行为添加到 name 输入框？

解答：必须检测到 name 输入框的变化，并用它来更新搜索字符串。如下图所示，选择 Element 标签，在用开发者视图中的元素窗口中查看网页的 HTML 文件，你会发现 oninput 属性已经被添加到 name 输入框中。但是，它并没有被添加到下面的地址框。这是为什么呢？

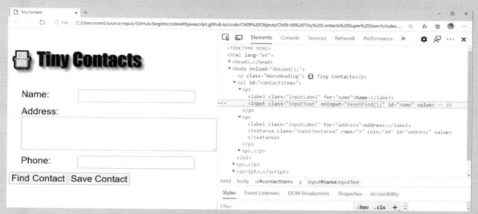

我做了一个小小的改动。makeElement 函数把具有 id name 的元素视为特殊元素。当它生成这样的元素时，会把该属性加入其中。选中开发者视图中的 Source 标签，打开源代码窗口，查看 tinyData.js 文件，如下图所示。

我做了一个小小的改动。makeElement 函数把具有 id name 的元素视为特殊元素。当它生成这样的元素时，会把该属性加入其中。选中开发者视图中的 Source 标签，打开源代码窗口，查看 tinyData.js 文件，如下图所示。

高亮标出的语句对创建中的元素的 id 进行测试，如果它是 name 元素，就会添加 oninput 属性。

问题 4：把这个功能添加到菜谱和电子游戏得分应用中会不会很麻烦？

解答：这个解决方案的神奇之处在于，进行这种改动完全不费吹灰之力。只需要把 tinydata.js 的版本更新成超级搜索版本即可。

动手实践

应用程序改进

你的律师朋友还很多可以用来改进应用程序的点子。她甚至提议和你建立某种合作关系，她想成为股东，享受销售提成。你欣然同意，因为在编写软件时，身边有个好律师总是不错的。以下是她希望实现的一些想法。

- 她希望增加一个可以输入电子邮件的输入框，让程序能够保存每个联系人的电子邮件地址。
- 她希望有一个清空 HTML 表格的按钮，以便输入新联系人信息。
- 她希望搜索能够形成一个闭环搜索到列表末尾时，可以返回起始位置进行搜索。

试着实现这些功能吧。如果需要灵感，可以看看我是怎么做的，详见 Ch09 Objects\Ch09-10 Super Tiny Contacts 示例文件夹。

想要做进一步练习的话，可以想想自己有什么想要保存的数据，并试着开发一个数据存储程序。

技术总结与思考练习

本章学习了在程序中如何利用 JavaScript 将相关条目作为单个对象的属性进行存储以及如何让程序使用对象。

- 一个对象可以包含任何数量的命名属性值。每个属性值都可以看作是一个持有特定类型数值的变量。对象中可以包含数字、文本和对其他对象的引用。

- 程序可以使用一对中间不加任何内容的大括号 { 和 } 创建一个空对象。

- 如果大括号中包含一个用逗号分隔的属性值列表，就可以创建一个已填充对象 (有属性的对象)。每个属性值的表达方式依序是属性的名称、冒号和属性的值。举个例子，可以创建一个令人难以置信的对象：{name:"Rob Miles",age:21}。这个对象包含两个属性，分别是 name 和 age。

- 对象是通过引用来管理的。一个变量可以包含对一个对象的引用。一个对象可以被多个引用变量引用。一个对象可以包含一个对另一对象的引用属性。这使得程序可以建立列表这样的数据结构。

- 对象的引用可以作为一个函数调用的参数，然后作为该函数的参数传入该函数。这允许函数与对象中的属性进行交互，并为对象添加额外的属性。

- 程序可以通过使用对象引用的数组来存储大量的结构化数据。

- 浏览器为用户浏览的每个不同的网站都保留着本地存储区。就算浏览器没有运行，电脑关机时，本地存储区中的值也都被保存得好好的。其中存储的值是文本字符串。每个字符串都可以通过使用一个给项目命名的字符串访问。

- JavaScript 对象符号是一种将 JavaScript 变量编码为文本字符串的标准。JSON 对象提供了 `stringify` 方法来将变量转换成 JSON 字符串，还提供了 `parse` 方法来将 JSON 字符串转换成变量。

- 有两种方法可以用来访问属性。一种是圆点记法，利用点来分隔对象变量名和属性名 (`contact.name`)。另一种是括号表示法，利用方括号括起来的属性访问器 (通常是一个字符串)，例如 (`contact["name"]`)。

- 数据模式作为一个对象，包含了其他对象的设计。可以同时使用模式和括号符号的属性访问器 (见上文)，让程序动态创建自定义软件对象。

- JavaScript 提供用于对字符串中的文本进行大小写转换的函数 `toLowerCase` 和 `toUpperCase`，还提供了用于去除前导和尾部的空格的函数 `trim`。

- JavaScript 提供的 `startingWith` 函数可以用来检测一个字符串是否以另一个字符串开头。

- 可以让 JavaScript 函数在用户改变文档中输入元素之文本时自动运行。这可以通过 `input` 元素或 `textarea` 元素的 `onchanged` 属性来实现。

下面这些针对本章内容而提出的问题，值得深入思考。

1. 在 HTML 中，textarea 元素和 input 元素有何区别？

这两个元素都有 `value` 属性，可以由 JavaScript 用来读写其内容。可以让 `textarea` 横跨 HTML 文档的一个区域，以允许输入多行文字。可以给 `textarea` 元素赋予 `rows` 属性和 `cols` 属性，指定页面上区域的大小。

2. textarea 元素是怎样显示多行文字的？

当 `textarea` 元素的 `value` 属性被 JavaScript 程序读取时，浏览器会用换行符来分隔文本。我们首次接触换行符是在第 4 章介绍字符串中的转义序列时。换行符可以用来在字符串中标记其中某一行文字的行尾。`textarea` 元素也使用换行符来排列文本。`textarea` 元素也会分隔文本并视情况显示滚动条，让文本正常显示在屏幕上。

3. **可以给 JavaScript 变量添加属性吗？**

不能。如果试图这样做，虽然 JavaScript 不会报错，但添加到包含布尔值、字符串或数字的变量中的属性不会和变量存储在一起。如果要想给一个对象添加属性，就需要用 { 和 } 告诉 JavaScript 程序正在创建一个对象。

4. **我可以使用一个对象作为一个函数调用的参数吗？**

可以。我们已经在程序中这样做过很多次了。参数是作为一个对象的引用来传递的。

5. **如果没有变量指向内存中的一个对象，会怎样？**

好问题。随着程序的运行，引用一个对象的变量可能会被重新分配去引用其他对象。此外，使用 `let` 和 `var` 定义的变量可能会在程序执行过程中被丢弃。这可能导致内存中的对象不再有任何指向它们的变量。运行 JavaScript 程序的浏览器也会运行一个叫"垃圾回收器"(garbage collector) 的特殊程序，它会找出没有引用的对象，并回收它们所使用的内存。就我们的程序而言，这是一个自动的过程，不过，还是应该注意不要写创建和丢弃大量对象的代码，不然垃圾回收器得一直清理，导致应用程序运行速度变慢。

6. **浏览器在指定机器上只能保留一个本地存储区域吗？**

浏览器为每个网络连接源都保留一个本地存储区。同一个主机上的两个网站有着同样的源，因此，网站 https://robmiles.com/blog 和 https://robmiles.com/javascript 共享同一个本地存储。存储在同一台计算机上的页面在运行 JavaScript 程序时，共用同一个本地存储。

7. **属性访问器到底是如何工作的？**

属性访问器使用访问器的值来获取对象上的属性名称。举个例子，`contact["name"]` 将访问变量 `contact` 所指向对象的 `name` 属性。程序也可以使用其他的值类型来访问对象的属性。例如，`contact[99]` 也可以访问一个属性 (使用数字作为访问器)，`contact[true]` 当然也可以 (使用布尔值作为访问器)。JavaScript 通过将属性转换为字符串，然后用它来搜索对象的属性。不过，不应使用字符串以外的任何东西作为属性访问器。某些事情可行归可行，但并不意味着就应该那么做。

8. **可以把引用作为属性访问器吗？**

这种做法本身没有错，但会带来大麻烦，因为当 JavaScript 将引用转换为字符串时时，对所有对象的引用都会得到同样的字符串。

9. **如果程序使用了一个不存在的访问器值，会怎样？**

如果 JavaScript 找不到一个具有特定访问器名称的属性，会返回 undefined。

10. **[] 和 {} 有什么区别？**

一对方括号创建的是一个空的数组对象。一对大括号创建的是一个空对象。数组可以用索引器来访问数组元素，JavaScript 会在程序填充数组时自动创建数组元素。对象则用属性访问器来访问属性。

11. **可以用变量来确定要访问的属性吗？**

可以。如果程序创建了一个包含属性名称的字符串变量，就可以用字符串内容作为属性访问器。

12. **可以用联系人姓名作为属性访问器来使用单一对象存储所有联系人吗？**

好问题。可以写一段这样的代码：contacts["Rob Miles"] = robMilesContact。这会让 contacts 对象的 Rob Miles 属性包含一个对 robMilesContact 的引用。这么做的话，就不需要联系人数组了，但这也会带来一些不便，因为联系人姓名会被用来在联系人存储中进行定位。如果 Contact 对象的 name 属性有改动，就必须确保联系人存储中的 name 属性也得改。否则，用户会难以找到联系人。我想确保一个地方只存储一个数据，而不是有两个必须保持同步的关联数据元素。一个更好的做法是给每个联系人分配一个独有的编号，然后用这个编号把联系人编入索引。

第 III 部分

JavaScript 高阶知识
及应用与游戏开发

　　最后一部分将学以致用，把 JavaScript 知识提升到一个新的台阶。首先，我们将学习一些新的设计技巧，并用它们来创建一个完整的、有商业价值的应用。然后，探索流行的 node.js 平台，并用它来创建 JavaScript 网络服务器。接着，我们还会编写一些可以使用网络服务的应用程序。在本书的最后，我们将用 JavaScript 创建游戏，体验真正的乐趣，从绘制简单的图形开始，再到创建一个由计算机来控制的人工智能 (AI) 对手。

第 10 章

JavaScript 高阶技巧

本章概要

通过本章的学习，我们对 JavaScript 的了解将上升到一个新的高度。本章将介绍应用程序如何用异常来管理错误，以及如何用类来设计数据的存储；还将讲解如何在创建应用程序时利用类的继承来节省时间，以及如何利用面向对象技术来开发数据组件。我们将通过创建一个功能齐全且非常具有商业价值的数据存储应用程序来学习这些内容。

用异常来管理错误

在第 9 章研究 JSON 时，我们知道了 JSON 是用异常来警告程序出现错误的。。异常这个对象用于描述刚刚发生的程序错误。JavaScript 可以 raise(引发) 或 throw(抛出) 异常来中断正在运行的程序。现在我们要弄清楚细节，并了解异常在创建可靠的应用程序中扮演了什么样的角色。

前面提到过，JSON(JavaScript Object Notation) 是一种标准，用于将 JavaScript 变量的内容编码为文本，使其可以被存储或传输到另一台机器上。JSON 可以将简易通讯录存储转换为字符串，可以存储在浏览器的本地存储中。JSON 对象提供了 stringify 方法和 parse 方法，可以将 JavaScript 对象移入和移出文本字符串。

```
var test = {};
test.name = "Rob Miles";
test.age = 21;
var JSONstring = JSON.stringify(test);
```

前面的语句创建了一个叫 test 的 JavaScript 对象，包含 name 和 age 这两个属性。该对象的内容被 stringify 方法转换为一个字符串 JSONstring。

```
{"name":"Rob", "age":21}
```

这就是存储在 JSONstring 中的字符串。该字符串可以使用 JSON.parse 方法转换回一个 JavaScript 对象：

```
var test = JSON.parse(jsonString);
```

 动手实践

出错的 JSON

如果 stringify 和 parse 这两个方法被用于无效的输入，都会因为引发或抛出了异常而失败。我们来研究一下这意味着什么以及如何让程序来处理这种错误。用浏览器打开 Ch10 Advanced JavaScript\Ch10-01 JSON Validator 文件夹中的示例应用程序。

这个应用程序测试文本字符串，找出它们是否包含有效的 JSON。该程序要处理 JSON.parse 方法抛出的异常。当按下 Parse 按钮时，应用程序从输入中读取字符串，并显示该字符串是否包含有效的 JSON。回顾第 9 章，找一些有效的 JSON 来测试。让我们先用几个字符串试试，证明它能正常工作。

按 F12 功能键打开开发者视图，选择 Control 标签，打开控制台窗口，研究应用程序。JSON.parse 方法因抛出异常而失败，来看看这意味着什么。输入下面的语句，它试图解析一个听起来很危险的字符串 kaboom 中的内容。按 Enter 键，看看会怎样。

```
> JSON.parse("kaboom");
```

JSON parse 方法无法理解 kaboom 并通过抛出异常来表明这一点。我们没有包含捕获该异常的代码，所以 JavaScript 控制台显示一个红色的错误信息：

```
> JSON.parse("kaboom");
Uncaught SyntaxError: Unexpected token k in JSON
    at position 0 at JSON.parse (<anonymous>)
    at <anonymous>:1:6
```

JavaScript 程序很少见地报错了。如果程序错误组合了数值，JavaScript 会用 Not a Number(NaN)、undefined 或 overflow 来表示出现了问题。程序必须对这些值进行测试，确定一个动作是否在正常运作。

由 parse 所产生的错误被称为"异常"，表示所请求的动作不能被执行这一事实。如果这个异常没有被捕获，执行序列就会结束。可能抛出异常的语句可以放在代码的 try 语句块中，在 try 语句块之后是 catch 语句块，它包含抛出异常时要执行的语句，这就是所谓的 try-catch 结构。输入下面的代码，记住，每一行的末尾按 Enter 键。

```
> try {
    JSON.parse("kaboom");
} catch {
    console.log("bad json");
}
```

一旦在 catch 语句块的结尾大括号后按下 Enter 键，JavaScript 代码就会运行。parse 方法失败并抛出异常，但这次的异常是在 try 语句块中抛出的，相关的 catch 子句会运行，并在控制台记录信息：

```
> try {
    JSON.parse("kaboom");
} catch {
    console.log("bad json");
```

```
}
bad json
```

　　输入同样的结构，将 kaboom 这个词替换成有效的 JSON，如 {}。注意，这次没有显示 bad json 信息，因为如果 JSON 字符串有效，parse 就不会抛出异常。

捕获异常

　　前面的 JSON 验证器利用 try-catch 结构来显示适当的消息。

```
function doValidate() {
    var inputElement = document.getElementById("inputString");
    var outputElement = document.getElementById("outputResult");

    var inputText = inputElement.value;
    try {                                              ← try 语句块的开始
        var result = JSON.parse(inputText);            ← 可能产生异常的代码
        outputElement.innerText = "Valid JSON";        ← 仅在没有异常时执行的语句
    }
    catch {                                            ← catch 语句块的开始
        outputElement.innerText = "Invalid JSON";      ← 出现异常时运行的代码
    }
}
```

　　当 JSON 验证器网页中的 Parse 按钮被按下时，doValidate 函数将被调用。如果用户输入有效的 JSON，JSON.parse 方法就不会抛出异常，也不会执行 catch 语句块中的任何语句，代码将直接执行到该方法的末尾。然而，如果 JSON.parse 方法不能解析输入的字符串，就会产生异常，执行立即转移到关键字 catch 以下的代码块。

　　try 语句块可以包含许多语句。不过，这样做可能更难找出是哪条语句引发的异常。

 代码分析

异常处理

　　你可能对异常处理有一些疑问。

　　问题 1：异常是如何停止显示 "Valid JSON" 消息的？

```
var result = JSON.parse(inputText);
outputElement.innerText = "Valid JSON";
```

解答：`doValidate` 中解析输入 JSON 和显示消息的语句如上所示。当 `parse` 方法抛出异常时，这段代码序列的正常执行将被打断，程序执行转移到 `try-catch` 结构的 `catch` 语句块。`"Valid JSON"` 不会被显示出来，因为当 `parse` 抛出异常时，程序执行还没有走到那一步。

如果没有抛出异常，`try` 语句块中的代码就会执行完成，并且会跳过 `catch` 语句块。

问题 2：程序怎样才能掌握异常对象？

解答：JSON 验证器的第一个版本忽略了 `JSON.parse` 函数产生的错误对象。不过，我们可以通过获取错误对象作为 `catch` 结构的形式参数来增加错误信息的显示：

```
catch (error) {                                                          错误形参的获取
    var errorElement = document.getElementById("outputError");
    errorElement.innerText = error;                                      显示错误
    outputElement.innerText = "Invalid JSON";
}
```

以上代码是 `try-catch` 结构中的 `catch` 部分，它将错误值（高亮显示）显示在 HTML 中的一个元素中。在 Ch10 Advanced JavaScript\Ch10-02 JSON Validator Error 文件夹中的示例文件中，可以找到验证器的这个版本。

问题 3：我能设定抛出的异常的内容吗？

解答：可以。`throw` 语句后面是被抛出的值，用来描述错误。

```
throw "something bad happened";
```

问题 4：当抛出异常时，会怎样？

解答：抛出异常会中断执行的顺序，`throw` 语句之后的任何语句都不会被执行。

```
throw "something bad happened";
console.log("This message is never printed");
```

在前面的代码示例中，第二条语句，即在控制台记录一条信息，从来没有执行过，因为当 throw 指令被执行时，这个指令序列的执行已经结束了。

问题 5：是否有可能在抛出异常后返回执行序列？

解答：不可能。抛出异常意味着结束一连串语句的运行。

问题 6：JSON 的 stringify 方法有可能抛出异常吗？

解答：有可能。事实证明，有一些 JavaScript 对象不能被保存为文本字符串，来看看我们是否可以做一个。回到浏览器的开发者控制台，创建一个叫 infiniteLoop 的空对象。输入下面的语句，然后按 Enter 键。

```
> var infiniteLoop = {}
```

创建变量总是返回一个未定义的结果，所以这里的显示为 undefined。

```
> var infiniteLoop = {}
<- undefined
```

现在要给对象添加属性，这个属性包含一个指向对象本身的引用。输入以下语句并按 Enter 键。

```
> infiniteLoop.loopRef = infiniteLoop
```

当按下 Enter 键时，JavaScript 控制台为 infiniteLoop 变量添加了一个新的属性，其中包含对 infiniteLoop 变量的引用。换句话说，这个变量现在包含对自己的引用。

```
> infiniteLoop.loopRef = infiniteLoop
<- {loopRef: {…}}
```

现在，试着用 stringify 方法对 infiniteLoop 中的值进行处理。输入以下内容并按 Enter 键。

```
> JSON.stringify(infiniteLoop)
```

当按下 Enter 键时，stringify 方法会尝试保存 infiniteLoop 的内容，它通过处理值内部的每个属性并依次保存这些属性来实现这一目的。它找到了 loopRef 属性，所以会跟随这个引用来保存值。这个引用指向 infinfiteLoop 变量，所以在 stringify 方法中，这个保存过程会一直持续下去，就像两面相对摆放的镜子之间的反射。幸运的是，创建 stringify 方法的人意识到了这个问题，并为所谓的"循环"引用增加了测试。如果试图对一个包含对自身引用的对象使用 stringify 方法，就会得到错误。

```
> JSON.stringify(infiniteLoop)
Uncaught TypeError: Converting circular structure to JSON
  --> starting at object with constructor 'Object'
  --- property 'loopRef' closes the circle
  at JSON.stringify (<anonymous>)
  at <anonymous>:1:6
```

异常和错误

知道怎样抛出和捕获异常后，就可以考虑如何在应用程序中运用它们了。在这之前，不妨先了解一下程序中可能出现的两种故障。

1. 不应该发生的事情。

2. 绝对不应该发生的事情。

不应该发生的事情包括用户输入超出范围的数字 (可能是 1 到 99 的年龄值) 和网络连接失败，这些都是我们预料之中的坏事。而绝对不应该发生的事情指的是应用程序所使用的函数和方法中的故障。

讨论异常的出发点是，如果 JSON.parse 方法用来解析不包含有效 JSON 的字符串 (例如 kaboom) 时会抛出异常。这在简易版通讯录应用中不应该发生，唯一可能发生的情况是，浏览器的存储空间以某种方式被破坏。这真的是个问题吗？我觉得是。我已经在简易版通讯录应用中为此添加了代码。

```
const STORE_LOAD_OK = 0;
const STORE_EMPTY = 1;
const STORE_INVALID = 2;                              状态代码的常量值

function loadDataStore() {

  // get the data from local storage
  var dataString = localStorage.getItem(storeName);

  // if there is no data make an empty store
  if (dataString == null) {
    dataStore = [];
    return STORE_EMPTY;                               返回一个状态代码
  }

  // read the stored contacts
  try {
```

```
        dataStore = JSON.parse(dataString);
    }
    catch {
        // if the parse fails make an empty store
        dataStore = [];
        return STORE_INVALID;                        返回一个状态代码
    }

    return STORE_LOAD_OK;                            返回一个成功代码
}
```

前面的代码是简易版通讯录中 `loadDataStore` 函数的修改版，位于 Ch10
Advanced JavaScript\Ch10-03 Tiny Secure 文件夹的示例程序中。对 `JSON.parse` 方法
的调用现在包含在一个 `try` 语句块中，如果 `parse` 方法因为异常而失败，`catch` 语
句块就会创建一个空的联系人存储。`loadDataStore` 的第一个版本在成功时会返回
布尔值 `true`，失败时则返回 `false`。这个版本的 `loadDataStore` 以三种方式完成。

1. 数据不存在于本地存储中，因为这是第一次使用这个应用程序。
2. 从本地存储加载的数据不是有效的 JSON。这将导致解析时出现异常。
3. 数据被找到并成功加载。

该函数返回三个状态值中的一个，表明在调用 `loadDataStore` 时发生了哪些可
能的结果。然后，程序员可以测试这个值以确定在加载联系人存储时发生了什么。

```
const STORE_LOAD_OK = 0;
const STORE_EMPTY = 1;
const STORE_INVALID = 2;                             状态代码的常量值
```

这些值都是用 `const` 关键字来声明的，这意味着这些值在程序运行时不能被
改变。这是明智的，因为它们用来表示状态值。`loadDataStore` 的返回值供函数
`doStartTinyData` 使用。如果存储是空的或无效的，就会为用户显示一个提示框。

```
function doStartTinyData(storeNameToUse) {
    storeName = storeNameToUse;

    var loadResult = loadDataStore();                尝试加载常量值

    switch(loadResult){
        case STORE_LOAD_OK:                          如果存储成功加载，就不做任何事情
            break;
        case STORE_EMPTY:                            如果存储是空的，就创建一个新的
```

```
            alert("Empty store created");
            saveDataStore();
            break;
      case STORE_INVALID:
            alert("Store invalid. Empty store created");
            saveDataStore();
            break;
      }
}
```

如果存储被破坏了，就创建一个新的

创建了错误处理代码后，有必要创建一个方法来测试它。在这个例子中，我创建了一个新的应用，如图 10.1 所示，在 Ch10 Advanced JavaScript\Ch10-04 Store Breaker 文件夹中，可以找到这个应用。可以用这个应用来"破坏"简易版通讯录的数据存储。

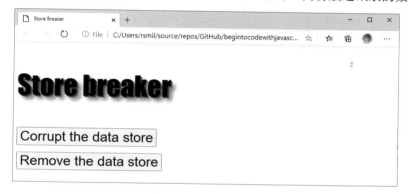

图 10.1　存储破坏器

```
<!DOCTYPE html>
<html lang="en">

<head>
    <title>Store Breaker</title>
    <link rel="stylesheet" href="styles.css">
    <script src="breakstore.js"></script>
</head>

    <p class="menuHeading"> Store breaker</p>

    <p>
    <button class="menuButton" onclick="doBreakStore()">Corrupt the data store
```

```
    </button>
  </p>
  <p>
    <button class="menuButton" onclick="doEmptyStore()">Remove the data store
    </button>
  </p>
</body>
</html>
```

这是存储破坏器的 HTML，包含两个按钮。一个按钮被按下后会破坏数据存储，并在数据存储中存储字符串 kaboom，这将导致 JSON.parse 失败。第二个按钮被按下后将完全删除数据存储。这样一来，我们能测试两种可能的错误。

```
const storeName = "TinyContactsStore";              本地存储中的存储名称
function doBreakStore() {                            被调用以打破 JSON 存储
  var reply=confirm("Click OK to corrupt the data store");   显示确认对话框
  if (reply) {                                       如果用户确认执行该动作
    localStorage.setItem(storeName, "kaboom");       保存一个无效的存储名称
  }
}


function doEmptyStore() {                            被调用以清空本地存储
  var reply = confirm("Click OK to remove the data store");
  if (reply) {
    localStorage.removeItem(storeName);             删除本地存储项目
  }
}
```

这些函数使用了之前没有接触过的一个 JavaScript 特性。confirm 函数允许用户确认一个动作，它弹出一个包含提示字符串的消息框，并为用户提供一个确认操作或取消的机会。如果用户通过点击 OK 按钮来确认动作，如图 10.2 所示，confrim 函数将返回 true 值。

图 10.2　confirm 函数的显示

程序员视角

错误管理很重要

处理错误费时费力，而且测试一个错误处理程序可能很困难。我们不得不写一个特殊的"破坏"程序来测试简易版通讯录应用中的错误处理。然而，错误管理是软件中的关键。病毒和恶意软件经常引起错误，然后利用不完善的或不存在的错误处理程序来攻击系统。当你确定创建一个应用需要多长时间时，一定要算上制定错误解决方案以及编写和测试错误处理组件需要花的时间。

类的设计

从前面所学的知识来看，我们可以把 Java 对象视为一个容器。程序可以向对象添加属性，从而把相关的项目组合起来。我们通过创建一个基于对象的应用来展开探索，该程序用于存储联系人信息。程序一次一个地添加对象属性，通过向一个"空"对象添加姓名、地址和电话号码属性，建立起一套完整的通讯录。这对小程序来说很有效，但有时你想计划类的设计，而不是在程序运行时建立它。而且，正如我们将看到的，使用类来设计对象也有好处，可以减少代码量。

时装店应用

律师客户对你的简易版通讯录应用非常满意，并把程序展示给了她的朋友们。他们对这个程序的印象非常好，特别是经营时装店的 Imogen(伊莫金)，她一直在找一个能帮她管理库存的应用。她销售各种各样的服装，需要借助于程序来跟踪库存。她迫切想要得到你的帮助，并愿意提供打折甚至免费的服装作为交换。这个报酬听起来很诱人，于是你欣然同意了，并决定和新的客户详细讨论一下她的需求。

供货商为客户送来库存，客户在库存簿上输入细节。她给每种动销品都存储了一页数据。供货商送来货物或者她卖出货物时，就会更新库存。她给你展示了库存簿的其中两页。

图 10.3 展示了 Imogen 在处理库存时用到的库存数据，我们可以把它作为程序规范的基础。像往常一样，我们首先要绘制出展示程序初步模板的设计。这里的设计不止一个，因为这个程序将分为几个"页面"。每一页都需要写一段说明，描述这一页将如何使用。这也能帮助客户通过该页提供的功能来准确知道该程序的用途。"用户描述"是软件设计的重要部分，详情可参见 https://www.mountaingoatsoftware.com/agile/user-stories 。

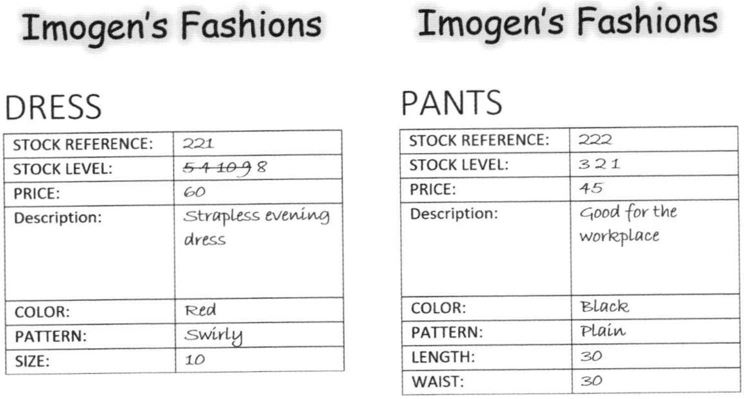

Imogen's Fashions
DRESS
STOCK REFERENCE: 221
STOCK LEVEL: 5 4 10 9 8
PRICE: 60
Description: Strapless evening dress
COLOR: Red
PATTERN: Swirly
SIZE: 10
Imogen's Fashions
PANTS
STOCK REFERENCE: 222
STOCK LEVEL: 3 2 1
PRICE: 45
Description: Good for the workplace
COLOR: Black
PATTERN: Plain
LENGTH: 30
WAIST: 30

图 10.3 时装店的库存

图 10.4 显示了该程序的主菜单。老板 Imogen 可以点击按钮选择页面，在库存中添加连衣裙、裤子、短裙和上衣；可以选择一个更新页面来编辑任何现有的库存条目，改变其描述或库存数量；还可以按下 `List` 按钮来获得所有库存清单。

图 10.5 显示了 Imogen 按下主菜单上的连衣裙按钮并将一件连衣裙加入库存时所看到的页面。当她在这个页面上点击 `Save` 按钮时，程序将为该商品分配一个库存编号并保存。

Imogen's Fashions
Main Menu
Add Dress
Dress
Add Pants
Pants
Add Skirt
Skirt
Add Top
Top
Update stock item
Update
List stock items
List

图 10.4 应用程序主菜单

Imogen's Fashions
Add dress
Price: 60
Stock Level: 8
Description: Strapless evening dress
Color: Red
Pattern: Swirly
Size: 10
Save item
Save
Cancel add
Cancel

图 10.5 添加商品

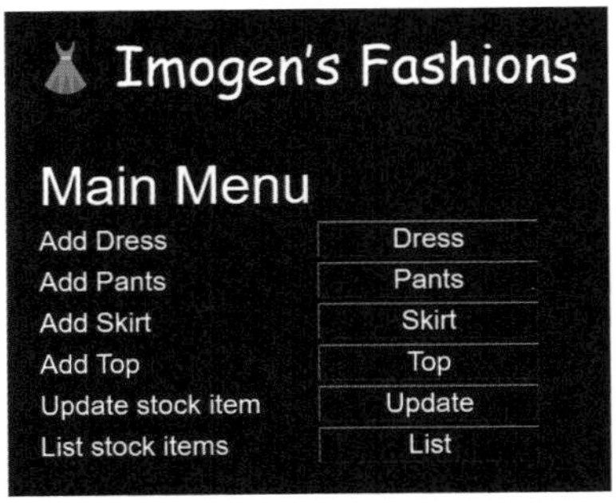

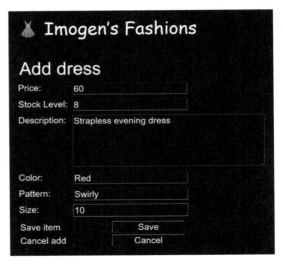

当一个新的条目被加入到库存后，程序将显示如图 10.6 所示的提示框，其中给出了分配给新的商品的库存编号。

图 10.6　添加完成

主菜单上的 Update 库存按钮可以搜索要更新后的特定库存编号。图 10.7 显示了搜索页面。一旦点击 Find 按钮，程序就会搜索具有给定 id 值的库存商品并显示，供用户编辑。

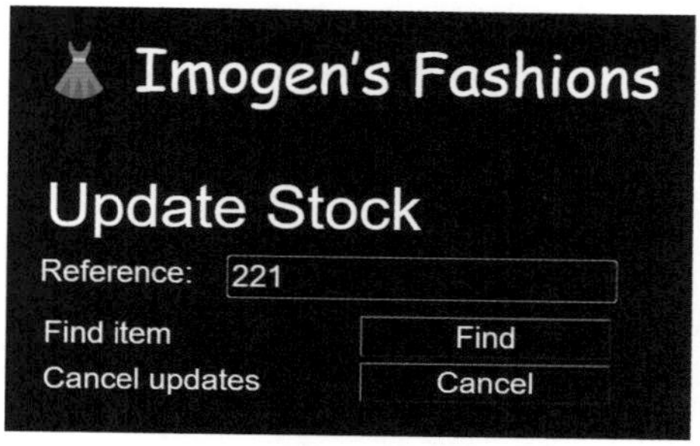

图 10.7　更新库存

图 10.4 所示的主菜单中的最后一个按钮是 List 按钮。老板 Imogen 点击这个按钮后，程序就会生成库存商品清单供她查看。每个商品都有一个 Update 按钮，点击后将打开该商品的更新页面，参见图 10.8。

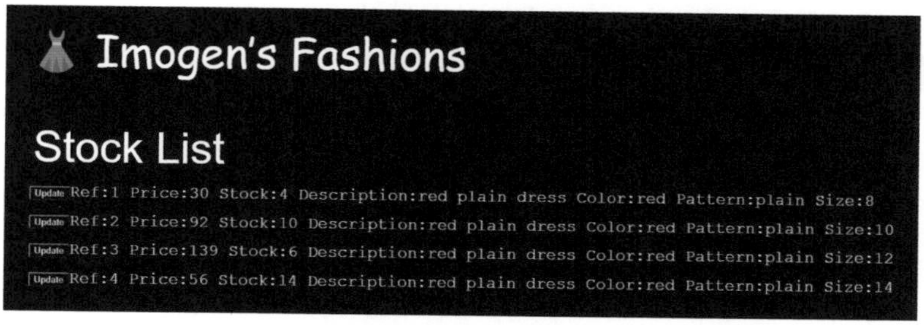

图 10.8　库存清单

老板 Imogen 认为，这将是应用程序的一个不错的开端。她和你为时装店各类各样的衣服商定一个价格，并开始搞定程序。首先要决定如何存储不同的库存商品。

动手实践

管理 Imogen 的时装店

Ch10 Advanced JavaScript\Ch10-05 Fashion Shop 文件夹中的应用程序展示了一个正常工作的时装店，它创建了一组可以查看的测试数据。你也可以创建自己的商品，存储它们，然后通过库存参考来搜索它们。最好花上一些时间试着添加和编辑库存条目，体验程序的使用过程。这之后，就可以开始探索每个部分如何工作了。

库存数据

通过创建一个空对象并向其添加属性，可以在 JavaScript 对象中存储特定商品的信息：

```
myDress = {}                                          创建一个空对象
myDress.stockRef=221;                                 添加 stockRef 属性
myDress.stockLevel=8;
myDress.price=60;
myDress.description="Strapless evening dress";
myDress.color="Red";
myDress.pattern="Swirly";
myDress.size=10;
```

前面的语句创建了一个名为 myDress 的对象，包含图 10.3 中的所有数据。然而，还有一种更简单的方法来创建对象，即包含属性的对象。我们可以创建一个类，告诉 JavaScript 如何创建 Dress 对象以及该对象包含的内容：

```
class Dress {
    constructor(stockRef, stockLevel, price, description, color, pattern, size) {
        this.stockRef = stockRef;
        this.stockLevel = stockLevel;
        this.price = price;
        this.description = description;
        this.color = color;
        this.pattern = pattern;
        this.size = size;
    }
}
```

前面的 JavaScript 并不存储任何数据，而是告诉 JavaScript 存储在 Dress 对象中的属性有哪些以及如何构造对象。构造方法被调用来新建 Dress 类的一个实例。现在，我们可以更容易创建一个新的 Dress：

```
myDress=new Dress(221,8,60,"Strapless evening dress","red","swirly",10);
```

new 关键字告诉 JavaScript 找到指定的类并运行该类中的构造方法来新建该类的一个实例。当构造方法运行时，将形参值复制到新建的对象的属性中。可以在前面的构造方法中看到 this 关键字，意思是"这个方法正在运行的对象的引用"。

对象的属性
函数的形参

```
this.price=price;
```

以上这条令人迷惑的语句，其作用是把作为实参提供给构造方法的价格，分配给新建对象的新建属性 price。

```
yourDress=new Dress(221,2,50,"Elegant party dress","blue","plain",12);
herDress=new Dress(222,5,65,"Floaty summer dress","green","floral",10);
```

如果 this 这个词让人困惑，可以思考一下前面两个声明，它们新建了 Dress 的两个实例。Dress 类中的构造方法每次运行时，都必须设置一个不同的对象。在第一次调用构造方法来设置 yourDress 这个关键字时，this 关键字代表"对 yourDress 对象的引用"。在第二次调用构造方法来设置 herDress 时，this 关键字代表"对 herDress 对象的引用"。

代码分析

对象和构造方法

问题 1：如果创建不包含构造方法的类，会怎样？

解答：如果不添加构造方法，JavaScript 将创建一个空的构造方法。

问题 2：如果在调用构造方法时省略了一些实参会怎样？

解答：如果省略调用 JavaScript 函数或方法的实参，其值将设置为 undefined。

```
shortDress = new Dress(221,0,50);
```

这条语句将创建一个具有库存参考 (221)、库存量 (0) 和价格 (50) 的 Dress 对象，但描述、颜色、图案和尺寸属性将被设置为 undefined。

问题 3：函数和方法有什么不同？

解答：方法与函数完全一样，但方法是在类中声明的。类的构造方法是我们创建的第一个方法。在本节的后半部分将了解如何为类添加方法，使其成为能够为程序提供服务的对象。函数是在任何类之外声明的。

问题 4：我仍然不明白 this 关键字，它到底是用来做什么的？

解答：为了理解 this 到底做了什么，最好了解它所解决的问题。当一个构造方法运行时，必须在它所设定的对象中写入属性值。Dress 对象的构造方法需要设置库存参考编号、库存置及价格等的值。JavaScript 提供 this 关键字来代表这个引用。

面向对象设计

创建类来保存我们想要存储的每一种数据是有意义的，程序员将此称为"面向对象编程"。其理念是，方案中的元素由软件"对象"来表示。创建应用程序的第一步就是确定这些对象。

在中文中，用于标识事物的词称为"名词"。当试图找出一个系统应该包含哪些类时，最好是通过系统的描述来找到所有的名词。作为例子，请看下面对一个快餐配送应用的描述。

"The customer will select a dish from the menu and add it to his order."

我在这个描述中确定了四个名词，每个名词都将映射应用中的一个特定的类。如果我要在为这家快餐配送公司工作，接下来会问他们存储了哪些关于顾客、菜肴、菜单和订单的数据。

程序员视角

在完成数据设计之前，不要写任何代码

若是商业项目，需要在写下第一行代码之前花大量的时间来设计系统中的类，因为设计上出现的错误在项目开始时更容易修正。

在前面的快餐配送应用例子中，为了正常开展业务，我们需要确保客户类拥有所有信息。为此，我们将创建"纸质"版本的类，然后通过所有的使用场景（创建订单、烹饪和交付订单）来确保应用需要的所有数据都被获取。

如果为了让配送人员在必要时电话联络客户而需要让应用存储客户电话号码，那么最好在项目初期时就意识到这一点，而不是在用户界面创建完毕之后才猛然发觉。

我们边写代码边讨论，因为我们是在学习数据设计和 JavaScript 编程。但如果是要创建一个专业方案，我会在创建任何类之前将 JavaScript 放在一边，先花大量时间精心设计好方案。

通过与时装店老板交谈，我了解到她希望用应用来管理连衣裙、裤子、帽子、上衣和其他商品。这些商品中的每一项都可以是应用中的对象，并且可以用一个类来表示。每个类将包含描述该服装项目的属性。我们从连衣裙和裤子的信息开始，为这些对象创建一些类。之前已经创建好 Dress 类，所以现在要创建 Pants 类。

```
class Pants {
    constructor(stockRef, stockLevel, price,
                description, color, pattern, length,
                waist){ this.stockRef = stockRef;
        this.stockLevel = stockLevel;
        this.price=price;
        this.description=description;
        this.color = color;
        this.pattern = pattern;
        this.length = length;
        this.waist = waist;
    }
}
```

前面的代码定义了 Pants 类，包含一个 constructor 方法来设置该类的内容。程序现在可以创建这些类的实例：

```
myDress=new Dress(221,8,60,"Strapless evening dress","red","swirly",10);
myPants=new Pants(222,1,45,"Good for the workplace","black","plain",30,30);
```

在写这段示例代码时，我发现自己在创建构造方法时在编辑器中使用了大量的 block-copy 命令，这未必是件好事。

程序员视角

尽量避免代码的重复出现

Dress 类和 Pants 类有相当多的共同元素，它们都包含 stockRef、stockLevel 和 price 这三个属性。你可能认为需要有两份代码来处理这些属性，一份在 Dress 类中，另一份在 Pants 类中。然而，这并不是一个好主意。我会尽量避免在同一个项目中使用重复的代码副本，因为如果一个副本中出现了错误，就必须找到所有其他使用过该代码的地方并将其修复。

优秀的程序员会尽量避免重复使用同一段代码，如果这段代码在一个应用中使用多次，优秀的程序员就会把这段代码转换成方法或函数，然后在每次需要时调用。

这并不是希望尽可能少写代码，而是涉及自我保护的问题。要是把一段代码复制到应用中的多个不同的地方，而一旦这段代码中有错，那可就麻烦大了。需要检查整个应用的代码，并修复所有的错误。相反，如果方法中出现漏洞，只需要修复一次就可以了，而且，使用这个方法的每一处都可以修复。幸运的是，有个方法可以解决对同一段代码进行多次使用的需求，我们现在要讨论这个问题。

如果发现自己把程序文本从一个地方复制到另一个地方，我会将问题撇到一边，思考不同的结构化方案。

创建超类和子类

JavaScript 类支持继承，这是面向对象设计的另一个方面。有了继承，我们可以在现有的超类上建立一个类，这就是所谓的扩展超类。通过创建一个超类，可以大大简化时装店应用中类的设计，也就是 StockItem(库存条目，也称库存商品)。

StockItem 类用于存储通讯录中所有数据项的共同属性，也就是库存参考、价格、颜色和库存量。Dress 类和 Pants 类扩展 StockItem 类并添加这两个类各自的特定属性。图 10.9 显示了类是怎样设计的。在软件设计术语中，称为"类图"。

类图显示了系统中各个类之间的关系。如图 10.9 所示，Pants 和 Dress 都是 StockItem 类的子类 (意味着它们基于该类)。换而言之，StockItem 类是 Dress 和 Pants 的超类。

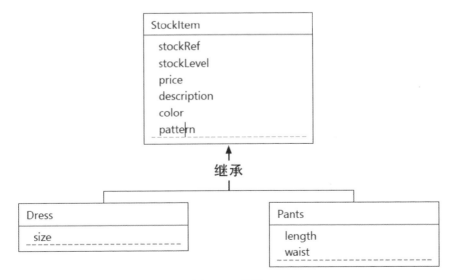

图 10.9　类图

在现实生活中，继承意味着从长辈那里得到了东西。在 JavaScript 中，继承是指子类从其超类中得到的属性。超类也被有些程序员称为"父类"。

理解继承的关键是了解它所解决的问题。我们正在处理一个相关数据项的集合，这些相关的数据项有一些共同的属性。我们想在一个超类中实现共享属性，然后用这个超类作为子类的基础，这些子类将持有特定于其项目类型的数据。这样，我们只需要实现一次共同的属性，而这些属性的实现中，任何错误都只需要修复一次。

以这种方式工作还有一个好处。如果时装店老板想存储供货商的信息，我们就可以将供货商属性添加到 `StockItem` 类中，使所有子类也继承该属性。这比在每个类中添加属性更方便。

使用对象进行抽象

另一种思考方式是抽象。第 9 章介绍如何使用数据模式时，我们初次接触了抽象，那时我们创建了存储所有数据的设计，而不是为每个数据建立单独的存储。抽象意味着从要解决的问题中"退一步"，并从更宽广的角度进行思考。在与时装店老板的谈话中，我们要和她大致谈谈她想怎么处理店里的存货，比如增加库存商品，出售库存商品，了解库存里有哪些商品，等等。我们先从抽象的角度和她讨论一下库存，之后再补充每种库存的具体细节并为其赋予适当的行为。

程序员经常用到抽象。他们会讨论库存、客户和订单的事情，但不会考虑过于具体的细节。细节可以之后补充，并决定应用将有哪些特定种类的库存项目、客户和订单。我们将在时装店应用中创建不同种类的库存项目。`StockItem` 类将包含所有库存的基本属性，而子类将代表更具体的数据项。

图 10.9 称为类的层次结构，展示了顶部的超类和下面的子类。沿着类的层次结构从上往下走，从抽象的类移到更具体的类。最不抽象的类是 `Pants` 和 `Dress`，因为它们代表应用中实际的物理对象。

代码分析

理解继承

下面的问题与面向对象设计和继承相关。在阅读解答之前，先试着自己琢磨琢磨。

问题 1：为什么超类叫"超"类？

解答：好问题，也是一个让我困惑了很久的问题。"超"指的是"超级"，这个词通常意味着更好或更强大。超级英雄拥有普通人所没有的特殊能力。然而，超类似乎并非如此。超类比扩展它的子类拥有更少的权力(更少的属性)。

如果把"超"看作是类的"后裔"，我认为这个词就有意义。超级对象在子对象之上，如同上标文本在下标文本之上一样。对象是超类，因为它高于其他一切。

问题 2：超类和子类哪个更抽象？

解答：如果能找出这个问题的答案，那你一定是一个"面向对象的专家"。请记住，抽象是一种从系统里的元素中"退一步"的方式。我们会说"收据"而不是"现金收据"，或者说 StockItem 而不是 Pants。

问题 3：子类可以扩展吗？

解答：可以。我们可以创建一个 Jeans 类来扩展 Pants 类，并包含一个样式属性，比如"紧身""高腰""靴型"或"喇叭裤"。在 JavaScript 中，尽管扩展类的次数是没有限制的，但我会使类图尽可能小，仅包含两到三个子类。

问题 4：为什么 pattern 属性不在 StockItem 类中？

解答：这是一个非常棒的问题。pattern 属性在 Dress 和 Pants 这两个类中都有，将该属性与 color、stockLevel 和 price 属性一起移到 StockItem 类中似乎是合理的。

之所以没有这么做，是因为我认为时装店可能会出售一些没有图案的商品，例如珠宝。我想避免一个类拥有与该商品类型不相关的数据属性，所以把 pattern 属性的值放入 Dress 和 Pants 这两个类中。

我对这一点不是很满意，因为在理想情况下，一个属性应该只出现在一个类中，但在现实生活中，经常出问题。这个问题或许可以通过创建名为 PatternedStock 的子类并让它成为 Dress 和 Pants 的超类来解决。然而，我认为这样做显得太乱。

问题 5：系统会不会创建一个 StockItem 对象？

解答：JavaScript 允许创建一个 StockItem 对象 (StockItem 类的一个实例)，但我们不太可能真的创建一个 StockItem。

一些像 C++、Java 和 C# 这样的编程语言允许指定一个类的定义是抽象的，以免程序新建该类的实例。在这些语言中，抽象类只作为子类的超类而存在。然而，JavaScript 并没有提供这个功能。

问题 6：这家时装店的老板希望有一天可以查看客户以往的购买记录，比如哪位客户买了哪件商品并对未来的购买行为提出建议。这里有三种方法可以做到这一点，哪种方法最合理呢？

1. 扩展 StockItem 类，开发一个 Customer 子类，包含客户的详细信息。

2. 对每个 StockItem 添加客户的细节。

3. 创建一个新的 Customer 类，其中包含客户购买的 StockItems 的列表。

答案：选项 1 是个糟糕的主意，因为一个类的层次结构应该容纳同一"家族"的数据项。换句话说，它们都应该是同一个基本类型的不同版本。我们可以看到 Customer 和 StockItem 之间存在一些关联，但最好不要将 Customer 作为 Stock Item 的子类，因为它们是不同类型的对象。StockItem 持有诸如 price 和 stockLevel 等属性，这些属性在应用于 Customer 时是没有意义的。

　　选项 2 也是个坏主意，因为不同的客户可能会购买同一个 StockItem。客户的详细信息不能被存储在 StockItem 中。

　　选项 3，添加一个新 Customer 类是最好的方法。记住，因为 JavaScript 中的对象是通过引用来管理的，所以 Customer 类中的项目列表 (客户购买的商品) 就只是个引用列表，而不是 StockItem 信息的副本。

在类层次结构中存储数据

　　决定使用继承之后，接下来考虑如何让它在类中发挥作用。

```
class StockItem {
    constructor(stockRef, stockLevel, price, description, color) {
        this.stockRef = stockRef;
        this.price = price;
        this.stockLevel = stockLevel;
        this.description = description;
        this.color = color;
    }
}
```

　　以上是 StockItem 类的文件。它包含一个用来建立 StockItem 实例的构造方法。StockItem 类是时装店要销售的所有对象的超类。我们可以创建一个 Dress 类，作为 StockItem 类的一个子类，用来保存时装店待售连衣裙的信息。

```
class BrokenDress extends StockItem {
    constructor(stockRef, stockLevel, price, description, color, pattern, size){
        this.pattern = pattern;
        this.size = size;
    }
}
```

　　TheBrokenDress 类扩展了 StockItem 类。它只包含特定连衣裙的属性。不过，若是想要用 BrokenDress 类，会遇到一个问题：

```
myDress=new BrokenDress(221,8,60,"Strapless evening dress","red","swirly",10);
```

以上语句试图创建一个 BrokenDress 类的实例，随后将弹出以下错误并运行失败：

```
Uncaught ReferenceError: Must call super constructor in derived class before
accessing 'this' or returning from derived constructor at new BrokenDress
```

JavaScript 表示，要想创建 BrokenDress，构造函数必须先创建一个 StockItem。我们创建的 BrokenDress 类的构造函数并没有这样做，我给它起的名字里有 broken。要想解决这个问题，需要创建一个 Dress 类，其中包含着首先会构造超级对象的构造函数。JavaScript 提供了 super 关键字，它能在构造函数中调用超类中的构造函数。Dress 类的构造方法可以通过 super 关键字调用 StockItem 类的构造方法。

```
class Dress extends StockItem{
    constructor(stockRef, stockLevel, price, description, color, pattern, size){
        super(stockRef,stockLevel, price, description, color);
        this.pattern = pattern;                      在超类中调用构造函数
        this.size = size;
    }
}
```

动手实践

探究如何使用 super 来创建实例

　　Ch10 Advanced JavaScript\Ch10-06 Fashion Shop Classes 文件夹中的示例程序包含 StockItem、BrokenDress 和 Dress 这三个类，值得研究一下。开发者视图可以用来调试创建 Dress 的过程，方法是，在 Dress 构造方法的第一条语句处设置断点，然后在 StockItem 中使用 super 关键字调用构造方法时，逐步浏览 JavaScript。

通过添加方法来为对象指定行为

　　类有类的成员。我们已经掌握了如何创建属性来作为类的成员。现在要了解怎样添加方法成员。在类中添加方法成员可以让它为程序做一些事。目前，我们创建的类并不包含任何方法。一个能让 Dress 提供描述其内容的字符串的方法看上去很实用。

```
class Dress extends StockItem {

    constructor(stockRef, stockLevel, price, description, color, pattern, size) {
```

```
            super(stockRef, stockLevel, price, description, color);
            this.pattern = pattern;
            this.size = size;
        }

        getDescription() {                                          getDescription 方法
            var result = "Ref:" + this.stockRef +
                "Price:" + this.price +
                "Stock:" + this.stockLevel +
                "Description:" + this.description +
                "Color:" + this. color +
                "Pattern:" + this.pattern +
                "Size:" + this.size ;                               组建一个包含描述的字符串
            return result;                                          返回该字符串
        }
    }
```

前面代码中的 Dress 类包含一个 getDescription 方法，可以调用来获取对象内容的描述。注意，该方法使用 this 引用来访问被描述的对象的属性。程序可以用这个方法来获得描述特定连衣裙的字符串：

```
myPants=new Pants(222,1,45,"Good for the workplace","black","plain",30,30);
console.log(myDress.getDescription());
```

前面的第一条语句创建了一个 myDress 对象。第二条语句在 myDress 对象上使用 getDescription 方法来显示对连衣裙的描述。它将显示以下内容：

```
Ref:221 Price:60 Stock:8 Description:Strapless evening dress Color:red
Pattern:swirly Size:10
```

时装店应用将用 getDescription 方法建立 HTML 元素并在库存列表中显示。

 动手实践

研究 getDescription 方法

Ch10 Advanced JavaScript\Ch10-07 Fashion Shop Method 文件夹中的示例程序包含 StockItem、Dress 和 Pants 这三个类，值得研究一下。可以用开发者视图创建 Dress 和 Pants 的实例，并调用 getDescription 方法查看其内容。

对象和多态

接着要讨论的内容有着整本书令人印象最深刻的名字"多态"(polymorphism)。"polymorphism"这个词来自于希腊语，意思是"以多种形式出现的条件"。在软件工程中，这个词意味着看待对象要从"它能做什么而不是它是什么"的角度出发。

getDescription 方法的一个好处在于，应用程序的其他部分不需要知道 Dress 和 Pants 这两个类是怎样存储其数据的，甚至无需知道存储的是什么数据。需要生成 Dress 描述的那部分程序不需要从 Dress 实例中提取各种属性，相反，它只需要调用 getDescription 方法获取描述那件衣服的字符串。更重要的是，这部分程序并不在意自己是在处理的是连衣裙还是裤子，而是把这些项一律看作是"可以用 getDescription 来获得描述"。

多态是指看待对象要从"它能做什么而不是它是什么"的角度出发，并允许每个对象以独特的方式执行特定动作。一个特定对象可以用多种方式看待，这完全取决于你想用它来做什么。时装店的不同部分会以"获得描述字符串""设置折扣""保存"和"加载"等来看待对象。对象中有特征名称的方法可以提供各项功能，系统的其他部分可以用这些功能来执行相应的动作。基于对象的设计过程部分涉及识别对象需要的行为，并将其指定为方法。

子类中的 overriding 方法

面向对象设计的一个基本原则是，一个给定的对象包含其所有的行为。就这点而言，Dress 类中的 getDescription 方法表现得并不理想。用来构建描述字符串的前四项并没有保存在 Dress 类中，而是保存在 StockItems 超类中。

```
getDescription() {
    var result = "Ref:" + this.stockRef +          值来自于 StockItem 类
        "Price:" + this.price +                    值来自于 StockItem 类
        "Stock:" + this.stockLevel +               值来自于 StockItem 类
        "Description:" + this.description +         值来自于 StockItem 类
        "Color:" + this. color +                   值来自于 StockItem 类
        "Pattern:" + this.pattern +
        "Waist:" + this.waist +
        "Length:" + this.length ;

    return result;
    }
}
```

　　若要给 StockItem 类添加一个新的属性，就必须改变 Dress 类中的 get
Description 方法来显示这个新的属性。要是 StockItem 有很多子类，就不得不
对每一个子类进行更改。我们想让 StockItem 类负责提供它所包含的描述，然后在
Dress 类中使用这个描述。这可以通过在 StockItem 类中创建 getDescription 方
法并在 StockItem 的子类中覆写 getDescription 方法来实现。

```
class StockItem {
    constructor(stockRef, stockLevel, price, description, color) {
        this.stockRef = stockRef;
        this.stockLevel = stockLevel;
        this.price = price;
        this.description = description;
        this.color = color;
    }
}

class Dress extends StockItem {                    覆写超类中的 getDescription 方法
    getDescription() {
        var result = super.getDescription() +     从超类中调用 getDescription
            " Pattern:" + this.pattern +
            " Size:" + this.size ;
        return result;
    }
}
```

　　StockItem 和 Dress 都包含一个获取描述的方法。Dress 类的 getDescription
方法覆写了 StockItem 类的 getDescription 方法。对 Dress 的描述必须包括
对 Dress 的超级对象内容的描述，所以 JavaScripts 的 super 关键字被用来调用
StockItem 对象中的 getDescription 方法。在类的方法中，super 这个词是对
super 对象 (在类层次结构中高于指定对象的对象) 的引用。

 代码分析

进一步理解 super

　　Ch10 Advanced JavaScript\Ch10-08 Dress ShopOverride Method 文件夹中的示例程
序包含 StockItem、Dress 和 Pants 这三个类，其工作原理与前面的示例一模一样。
不过，这个版本使用的是 getDescription 方法的覆写版本。用调试程序探索一下
overridden 方法是如何调用的。现在，你可能有一些疑问。

问题 1： super 引用是如何工作的？

解答： 程序运行时，JavaScript 保留着每个正在使用的类的相关数据。这些数据中包括每个类的超类。当 JavaScript 在语句中发现 super 关键字时，它会在方法所属的类的定义中寻找超类。然后在超类中找到指定的方法并运行它。

问题 2： 如果在层次结构顶端的类中使用 super，会怎样？

解答： 会引发一个错误，因为 JavaScript 找不到 super 方法。

问题 3： 能在 JavaScript 程序中覆写一个函数吗？

解答： 不能。函数不是对象的一部分。只能覆盖方法，它是对象的一部分。

静态类成员

你可能会注意到，时装店应用中含有大量测试数据。这是数据对象自己产生的。创建测试连衣裙的数据和方法不属于任何 Dress 实例。相反，它们属于 Dress 类自身。这是 JavaScript 通过创建静态的属性和方法做到的。在这里，"静态 (static)"这个词意味着"总在一处"，而不是"一成不变"。想要获取 Dress 类的静态成员的话，无需使用新方法创建 Dress 类的实例。浏览器加载 Dress 这个 JavaScript 类时，这些成员就已经出现了。

```javascript
static colors = ["red","blue","green","yellow"];          静态颜色数组
static patterns = ['plain','striped','spotted','swirly'];  静态图案数组
static sizes = [8, 10, 12, 14];                            静态尺码数组
                                                           获取测试数据的静态函数
static getTestItems(dest) {                                确保不会重复存储数字
    var stockNo = StockItem.getLargestStockRef(dest) + 1;
    for (let color of Dress.colors) {                      处理颜色
        for (let pattern of Dress.patterns) {              处理图案
            for (let size of Dress.sizes) {                处理尺码
                let price = StockItem.getRandomInt(10, 200);
                let stock = StockItem.getRandomInt(0, 15);
                let description = color + " " + pattern + "dress";
                dest[dest.length] =
            new Dress(stockNo, stock, price, description, color, pattern, size);
                stockNo = stockNo + 1;                     创建一个新 Dress 并存储
            }                                              增加库存编号
        }                                                  获得一个随机的库存量
    }
```

```
    }
}
```

　　以上代码中的 `getTestItems` 方法通过表示颜色、图案和尺码的数组创建了大量连衣裙库存条目，它将这些条目添加到作为参数提供的数组中。`GetTestItems` 方法是静态的，所以程序不需要建立 `Dress` 类的实例就可以调用它。`getTestItems` 方法使用的数据数组也被定义为静态的。`getTestItems` 方法还使用了声明在 `StockItem` 类中的 `getRandomInt` 静态方法。`GetRandomInt` 方法的作用是获取连衣裙的随机价格和库存量。它的原型是前面开发随机骰子的函数。`getLargestStockRef` 方法则用于搜索服装存储以找到其中的最大库存量。这确保了该函数不会创建任何与现有库存编号相同的库存条目。

　　类的静态成员都带有关键字 `static`。静态类成员通过类标识符来访问，所以可以用前面的方法来创建一个填满了 `Dress` 值的数组：

```
demo=[]
Dress.getTestItems(demo);
```

代码分析

进一步理解静态

　　Ch10 Advanced JavaScript\Ch10-09 Fashion Shop Static Members 文件夹中的示例应用程序有包含静态 `getTestItems` 方法的 `Dress` 类和 `Pants` 类，这些方法创建了大量数据，可以用来对系统进行测试。现在，你可能有一些疑问。

　　问题 1：静态是否意味着类成员不能改变？

　　解答：并非如此。`static` 关键字影响的是一个类成员的存储位置，而不是能否改变。静态标记的是作为类的一部分而存在的类成员，而非类的实例。要想让一个变量不能改变的话，可以把它声明为 `const`。

　　问题 2：能举例说明类中的静态成员在哪里能派上用场吗？

　　答案：静态成员是你想为整个类存储的东西。比如，想为时装店待售的所有衣服设置一个最高价时，就可以用静态成员来检测是否存在错误输入价格值的情况。这个值应该存储在类的一个静态成员中，因为它不需要和每件衣服一起存储。如果需要改变一件衣服的最高价，只需更新这个静态值，所有衣服的最高价都会随之改变。

　　当你想在不创建类的实例的情况下使用方法时，这个方法就成为静态类成员。JavaScript 的 `Math` 类包含很多执行数学函数的静态方法。这些方法被声明为静态的，因此无需创建 `Math` 类的实例就可以使用。

问题 3：创建新的库存时，库存参考编号是从哪里来的？

解答：每个库存商品都有一个参考编号。这个号码可以识别一个库存商品，就像一个特定的信用卡号码可以识别一张信用卡一样。时装店老板 Imogen 将输入库存参考号来寻找她想编辑的商品。重中之重是，每个库存条目的参考编号都是独一无二的。`GetLargestStockRef` 方法在所有项目中搜索，并返回它发现的最大库存参考编号。然后，程序在这个值上加 1，得到下一个要用的库存编号。

```javascript
static getLargestStockRef(items) {
    if (items.length == 0) {                    如果没有条目，就返回 0
        return 0;
    }

    var largest = items[0].stockRef;            从第一个库存参考编号开始

    for (const item of items) {                 在库存条目中搜索
        if (item.stockRef > largest) {          如果该项的库存参考编号更大，就存储它
            largest = item.stockRef;
        }
    }

    return largest;                             返回最大的库存编号
}
```

数据存储

在构建最终解决方案之前，还有最后一个问题要解决。我们需要一种方法来保存时装店的数据。在第 9 章中创建的简易通讯录应用使用 JSON 将联系人对象编码为文本，然后作为字符串存储在浏览器的本地存储中。现在也可以做类似的事情，但使用类层次结构使它变得有点棘手。为了理解这个原因，考虑一下使用 `JSON.stringifym` 方法将一个 `dress` 值转换为字符串时会怎样。

```
{"stockRef":1,"stockLevel":"11","price":"85",
"description":"red plain dress","color":"red","pattern":"plain","size":"8"}
```

以上文本是一个描述连衣裙的 JSON 字符串。它包含着 `Dress` 实例中的所有属性，其中就有 `StockItem` 对象超类中的属性。当把这个对象加载到程序中时，我们希望能把它作为一个 `Dress` 对象来使用。不幸的是，JSON 字符串无法让读取它的程序知道这是一个已保存好的 `Dress` 值。

为 JSON 添加类型信息

解决这个问题的方法是为数据添加一个额外给出数据类型的属性。可以在类的构造函数中这么做：

```
constructor(stockRef, stockLevel, price, description, color, pattern, size) {
    super(stockRef, stockLevel, price, description, color);
    this.type = "dress";                          为 dress 添加 type 属性
    this.pattern = pattern;
    this.size = size;
}
```

以上是修改后的 Dress 构造函数。我们可以修改其他类型衣服的构造函数，让它们创建一个合适的 type 属性。例如，Pants 构造函数必须将 type 值设置为 "pants"，以此类推。

使用存储的 type 属性

```
{"stockRef":1,"stockLevel":"11","price":"85","type":"dress",
"description":"red plain dress","color":"red","pattern":"plain","size":"8"}
```

以上 JSON 描述了一件包含 type 属性的连衣裙。我用黄色高亮强调了类型信息。现在，我们需要从这个 JSON 源字符串创建一个 Dress 实例。为此，我在 StockItem 类中新建了一个成员函数。JSON.parse 接收 JSON 字符串并返回一个对象（其类型由 JSON 中的 type 值来指定）。创建什么类型的对象是由 switch 结构来决定的。

```
static JSON.parse(text) {                         读取库存对象的静态方法
    var rawObject = JSON.parse(text);             从 JSON 字符串中创建一个原始对象
    var result = null;                            创建一个空的结果

    switch (rawObject.type) {                     确定正在被加载的是哪种类型的对象
        case "dress":
            result = new Dress();                 创建一个空的 Dress 对象
            break;
        case "pants":
            result = new Pants();                 创建一个空的 Pants 对象
            break;
    }
    Object.assign(result, rawObject);             将对象中的属性复制到结果中
    return result;
}
```

最后一条语句中，`JSON.parse` 方法用到了一个我们之前没有接触过的方法 `Object.assign`。`Object.assign` 把所有数据属性从一个对象复制到另一个对象中。程序用这个函数从读取的 JSON 对象中获取所有数据属性，并将它们复制到新建的空对象中。`assign` 函数的第一个参数是复制的目标对象，也就是为所需类型新建的对象。第二个参数是从 JSON 中加载的 `rawObject`，它包含所有的数据属性。

代码分析

加载和保存

Ch10 Advanced JavaScript\Ch10-10 Fashion Shop No Test Data 文件夹中的示例应用程序首次启动时不会产生测试数据。可以创建和存储一些库存条目，就算关掉浏览器，仍然可以保存。这个程序使用本地存储的方式与简易版通讯录应用一样，不过，它还创建了一个用于存储数据的 JSON 字符串数组。

问题 1：从 JSON 对象中加载的对象包含程序需要的所有数据属性。为什么要把它复制到另一个对象中？

解答：因为 `Dress` 实例包含的函数成员和数据成员系统需要能够让 `Dress` 实例做一些事情，比如获取描述。从 JSON 创建的对象不会有这些方法。所以，我们需要创建一个包含所需方法的空的 `Dress` 实例，然后将读取自 JSON 的数据添加进去。

问题 2：为什么 `JSON.parse` 方法是静态的？

解答：调用 `JSON.parse` 方法是为了从仓库中读取库存条目。程序首次启动时，不会加载任何一个库存条目，所以 `JSON.parse` 方法必须是静态的。

问题 3：每个库存类 (例如 `Dress` 和 `Pants`) 中都要有一个 `JSON.parse` 方法，的副本吗？

解答：并非如此。只需要在 `StockItem` 类中复制一个 `JSON.parse` 方法，就可以加载任意类的数据，它可以复制已经保存的数据。不过，须确保 `JSON.parse` 方法中的 `switch` 语句是实时更新的。如果添加了一种新的存储类型 (比如帽子)，就必须在 `switch` 中添加这种类型的 `case` 语句。

生成用户界面

开发时装店应用所需的所有行为都已经准备完毕。所有不同种类的数据都能放在可以保存和加载的对象中。并且，基于类的设计让所有不同对象共享的数据属性都存储在同一处。现在，唯一缺少的是用户界面元素。我们需要一个应用程序的菜单系统以及不同类型数据的视图。

让库存条目自行显示

我们建立的 HTML 文档看起来已经略具雏形。第 9 章中，创建简易版通讯录应用时，我们创建了模式对象来描述需要的显示元素。现在，可以用同样的方法来为时装店中的每个数据类设计 HTML 元素。要是不清楚怎么用模式来设计 HTML 文档，可以回顾一下第 9 章介绍的如何使用数据模式。

```
static StockItemSchema = [
    { id:"price", prompt:"Price", type:"input" },
    { id:"stockLevel", prompt:"Stock Level", type:"input" },
    { id:"description", prompt:"Description", type:"textarea", rows: 5, cols: 40 },
    { id:"color", prompt:"Color", type:"input" }];
```

以上代码显示了 StockItem 类的显示模式。这与简易版通讯录中使用的模式设计一致。每个要显示的每个库存条目都有一个条目，其中给出了属性的 id、要显示的提示和输入类型。其中有三项是单行输入，还有一个是文本框。回顾一下前面的图 10.5，可以看看这四个值的输入框是什么样子。

```
static buildElementsFromSchema(HTMLdisplay, dataSchema) {
    // work through each of the items in the schema
    for (let item of dataSchema) {                          处理模式
        // make an element for that item
        let itemElement = StockItem.makeElement(item);      创建显示元素
        // add the element to the container
        HTMLdisplay.appendChild(itemElement);               将元素添加进页面
    }
}
```

buildElementsFromSchema 方法通过数据模式中的元素工作，并利用 makeElement 函数根据模式信息来创建各个元素并将其添加到 HTML 元素中。这和创建简易版通讯录应用来显示页面的机制相同。

```
getHTML(containerElementId) {
    StockItem.buildElementsFromSchema(containerElementId,StockItem.StockItemSchema);
}
```

TheStockItem 类包含一个 getHTML 方法，它调用 buildElementsFromSchema 的参数来建立编辑 StockItem 所需的显示。现在，知道如何为 StockItem 建立显示后，可以考虑如何为 Dress 建立显示了。

```
static DressSchema = [{ id:"pattern", prompt:"Pattern", type:"input" },
{ id:"size", prompt:"Size", type:"input" }];               Dress 显示模式
```

```
                                            向 HTML 文档添加属性元素的函数
getHTML(containerElementId) {
    super.getHTML(containerElementId);              添加来自父对象的元素
    StockItem.buildElementsFromSchema(containerElementId, Dress.DressSchema);
}                                               添加 Dress 中的元素
```

以上代码是为 Dress 建立显示模式的代码。getHTML 方法使用了一个模式，后者定义了需要添加到 Dress 的 HTML 文档中的额外元素。它调用超级对象 (即 StockItem) 的 getHTML 函数来获取该对象的 HTML，最后加入自己的元素。

 代码分析

创建 HTML

出色的编程语言能够让人创造出令人自豪的代码。这个生成 HTML 的代码就让我感到非常自豪。它易于使用，也很容易扩展。我们可以轻松地添加更多库存类型，并明确地传达每个库存类型包含什么内容。现在，你可能对这段代码有一些疑惑。

问题 1：这段代码有什么作用？

解答：好问题。还记得吗？数据设计已经给出了一些类，其中容纳着一个库存条目中所有不同的数据属性。我们用继承的方法创建了一个 StockItem 超类，它保有所有库存商品共享的一切属性 (比如价格和库存商品的数量)。然后，我们创建了 StockItem 的子类，它持有一种类型的项目的特定数据 (例如裤子的长度和腰围这两个属性)。

如果想让用户与这些属性进行交互，就需要在浏览器显示的 HTML 文档中创建 HTML(标签和输入元素)。我们可以亲自动手一条一条地创建，但那样很枯燥繁琐。第 9 章中，开发简易版通讯录时，创建了一个定义要显示的属性的模式对象，然后编写了一个方法，根据数据模式来生成 HTML 元素，编辑每一个项目。可以把"模式"想象成要显示的项目的"购物清单"。

前面代码采用了与简易版通讯录相同的方法，并为每种类型的库存条目添加了一个模式。它用到了 super 关键字，以便 Dress 中的显示生成器 (getHTML 方法) 就可以调用 StockItem 类中的 getHTML 方法。这确实是很复杂，但如果肯钻研，就会发现它很合理。要是彻底理解了它，你就可以自豪地宣布自己是"类层次结构忍者"了。

问题 2：如果想给 StockItem 类添加一个新的数据属性，需要做什么？

解答：这就该这种方法派上用场了。如果老板 Imogen 决定让系统在 StockItem 类中记录一些新数据，那么我们在 StockItem 这一数据模式中添加一个新的条目就可以了。生成的显示元素会被添加到所有库存商品的编辑显示中，因为它们都是 StockItem 的子类。

启动应用程序

这个应用程序使用了四个变量，这些变量由所有函数共享：

```
var mainPage;              // 包含用户界面的 HTML 元素
var dataStore;             // 库存商品的数组
var storeName;             // 在本地存储中保存数据的名称
var activeItem;            // 当前激活的库存商品（用于输入和编辑）
```

当时装店应用启动时，这些变量需要设置好。包含应用的 HTML 文档的 body 元素有一个 onload 属性，该属性指定页面被加载时要调用的函数 doStartFashionShop，这个函数负责启动应用程序。

```
<body onload="doStartFashionShop('mainPage','fashionShop')" class="mainPage">
```

doStartFashionShop 函数与第 9 章中为启动简易版通讯录程序而创建的函数 doStartTinyContact 非常相似。它需要从浏览器加载库存数据，并设置其他共享变量。

```
function doStartFashionShop(mainPageId, storeNameToUse) {
                                                         设置 mainPage 以指向页面容器
    mainPage = document.getElementById(mainPageId);

    storeName = storeNameToUse;                          设置本地存储字符串的名称

    loadDataStore();                                     加载库存数据

    doShowMainMenu();                                    显示主菜单
}
```

indoStartFashionShop 的最后一条语句显示了用户菜单。接下来看看它是如何工作的。

创建用户菜单

用户通过点击屏幕上的按钮来与程序互动，选择各种菜单命令。回顾一下图 10.4，可以看到菜单的外观。每个程序选项都是通过点击一个按钮来选择的，按钮点击时，应用程序会调用选项对应的功能。

```
function doShowMainMenu() {
    openPage("Main Menu");

    showMenu(
        [{ desc:"Add Dress", label:"Dress", func:"doAddDress()" },
        { desc:"Add Pants", label:"Pants", func:"doAddPants()" },
        { desc:"Add Skirt", label:"Skirt", func:"doAddSkirt()" },
```

```
    { desc:"Add Top", label:"Top", func:"doAddTop()" },
    { desc:"Update stock item", label:"Update", func:"doUpdateStock()" },
    { desc:"List stock items", label:"List", func: "doListFashionShop()" }]);
}
```

我又用了一个新的模式来描述每个菜单选项。函数 showMenu 通过它来工作并生成显示结果。图 10.4 中的应用程序的主菜单就是通过它来生成的。openPage 函数负责清除页面上所有的元素并显示标题。

添加库存条目

菜单为每个库存条目调用一个 add 函数。doAddDress 函数是下面这样的：

```
function doAddDress(){
    addStock(Dress);
}
```

它调用 addStock 函数并做了件新奇的事。它将 Dress 类作为调用 addStock 的一个参数。这样做是为了能有一个可以创建任何类型的库存条目的单一 addStock 函数。

```
function addStock(StockClass) {

    activeItem = new StockClass();                          创建一个新条目

    openPage("Add" + activeItem.type);                      显示一个新页面
    activeItem.getHTML(mainPage);                           获取新条目的 HTML

    showMenu(
        [{ desc:"Save item", label:"Save", func:"doSaveAdd()" },
         { desc:"Cancel add", label:"Cancel", func:"doShowMainMenu()" }]);
}                                                           为 add 页面显示菜单
```

addStock 函数创建了一个所需别的新条目 (该类别作为一个参数提供)，接着又创建了新的显示页面，并将新项生成的 HTML 填入其中。页面的最后，addStock 函数建立了一个有保存和取消这两个功能按钮的菜单。点击 Cancel 按钮可以显示主菜单。点击 Save 按钮可以将 HTML 元素的输入复制到库存条目的新副本中。这里用到的是 doSaveAdd 函数，它负责把 HTML 文档中的数据复制到当前激活的条目中，然后在数据存储中储存这个条目。

```
function doSaveAdd() {                                      将 HTML 中的数据加载到新条目中
    activeItem.loadFromHTML();                              分配一个库存编号
    activeItem.stockRef = StockItem.getLargestStockRef(dataStore) + 1;
```

```
    dataStore[dataStore.length] = activeItem;                           存储条目
    alert(activeItem.type +" "+ activeItem.stockRef + "added");
    saveDataStore();                                                    保存数据存储
    doShowMainMenu();                                                   显示主菜单
}
```

探究时装店应用

时装店应用还有很多内容值得探究，可以从中学到很多东西。这个应用在很大程度上是由简易版通讯录演化而成的。我强烈建议你花些时间仔细浏览代码，用开发者视图的调试器在代码运行时进行调试。时装店应用的优点在于，每个函数的意图都一清二楚。比如本章中没有深入探讨的 edit 函数，它需要找到一个要编辑的库存条目并激活，还得在编辑完成后，将 HTML 文档中编辑后的属性复制到数据存储中。

目前，我们还没探索过提供库存条目列表的功能。但你可以先用用看，浏览一下它的代码，下一章将探索这个函数，并为它添加一些绝妙的功能。

 动手实践

扩展时装店应用

向现有的应用添加功能，也能从中学到很多编程知识。以下这些功能可以加到时装店应用中。

● 增加一种新的服装类型：西服。西服有外套尺码、裤子尺码、颜色、图案和样式等属性。这可以通过添加一个新的类，即 StockItem 的子类来完成。

● 添加一个所有库存条目的新属性：manufacturer (制造商)。这可以通过向 StockItem 类添加新属性来完成。

● 在应用程序中添加一些数据验证。现在，缺少数据字段的库存条目记录也能被保存。试着编写一个检测空字段的函数，以便仅在所有字段都被填充的情况下，记录才能保存。

● 创建一个可以存储其他商店 (比如渔具店) 信息的全新数据存储程序。这非常简单。可以参考时装店应用。

技术总结与思考练习

本章探索了 JavaScript 对象是怎样将相关条目作为单个对象的属性来存储的，还研究了如何运用对象来进行程序设计。

- JavaScript 程序可以创建和抛出异常来描述代码检测到的错误。抛出异常对象的 JavaScript 语句可以作为 try 块中 try-catch 结构的一部分。try-catch 结构中 catch 元素包含的 JavaScript 代码只有在抛出异常的情况下才会运行。这样的结构使得程序能够以一种可控的方式检测和处理错误。

- 只有发生特殊情况时，程序才会引发异常。在程序正常运行中可以预见的错误（如用户的无效输入或网络故障）不应该用异常来管理。

- 有了 JavaScript 类，程序员可以指定在类构造函数中使用的数据来设计对象内容，以设置类中属性的初始值。

- JavaScript 类的构造函数接受用来初始化新建类的实例中属性的参数。

- JavaScript 中，new 关键字可以通过调用类的构造函数来新建一个类的实例。JavaScript 方法调用中缺失的方法参数被替换成值 undefined，所以可以用一个没有参数的构造函数调用来新建一个"空的"类的实例，其中包含所有属性的值 undefined。

- JavaScript 类可以包含作为类成员的方法。成员方法可以被类之外的代码调用以使对象为其提供行为。

- 在类的方法中，this 引用指向的是调用该方法的对象。

- JavaScript 的继承允许创建超类或父类，这些类可以扩展，新建"次 (sub)"或"子 (child)"类。子类包含父类的所有成员。这让一些相关的类共享的属性可以保存在一个单一的超类中。

- 子类可以通过提供自己的方法实施来覆写超类中的方法。super 关键字允许子类中的一个方法调用超类。子类的构造函数必须包含一个使用 super 机制来初始化超类属性的构造函数。

- 类可以包含静态数据和方法成员，它们是作为类的一部分存储的，而不是作为类的实例的一部分存储。静态方法是类提供行为或数据属性的一种方式，不需要创建外围类的实例就可以使用。

以下这些问题与本章的内容相关，值得深入思考。

1. **如果 JavaScript 程序没有捕获到抛出的异常，会怎样？**

   如果不属于 `try-catch` 构造函数的一些 JavaScript 程序抛出了异常，那么这个异常就会被浏览器捕获，执行序列就会结束。这时如果打开开发者视图，会看到以红色错误信息形式显示的异常。

2. **JavaScript 程序什么时候应该抛出异常？**

   只有在特殊情况下才应该抛出异常。一些 JavaScript 函数，例如 `JSON.parse`，用异常来表示错误条件。也可以主动让代码产生异常。刚开始处理一个项目时，我们需要找出所有潜在的错误条件，并决定每个错误该如何处理。异常非常有用，因为它提供了一种方法，后者可以将低级别故障迅速传给高级别错误处理程序。

3. **JavaScript 程序必须捕捉所有的异常吗？**

   编写程序时，我最担心的不是程序可能会失败，而是用户以为它运作良好，实际上却并非如此。如果程序因为明显的错误而失败了，用户会不开心的。但如果一个程序"假装"运作良好，而用户后来却发现所有数据都丢失了，他们势必会怒发冲冠。需要确保以行之有效的方法记录和报告每个异常。

4. **程序中必须使用类吗？**

   不。但是，类可以让某些类型的程序（尤其是那些需要处理不同类型关联数据的程序）更容易编写。

5. **JavaScript 类可以有多个构造函数吗？**

   有些编程语言有重载 (overloading) 机制，一个类可以包含一个方法的多个版本，这些方法名称相同，但参数不同。JavaScript 不支持重载，所以一个类只能包含一个构造函数方法。如果想提供不同的方法来构造对象，就必须在构造函数中编写代码，明确函数的参数含义。

6. **方法和函数之间的区别是什么？**

   方法是作为类的一部分来声明的，而函数是在所有类之外声明的。两者都可以接受参数并返回结果。

7. **this 引用可以作为函数调用的参数吗？**

   可以。在方法中，`this` 引用指向的是调用该方法的对象。一个对象想把对自己的引用传递给另一个对象时，可以将 `this` 的值作为函数参数传递。这就好比我打电话跟你说我的电话号码是什么一样。

8. **可以在静态方法中使用 this 引用吗？**

   不可以。静态方法是外围类的成员，与现有的实例没有关联。

第 11 章

开发商业版应用

本章概要

在本章中，要创建一些应用。要探索 JavaScript 程序是怎样用函数来控制数据处理方式的，以及 JavaScript 程序是怎样从互联网获取服务的。最后，要用 Node.js 平台创建一个属于自己的 JavaScript 网络服务器，并建立一个可以从中获取服务的应用。学完本章后，将掌握网络应用的真正工作原理，并学会构建自己的应用。

数据分析

首先，将对第 10 章中创建的时装店应用进行一些分析，从中探索 JavaScript 函数的一些高级特性，并认识到分析数据数组的内容是一件轻而易举的事。先来思考一下怎样让 JavaScript 显示库存商品列表。

时装店的库存列表

第 10 章快要结束时，我们创建了一个应用来管理时装店的库存。时装店有各种各样的库存条目，每个条目都由一个特定对象的实例来表示。所有库存以库存数组的形式存储。这个应用的特点之一是：用户可以浏览包含店里所有库存的列表（图 11.1）。现在，我们来看看具体细节。

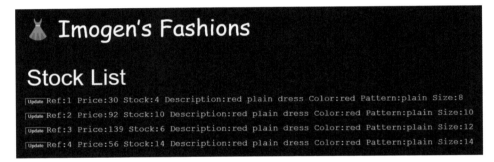

图 11.1　时装店库存清单

时装店应用生成一个库存列表，如图 11.1 所示。每个库存条目都显示为一行文本。列表中的每行 2 页库存详情前面都有 Update 按钮，点击这个按钮就可以更新对应商品的库存详情。当用户点击按钮生成库存列表时，会运行下面这个 JavaScript 函数：

```javascript
function doListFashionShop() {
    createList("Stock List", dataStore);
}
```

doListFashionShop 函数调用了 createListPage 函数。提供给 createListPage 函数的参数有两个。第一个参数是列表的标题。在本例中，标题是 "Stock List"。第二个参数是要显示的条目列表。在本例中，程序列出数据存储的全部内容。函数 createListPage 负责创建并显示列表页。我们来看看它是如何运作的。

```javascript
function createList(heading, items) {
    openPage(heading);                          在页面中显示标题
    for (let item of items) {                   处理列表中的所有条目
```

```
        let itemPar = createListElement(item);          为一个条目创建一个列表元素
        mainPage.appendChild(itemPar);                   将列表项追加到主页面上
    }
}
```

createList 函数处理所有列表项，并为每一项调用 createListElement 函数。接着，createListElement 返回的列表元素被添加到 mainPage 中。mainPage 变量是浏览器正在显示的文档中的 HTML 元素。时装店应用用它来向用户显示数据。最后探索 createListElement 函数，来看看它是如何工作的。

```
function createListElement(item) {                      为按钮点击事件创建函数调用
    let resultPar = document.createElement("p");        创建一个外围段落

    let openButton = document.createElement("button");  创建 Update 按钮
    openButton.innerText = "Update";                    设置更新按钮的文本为"Update"
    openButton.className = "itemButton";                设置按钮的样式表
    let editFunctionCall = "doUpdateItem('" + item.stockRef + "')";
    openButton.setAttribute("onclick", editFunctionCall);
    resultPar.appendChild(openButton);                  将按钮添加到段落中
                                                        为按钮添加 onclick 事件
    let detailsElement = document.createElement("p");   创建细节段落
    detailsElement.innerText = item.getDescription();
    detailsElement.className = "itemList";              设置描述的样式表
    resultPar.appendChild(detailsElement);              将描述添加到该段中
                                                        获取条目的描述并将其添加到详细信息中
    return resultPar;                                   返回创建的段落
}
```

这个函数输出的是一个元素，用于在时装店应用的 HTML 文档中显示具体的条目。

```
<p><button class="itemButton" onclick="doUpdateItem('4')">Update</button>
<p class="itemList">Ref:4 Price:10 Stock:14 Description:red plain dress
                Color:red Pattern:plain<ic:ccc> Size:14</p></p>
```

这是由 createListElement 生成的关于一项库存的 HTML。其中包括一个按钮，一旦按钮被点击，doUpdateItem 函数就会被调用。调用 doUpdateItem 函数时的参数是被显示条目的 stockRef(库存参考编号)。在以上 HTML 中，显示的是 stockRef 为 4 的元素。doUpdateItem 函数找到了需要的元素，并用它更新了显示。

时装店应用的数据分析

老板 Imogen 觉得时装店应用非常有用。她尤其喜欢库存列表这个功能。现在，她希望还能增加下面这些数据分析功能。

- 列表能按照库存数量排序，以便能快速发现哪些商品需要补货。
- 列表能按照价格降序排序，能看出哪些商品比较贵，可能需要打折。
- 列表能按照"投入"（价格乘以库存的数量）排序，能确定花的钱最多是哪一项。
- 列表只能包含数量为 0 的库存。
- 显示所有库存的总价值。

你决定在程序的主菜单中增加一个 Data analysis（数据分析）选项来实现这些需求，如图 11.2 所示。

当老板 Imogen 点击 Analysis（分析）按钮时，应用程序就会显示分析命令列表，如图 11.3 所示。

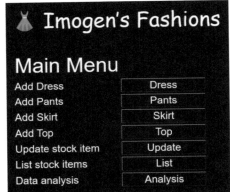

图 11.2　新增数据分析选项　　　　　图 11.3　数据分析菜单

这是时装店应用中的第一个"子菜单"。也可把数据分析的这些功能和其他功能放在一起，但我认为，把一些不常使用的功能放在另一菜单中的话，程序用起来更方便。和第 10 章介绍如何建立用户界面一样，可以通过为每个菜单创建模式。然后，可以回去填入需要的功能。在编写代码使其工作之前，老板 Imogen 可以接受现在的"空"菜单。

数组的使用

老板 Imogen 要求的前三项功能涉及对库存数据进行分类。时装店应用数据存储中的条目是以添加顺序来保存的。为了满足第一个要求，需要按照库存水平的顺序对 `dataStore` 数组进行排序。很多程序都需要用到排序功能，所以 JavaScript 的 `array` 类型提供了一个排序方法来对数组进行排序。只需告诉 `sort` 方法在排序过程中如何决定元素的顺序即可。

这可以通过提供比较函数来完成。比较函数对两个值进行比较，并返回一个表明两者顺序的结果。如果结果是负的，则意味着第一个值比第二个值"小"。如果结果是正的，则意味着第一个值比第二个值"大"。如果结果为 0，则意味着两个值相等。可以通过用一个库存量减去另一个库存量得到库存量比较返回值。

```
function stockOrderCompare(a, b) {
    return a.stockLevel - b.stockLevel;
}
```

`stockOrderCompare` 函数接收两个参数。它从每个项目中获取库存量值，然后返回一个库存量减去另一个库存量的结果。为了获得按此顺序排列的 `dataStrore` 数组，这个比较函数要作为参数提供给 `sort` 方法的调用。

```
dataStore.sort(stockOrderCompare);
```

我们不需要知道 `sort` 方法是如何对 `dataStrore` 数组进行排序的，就像不用知道 JavaScript 是如何将两个数字相加一样。不过，有一点需要知道的是，排序过程不会在内存中移动任何 `StockItem` 的值。数据存储包含一个引用数组。可以在不移动内存中任何东西的情况下改变引用的顺序。

```
function stockOrderCompare(a, b) {
    return a.stockLevel - b.stockLevel;
}

function doListStockLevel() {
    dataStore.sort(stockOrderCompare);
    createList("Stock Level Order", dataStore);
}
```

以上代码可以生成一个按库存量排序的库存商品列表。当老板 Imogen 选择显示按库存量排序的列表时，`doListStockLevel` 函数就会被调用。该函数对 `dataStore` 数组进行排序，然后使用 `createList` 函数来显示排序后的列表。

代码分析

对库存商品进行分类

在 Ch11 Creating Applications\Ch11-01 Fashion Shop Stock Sort 示例文件夹中，时装店应用有数据分析功能，可以显示按库存量排序的库存列表。对于它的工作原理，你可能有一些疑问。

问题 1：用 stockItemCompare 函数作为 sort 方法的参数时，会怎样？

解答：一个 JavaScript 函数是一个对象，就像 JavaScript 程序中的许多其他对象一样。对象是通过引用来管理的，所以 sort 方法会收到一个参数，也就是对 stockItemCompare 函数的引用。

问题 2：如果在一个没有 stockLevel 属性的对象列表中使用 stockItemCompare 函数的话，会怎样？

```
var names = ["fred", "jim", "ethel"];
names.sort(stockOrderCompare)
```

解答：以上 JavaScript 就是这么做的。第一条语句创建了一个名为 names 的字符串数组。第二条语句试图用 stockOrderCompare 作为比较函数来为这些名字排序。但因为 names 数组中的字符串没有 stockLevel 属性，所以无法成功排序。但这段代码是怎么运行呢？

可以根据 JavaScript 出错时的做法来推测会怎样。如果访问对象没有的属性，JavaScript 会返回一个值 undefined。这意味着 stockOrderCompare 函数会比较两个未定义值。任何涉及未定义计算结果都是值 Not a Number(NaN)。所以，比较函数会返回 NaN，被 sort 方法忽略，因此数组不会有变化。

问题 3：如何对一个名字数组进行排序？

解答：必须创建一个比较函数来对两个字符串进行比较并返回所需的结果。可以用 JavaScript 表达式来确定一个字符串是否比另一个字符串大 (通过字母表上的排序来判断)。可以写一个 stringOrderCompare 函数。

```
function stringOrderCompare(a,b) {
    if(a<b) return-1;                         a 小于 b
    if(b<a) return 1;                         b 小于 a
    return 0;                                 两个字符串相同
}
```

这个函数可以用来对前面创建的名字数组进行排序。Ch11 Creating Applications\
Ch11-01 Fashion Shop Stock Sort 的示例程序中声明了 `stringOrderCompare` 函数。

```
> names.sort(stringOrderCompare)
["ethel", "fred", "jim"]
```

匿名函数

通过改变用于执行比较的函数来控制 `sort` 的行为。但是，如果必须先创建这个
函数，然后再把它作为 `sort` 调用的参数，未免也太烦琐了。还好，在 JavaScript 中，
直接在 `sort` 调用的参数中声明比较函数，可以简化这个过程：

```
dataStore.sort(function(a,b){
    return a.stockLevel-b.stockLevel;
});
```

前面的 `sort` 与原先那个起着同样的作用，但这次，比较函数是作为参数提供给
`sort` 调用的。这种类型的函数声明称为"匿名函数"，因为它没有名字。匿名函数
不能被任何其他代码调用。它有两个优势，一是略微简化程序；二是将比较函数和对
`sort` 的调用直接绑定到一起。有了以上代码，就不必再研究 `stockOrderCompare`
函数有什么作用了。Ch11 Creating Applications\Ch11-02 Fashion Shop Simple Function
示例文件夹中的应用程序就是用这种简化函数格式来控制排序行为的。

箭头函数

箭头函数是一种快捷编程方法。除了输入 `fuction` 来创建匿名函数之外，还可
以用这种方式来表达函数：

```
dataStore.sort((a,b) => { return a.stockLevel - b.stockLevel});
```

在箭头函数 `=>` 之前，给出函数的参数，在箭头之后，则给出构成函数主体的语
句块。如果函数只包含一个语句，则可以省去语句块和关键字 `return`，构成一个短
小精悍的箭头函数。

```
dataStore.sort((a,b) => a.stockLevel - b.stockLevel);
```

以上语句按升序对数据存储进行排序，最低库存量在前。如果想按降序排序，需
要怎样改动代码呢？

```
dataStore.sort((a,b) => b.stockLevel - a.stockLevel);
```

事实证明，只用做一个小小的改动就好了。如前面的语句所示，将减号两边互换一下即可。

 代码分析

匿名函数

匿名函数和箭头函数都是非常强大的 JavaScript 特性，不过，初次接触时，你可能会感到十分困惑。

问题 1：匿名函数为什么要叫"匿名"函数？

解答：因为它没有名字。迄今为止，我们给创建的所有函数和方法都起了名字，以便在程序的其他地方引用它们。但是，当使用匿名函数的时候，我只想描述在程序中某处要执行的特定行为。我当然可以给这个行为命名 (就像前面的 `OrderCompare` 一样)，但直接把 JavaScript 编码放到程序中会更省时省力。程序员有时会把匿名函数称为 `lambda` 函数。

问题 2：可以在应用的其他部分调用匿名函数吗？

解答：匿名函数中的代码只能用于它被声明的地方。不可用于其他任何地方。因为它没有名字。

问题 3：匿名函数可以调用其他函数吗？

解答：要是想的话，完全可以写一个包含成千上万行代码的匿名函数。但我不建议这样做。我认为，匿名函数只是提供了一种方法来让你可以将一小段特定代码放到程序中。

问题 4：可以用匿名函数作为函数的参数吗？

解答：可以。在 JavaScript 中，函数和其他东西一样是个对象，因此可以像其他值一样在程序中传递。事实上，我们已经这么做过了。之前使用 `sort` 方法时，我们传给它一个函数，用来比较两个要排序的值。

问题 5：用 `function` 创建的匿名函数和用箭头创建的匿名函数有什么区别？

解答：从前面可以看到，有两种方法能用来描述匿名函数。

```
dataStore.sort(function(a,b){
    return a.stockLevel-b.stockLevel;
});
```

这个版本的匿名函数用来在排序操作中进行比较。它作为参数提供给 `sort` 方法。

```
dataStore.sort((a,b) => { return a.stockLevel - b.stockLevel});
```

这个版本用箭头函数达到了同样的目的。对于这个例子而言，用 function 或 => 都可以。但是，这两个匿名函数在工作方式上有所不同。最大的差异在于 this 关键字在匿名函数中的作用方式不同。从对象内部运行的方法中访问对象的元素时，我们用过 this 关键字。如果想借助于匿名函数，利用 this 关键字来获取外围对象中的元素的话，就必须用箭头符号创建匿名函数。用 function 来创建匿名函数的话，会新建一个对象，函数代码在其中运行。在这种匿名函数中运行的代码只能访问函数体内声明的元素，而这通常并非我们所愿。

然而，在使用箭头运算符创建的匿名函数体内运行的代码会从外围对象中获取 this 的值，所以代码可以从对象中取得属性。这些都很错综复杂。简单来说，如果想让 Dress 对象中运行的匿名函数能够取得 dress 的 size 属性，就应该用 => 来创建这个匿名函数。

按价格和价值排序

按价格排序 (这是老板 Imogen 想要的第二种数据分析) 也容易，对比较功能稍加改动即可，通过价格属性来比较两个库存商品：

```
function doListPrice() {
    dataStore.sort((a,b) =>  b.price - a.price);                    箭头函数比较
    createList("Price Order", dataStore);
}
```

doListPrice 函数是 doListStockItem 函数经过微调后的版本。最后用于排序的命令有点复杂，如果要按每类库存的投入金额进行排序，比较函数就需要算出每个库存商品的价值。这个价值等于一项库存商品的价格乘以其库存量。

```
function doListInvestment() {
    dataStore.sort((a,b) =>  (b.price * b.stockLevel) - (a.price * a.stockLevel));
    createList("Investment Order", dataStore);
}
```

Ch11 Creating Applications\Ch11-02 Fashion Shop All Sorts 文件夹中的应用程序使用箭头函数 => 实现了排序行为。

通过筛选来获取零库存的商品

老板 Imogen 想要的下一个功能是列出所有库存为零的商品。我们可以创建一个 for 循环，让它来处理 dataStore 数组并挑出所有 stockLevel 值为 0 的条目。不过，可以用数组对象提供的另一个方法更轻松地完成任务。我们知道，所有数组都提

供 sort 方法，可以基于特定比较函数对内容进行排序。不仅如此，数组还提供其他有用的方法，比如 filter 方法。filter 方法将函数应用到数组中的每个元素上进行检测。如果检测结果为 true，则对应的数组元素就会被添加到结果中。

```
function doZeroStockItems() {                           筛选库存
    var zeroStockList = dataStore.filter( (a) => a.stockLevel==0);
    createList("Zero stock items", zeroStockList);
}
```

我把这个测试写成一个接受 stockItem(也就是数组内容) 的箭头函数，如果项目的 stockLevel 属性为 0，则返回 true。filter 函数返回一个列表，由 createList 函数来显示。和 stockLevel 一样，zeroStockList 包含对库存条目的引用，并不包含条目本身。在 Ch11 Creating Applications\Ch11-03 Fashion Shop Filter 示例文件夹中，时装店应用可以列出零库存的库存条目。只要改变选择函数的行为，就可以用这个办法根据各种标准来筛选列表。

用 reduce 方法计算库存总价值

老板 Imogen 想要的第四个功能是计算所有库存的总价值。我们可以创建一个 for-of 循环，通过数据存储数组工作。不过，还有一个更简单的办法，就是利用数组提供的 reduce 方法。该方法通过对数组中的每个元素应用 reduce 函数，将数组内容缩为一个值，并将所有结果加到一起。为了理解更充分，我先从一个已命名函数开始讲起，然后再把它转换成一个箭头函数。

```
function addValueToTotal(total,item){
    return total+(item.stockLevel*item.price);
}
```

addValueToTotal 函数接受当前总数作为第一个参数，第二个参数则是对一个库存条目的引用。这个函数计算库存条目的价值，将其加进总数，然后返回结果。利用 dataStore 数组中的 reduce 方法，可以将这个函数应用于 StockList 中的每个元素，并计算出库存总价值。

```
var total=dataStore.reduce(addValueToTotal, 0);
```

被调用来更新总数的函数是 reduce 方法的第一个参数。第二个参数是初始总价值，在本例中为 0。可以把 addValueToTotal 函数转换成箭头函数，这么做的话，reduce 的调用就像下面这样：

```
var total = dataStore.reduce(
    (total, item) => total + (item.stockLevel * item.price),
    0);
```

在 Ch11 Creating Applications\Ch11-04 Fashion Shop Total Value 示例文件夹中，时装店应用可以显示库存总价值。从数据分析菜单中选择 Total(总和) 时，会弹出一个包含库存总价值的提示框。注意，由于程序每次启动都会生成新的测试数据，所以每次运行时总值都会不一样。

使用 map 为所有库存条目设置折扣

把更新后的软件交给老板 Imogen，她满意极了，但这并没有持续多久。她很快又提出了另一个要求。她想为所有库存商品设置折扣。她希望能够将所有价格降低 5%。可以用处理数组的 for 循环来完成这个任务，不过，数组还提供 map 函数，它能对数组中的每个元素应用一个给定函数。要想设置 5% 的折扣的话，可以将价格乘以 0.95。

```
dataStore.map((item)=>item.price = item.price*0.95);
```

就这样，一行语句就足够了。map 方法接受只有唯一参数的函数。这个参数就是要处理的库存商品。以上语句可以使每个库存商品的价格下调 5%。在 Ch11 Creating Applications\Ch11-05 Fashion Shop Discount 文件夹中，可以找到这个示例程序。

 动手实践

为时装店应用添加额外的功能

探索了 map、filter 和 reduce 这三个方法的使用后，可以试着添加老板 Imogen 可能喜欢的其他一些功能。需要注意的是，有些功能可能需要使用多个方法来实现。

- 增加清除 5% 折扣的命令。请注意，并不是直接把现在的价格乘以 105% 就可以了；需要提升更高百分比，因为现在的价格是折后价格。
- 增加一条命令，把所有价格超过 50 美元的商品降价 5 美元。换句话说，20 美元一件的衣服将保持原价，但 60 美元一件的衣服将降价到 55 美元。
- 增加一条显示红色库存商品数量的命令。

读取天气信息

本节介绍 JavaScript 程序如何从互联网获取和使用数据。用这种技术可以从成千上万的来源中获取数据。我们将一起创建一个应用，从 https://openweathermap.org 提供的 OpenWeather 服务中读取天气信息。OpenWeather 网站可以免费创建账户，每天可以用它来获取数量有限的天气数据。我在 GitHub 网站上为本书创建了一些固定的天气数据，如果不想创建 OpenWeather 账号的话，可以用这些数据来测试程序。天气信息是以 JSON 编码的对象形式提供的，显示为一个文本字符串。首先，我们要研究怎样从互联网服务器上获取文本字符串。

从服务器获取数据

目前为止，所有由 JavaScript 程序执行的动作都能快速完成。然而，有时从网上获取信息需要花些时间，有时，网络请求会彻底失败。使用网络连接的 JavaScript 程序不得不面对缓慢的响应和请求失败。对此，一个好方法是让获取过程异步执行。

异步操作

我可以通过两种方式购物。可以去超市，挑选好想要的东西、付款，然后把买的东西带回家。我的行动和超市是同步的，因为我必须等收银员收款后把商品交给我。除了这种方法，我还可以把购物清单通过电子邮件发给超市，让他们把我想买的东西送到家。在这个过程中，我可以做其他事，比如在等待送货员时打理打理花园什么的。我的行动和超市不同步，也就是说，我们是异步的。如果超市要花很长时间才能把货物送到我手里，这意味着我可以花更多时间在园艺上 (实际上，这对我而言并不是件好事，因为事实证明，我宁愿在超市里傻等着，也不愿意去打理花园)。到目前为止，当我们的 JavaScript 程序做任何事的时候，都是同步执行的。举个例子，考虑以下语句：

```
descriptionPar = document.createElement("p");
```

这条语句来自时装店应用。它调用 `createElement` 方法创建了新的文档元素。这条语句执行时，应用会等着 `createElement` 方法提供新的文档元素，就像我在超市里等待结账一样。`createElement` 方法运行得很快，所以应用程序不用等太久。然而，一个使用网络连接的函数可能需要几秒钟才能从远程服务器取得数据。这会导致应用程序暂停数秒。用户在这段时间内无法点击屏幕上的任何按钮，因为浏览器只允许 JavaScript 应用一次执行一个动作。如果经历过试图使用网页时被"锁定"，你就知道这种感觉到底有多么糟糕了。

JavaScript 的 promise 对象

为了解决这样的问题，JavaScript 引入了"承诺"的概念。Promise 对象和程序要执行的任务相关联。JavaScript 提供的 fetch 方法可以用于从服务器上获取数据。但是 fetch 函数并不返回数据，而是返回一个 promise 对象，承诺会在未来的某个时间点交付数据。

```
var fetchPromise = fetch('https://www.begintocodewithjavascript.com/weather.html');
```

以上语句利用 fetch 来获取 'https://www.begintocodewithjavascript.com/weather.html' 中的文件内容。这个调用会得到一个 promise 对象。变量 fetchPromise 指向这个对象。fetch 是异步的起始点。可以把它看作我给超市打电话要求送货的节点。

fetchPromise 对象是请求数据的应用和获取数据的异步过程之间的链接。在 promise 对象上设置一个属性，确定到时要调用什么函数。promise 对象提供的 then 方法返回一个新的 Promise。

```
fetchPromise.then(doGotWeatherResponse);
```

以上语句告诉 fetchPromise，fetch 完成后要调用 doGotWeatherResponse 函数。现在，我们需要找出 doGotWeatherResponse 函数的作用。

```
function doGotWeatherResponse(response) {
  if (!response.ok) {                        检查是否请求成功
    alert("fetch failed");                   如果请求失败，弹出提示框
    return;
  }

  jsonPromise = response.json();             获得对响应中的 JSON 进行解码的承诺
  jsonPromise.then(doGotWeatherObject);      JSON 被解码后，调用
}                                            doGotWeatherObject
```

一旦 promise 得以兑现保留，就会传递被调用函数的参数。对 fetch 而言，参数 response 对象描述了获取数据时发生的事。网络请求可能失败，所以 doGotWeather Response 函数首先要做的是检查 response 的 ok 属性。如果是 false，就显示警告，并结束函数。

如果 response 是 ok，doGotWeatherResponse 函数就开始获取数据。它使用一个"以承诺驱动"的过程，从 response 的 JSON 中获取 JavaScript 对象。

从网络获取 JSON

response 提供的 json 方法用于从网络中获取文本并将其从 JSON 转换为 JavaScript 对象。这可能需要一些时间。可能要获取和解码大量数据，所以这

个过程也是异步执行的。JSON 的 `promise` 对象的 `then` 方法用于调用驱动着 `doGotWeatherObject` 方法，它在 `weather` 对象从网络中创建时调用。

```
function doGotWeatherObject(weather) {
  let resultParagraph = document.getElementById('resultParagraph');
  resultParagraph.innerText = "Temp:" + weather.main.temp;
}
```

`doGotWeatherObject` 函数从 `weather` 对象中获取温度信息，并将其显示在页面上的段落中。

```
{"coord":{"lon":-0.34,"lat":53.74},
"weather":[{"id":804,"main":"Clouds","description":"overcast clouds","icon":
"04d"}],
"base":"stations",
"main":{"temp":18.14,"feels_like":17.24,"temp_min":18,"temp_max":18.33,
        "pressure":1019,"humidity":82},
"visibility":10000,"wind":{"speed":3.6,"deg":270},
"clouds":{"all":98},"dt":1599639962,
"sys":{"type":1,"id":1515,"country":"GB","sunrise":1599629093,"sunset":1599676358},
"timezone":3600,"id":2645425,"name":"Hull","cod":200}
```

这就是描述天气的 JSON。可以看到，对象包含 `main` 属性，`main` 属性中又包含 `temp` 属性。请注意，温度是以摄氏度而不是华氏度为单位表示的。Ch11 Creating Applications\Ch11-06 Weather Display 示例文件夹中的应用包含这些功能，点击 FETCH 按钮（图 11.4），可以显示天气信息。

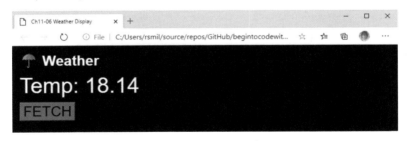

图 11.4　显示天气信息

用匿名函数来简化 promise

前面写的代码运行完美，展示了函数是如何与 `promise` 相结合的。不过，它也相当冗长。事实证明，用匿名函数可以高度简化代码。可以用箭头运算符来表达匿名函数。如果想回忆它们的工作原理，请看前面的"箭头函数"一节。以下代码用箭头函数指定了 `promise` 兑现时要执行的动作。

```
function doGetWeather(url) {
  fetch(url).then(response => {                    ────────── response 完成后运行的函数
    if (!response.ok) {
      alert("Fetch failed");
      return;
    }
    response.json().then(weather => {             ────────── JSON 解码完成时运行的函数
      let resultParagraph = document.getElementById('resultParagraph');
      resultParagraph.innerText ="Temp:" + weather.main.temp;
    })
  })
}
```

　　doGetWeather 函数接收一个参数，后者给出待加载项的网址。doGetWeather 函数的逻辑与之前的实现完全相同。区别在于，承诺实现时要运行的函数现在作为 then 的参数被写成了箭头函数。在 Ch11 Creating Applications\Ch11-07 Weather Arrow Function 示例文件夹中可以找到使用了这个函数的应用。通过改变这段代码中的 URL 字符串，可以从其他网址中读取 JSON 对象。

从网上获取文本

　　如果不想从网上读取 JSON，而只是想读取文本的话，可以使用 text 方法，它返回一个 promise 来传递文本，而不是 JavaScript 对象。可以在 Ch11 Creating Applications\Ch11-08 Weather Text 示例文件夹下的应用中看看具体实现过程。

处理 promise 中的错误

　　就像现实生活中一样，JavaScript 中的承诺有时难以兑现。网络有时候会断，又或许服务器交付的文本不包含有效的 JSON 字符串。在这样的情况下，承诺不会由 then 指派的函数来实现，而是会调用错误处理函数。错误处理函数是通过调用 promise 的 catch 方法来指派的。catch 的使用方式与 then 一样，它接受的参数用于描述发生的错误。

```
function doGetWeather(url) {
  fetch(url).then(response => {
    if (!response.ok) {
      alert("Fetch failed");
      return;
    }
    response.json().then(weather => {
      let resultParagraph = document.getElementById('resultParagraph');
```

```
    resultParagraph.innerText ="Temp:" + weather.main.temp;
  }).catch(error => alert("Bad JSON:" + error)); // json error handler
}).catch(error => alert("Bad fetch:" + error)); // fetch error handler
}
```

前面 doGetWeather 函数有两个 catch，用于显示警告（其中包含 promise 失败时产生的错误信息）。

在 fetch 结束后用 finally 启用按钮

前面的天气应用在每次 FETCH 按钮被点击时，都会提出 fetch 请求。这可能引发一些问题。通常来讲，如果用户在第一次点击后的一秒钟内没有得到响应，就会重复点击这个按钮。在天气应用中，这将产生大量的 fetch 请求。为了避免这种情况，优秀的应用会在 FETCH 按钮被点击后将其禁用。所以，改进一下我们的应用。JavaScript 程序可以通过给按钮添加 disabled（禁用）属性来禁用按钮。

```
let fetchButton = document.getElementById('fetchButton');   找到 ID 为 FetchButton 的按钮
fetchButton.setAttribute("disabled");                       禁用该按钮
```

这两条语句禁用了一个 ID 为 FetchButton 的按钮。fetch 请求完成后，程序可以再次启用该按钮。在 then 和 catch 函数中添加代码，即可启用按钮，但就像你知道的那样，我讨厌重复写相同的代码。这次，可以在 Promise 中添加 finally 函数，promise 完成后，无论是否成功，finally 函数都会识别要运行的代码。这可以保证一旦 fetch 结束，FETCH 按钮就会被启用。

```
.finally( message => {                                      查找 ID 为 FetchButton 的按钮
  let fetchButton = document.getElementById('fetchButton');
  fetchButton.removeAttribute("disabled");                  删除禁用属性
})
```

以上是我为移除 FETCH 按钮禁用属性而添加的代码。完整版本可在 Ch11 Creating Applications\Ch11-09 Weather Finally 示例文件夹下的示例应用中找到。

 代码分析

深入理解 Promise

Ch11 Creating Applications\Ch11-10 Weather Error Handling 示例文件夹下的应用利用前面的 doGetWeather 函数来显示温度。它还包含另外两个可以激活错误的 fetch 行为的按钮。第一个试图从一个不存在的网址载入天气信息，第二个则加载一个不包含 JSON 数据的文件。可以试着用它们来试一下失败的 promise。

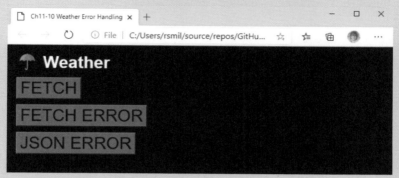

问题 1：`promise` 有什么作用？

解答：如果比较难以理解的话，不妨想想它是用来解决什么问题的。程序想从网上获取一些信息，但这些信息要花很长时间才能传过来。这种情况下，与其调用传递信息的方法，不如调用提供行动的方法。换句话说，我们的要求并不是"把网络数据给我"，而是"给我一个在网络中取得数据后完成的 `promise`"。

应用程序可以把函数附加到 `promise` 上，以便在 `promise` 完成 (then) 或被出错 (catch) 时调用。这样的话，无需等到数据传输完，程序就可以继续运行。实现 `promise` 所需要的操作以异步方式进行，在未来的某个时刻，`promise` 要么守，要么破，然后其中一个函数会被调用。

问题 2：同一时间可以有两个 `promise` 吗？

解答：可以。如果在前面的例子中点击 FETCH ERROR 按钮，你会发现错误信息需要等上几秒钟才能出现。等待错误信息出现时，可以点击 FETCH 和 JSON ERROR 按钮来执行它们的 `fetch` 行为。

问题 3：我能自己写执行 `promise` 的代码吗？

解答：可以。下一章中，我们会一起创建一个 `pormise`，将在图像被加载到游戏中时执行。

问题 4：为什么需要为 `fetch` 承诺创建 `catch`？难道不能在 `try-catch` 结构中禁止对 `fetch` 的调用来捕捉 `fetch` 抛出的错误吗？

解答：如果你能理解这个问题和答案，就可以称自己为"信用大师"了。一旦事情变得棘手，JavaScript 代码就可以抛出错误对象。这称为"异常"(exception)。前面讲过，处理 JSON 的代码若不能将字符串转换成 JavaScript 对象，就会抛出异常。想知道这是怎么回事吗？请参见第 10 章中对捕捉异常的介绍。你可能认为，可以把对 `fetch` 的调用放在 `try-catch` 结构中，以便出错时进行处理。

```
try{
  fetch(url).then( response=>{
  // rest of fetch code here
```

```
}
catch{
  // handler for errors during fetching
}
```

你可能会写出上面这样的代码。但这样行不通，因为 fetch 函数只负责启动获取网络数据的过程。一旦获取数据的过程开始，fetch 函数就完成了，程序执行还是会从 try-catch 外围结构中出来。从服务器中获取数据时出现的错误不能由 fetch 外围的 try-catch 处理，因为早在异常发生之前，程序执行就离开 try-catch 块了。

问题 5：应该在哪些情况下使用 finally？

解答：想指定一个 promise 结束（无论被履行或被打破）时必须执行的行为时，可以使用 finally。其目的可能是启用一个按钮（前面就是这样）或者是整理 promise 取得的资源。养成使用 finally 的习惯大有裨益，因为就算代码中的 then 和 catch 这两个函数意外失败，finally 仍然会在 promise 结束时运行。

Node.js

目前为止，我们编写的所有 JavaScript 应用程序都是在浏览器中运行，并用 HTML 文档与用户进行交互。这对创建客户端应用程序（指的是获取数据并使用它的应用程序）而言足够了。但要想更进一步的话，需要学会创建能作为服务器的 JavaScript 应用程序，为客户端应用程序提供数据。本节将探索如何利用 Node.js 平台创建一个 JavaScript 服务器应用程序。将 JavaScript 组件从浏览器中取出，使其成为可以承载 JavaScript 代码的独立应用程序，这就是 Node.js。

 动手实践

安装和测试 Node.js

在开始用 Node.js 之前，需要先把它安装到机器上。它是免费的，适用于 Windows PC、macOS 和 Linux 系统。打开浏览器，进入网站 https://nodejs.org/en/download/。

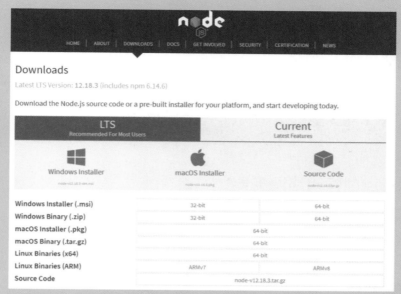

  点击下载好的安装程序，并进行安装。完成安装后，就可以开始使用 Node.js 了。首先测试是否正常完成了安装。这可以通过使用 Visual Studio Code 中的终端来确定。启动 Visual Studio Code，打开"查看"选单，并选择"终端"。终端窗口会在 Visual Studio Code 的右下角打开。用这个窗口向计算机的操作系统发送指令。我用的是 Windows 系统，所以我的命令将由 Windows PowerShell 执行。输入 mode 命令并按 Enter 键。

  Node 应用程序启动，还显示了命令提示符。你应该觉得非常眼熟。输入一个 JavaScript 命令，它会像浏览器的开发者视图中的控制台一样执行命令。

  按快捷键 CTRL+D，退出 Node.js 命令提示符窗口。

Node.js 为计算机提供了一种运行 JavaScript 应用程序的方法。输入命令"node myprog.js"，命令提示符就会执行 myprog.js 文件中的 JavaScript 程序。注意，由于这个应用程序不是在浏览器中运行的，所以不能用 HTML 文档与用户交互。换句话说，Node.js 应用程序不能用按钮、段落和所有其他元素，因为无处显示。Node.js 应用程序负责托管提供服务的进程。前面用到的天气服务完全可能是运行在联网服务器上的 Node.js 应用程序托管的。

用 Node.js 创建网络服务器

在第 2 章介绍 HTML 和万维网时，我们知道了网页浏览器利用 HTTP 协议从网络服务器获取数据。HTTP 描述了一个程序 (浏览器) 向另一个程序 (服务器) 索取资源的方式。网络服务器指的是接收 HTTP 格式的请求并生成响应的应用程序。

使用 HTTP 模块

Node.js 平台提供一个模块，其中包含可以响应 HTTP 请求并充当网络服务器的 JavaScript 程序。模块是我们想使用的 JavaScript 代码包。用 require 函数加载模块，可以将其放入应用程序。模块作为对象暴露出来，于是，使用该模块的应用程序就可以调用该对象的方法。

```
var http = require('http');
```

上述语句创建了一个 http 变量，它指向一个 HTTP 实例。接下来，可以用 HTTP 对象来创建网络服务器。通过调用 createServer 方法来完成：

```
var server = http.createServer((request, response) => {       // 在 response 标题中定义内容类型
  response.statusCode = 200;                                   // 设置 response 的状态代码
  response.setHeader('Content-Type','text/plain');
  response.write('Hello from Simple Server');                  // 发送 response 内容
  response.end();                                              // 结束 response 并发送
});
```

前面语句使用 http 对象提供的 createServer 方法创建了一个简单的网络服务器。server 变量被设置为指向新的服务器。createServer 函数接受的单一参数是对两个参数起作用的箭头函数，它提供了服务器的行为。每次有客户端向服务器发出请求时，它都会被调用。箭头函数的第一个参数描述已经收到的请求。第二个参数是将要生成的响应。服务器行为是由一个接受 request 参数和 response 参数的箭头函数实现的。前面的代码中，函数忽略请求的内容，只准备了一个响应，也就是文本信息 'Hello from Simple Server'。现在，有了服务器对象后，可以让它来监听传入的请求。

```
server.listen(8080);
```

listen 方法可以启动服务器对传入请求的监听。listen 方法有一个指定服务器要监听的端口的参数。互联网上的每台计算机都能暴露一组有编号的端口，其他计算机可以连接到这些端口上。当程序连接到一台机器时，它会指定一个要使用的端口。80 端口号是为 HTTP 访问预留的，除非另有指示，浏览器一般都会使用这个端口。我们的服务器要监听 8080 端口。

动手实践

使用服务器

在本章的示例文件夹中可以找到这个服务器应用程序。这次，我们不再用浏览器来打开应用程序，而是要从 Visual Studio Code 中启动服务器，并用浏览器查看生成的页面。首先打开 Visual Studio Code，然后打开 Ch11 Creating Applications\Ch11-11 HTML Server 示例文件夹中的 simpleServer.js，如下图所示。

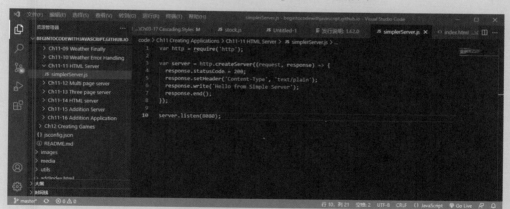

为了启动服务器，需要运行 simpleServer.js 中的程序。确保这个文件在文件浏览器中被选中，像上图那样。打开"运行"菜单，选择"启动调试"。在 Visual Studio Code 中，可以选择几种不同的方式运行应用程序，所以可以自行选择想要使用的环境。

点击 Node.js 选项，服务器启动。现在，可以打开浏览器并连接到这个服务器。因为服务器是在你的机器上运行的，所以可以用网址"localhost"。这个网址需要添加所用的端口号，因此，在浏览器中输入网址"localhost:8080"，然后按 Enter 键打开网站。

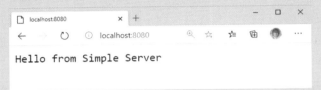

然后，可以看到在服务器内部运行的函数发出的信息。现在，你对这个过程可能有一些疑问。

问题 1：这个服务器是在互联网上运行的吗？

解答：是的。现在，我们是在一台电脑上同时运行服务器 (Node.js 程序) 和客户端 (浏览器)。但也可以在一台机器上运行服务器，然后在另一台机器上通过浏览器来访问。只要服务器在网上，世界上所有的电脑就都能访问。不过，需要记住一点，现代操作系统包括一个管理着网络工作连接的防火墙组件。为了防止恶意程序利用大量连接进行攻击，防火墙限制了一台机器暴露给另一台机器的网络服务。借助于 Node.js，可以创建服务器并允许其他人访问，但一定要在主机上配置防火墙，同时采取措施确保服务是以安全的方式提供的。

问题 2：服务器程序会永远运行吗？

解答：是的。对 listen 方法的调用永远不会返回。不过，想要中止程序的话，可以点击 Visual Studio Code 程序控件中右边那个红色方框状的停止按钮。

问题 3：服务器的响应信息是如何构成的？

解答：服务器创建 response 对象并将其发回给客户端，告知客户端服务器是否能满足请求，并传递客户端请求的数据。服务器应用程序执行 4 条语句来创建和发送浏览器收到的响应：

```
response.statusCode = 200;
```

第一条语句设置 response 的状态代码。状态代码为 200 时，浏览器就知道页面已经正确找到了。

```
response.setHeader('Content-Type', 'text/plain');
```

第二条语句用 setHeader 方法向 response 标题添加一个项目。response 标题可以囊括一些项目，帮助浏览器处理即将到来的响应。每个项目都以名值对 (name-value pair) 的形式提供。这条语句添加了 Content-Type(内容类型) 值，告诉浏览器响应中包含纯文本。可以用不同的类型返回音频文件和图片等内容。

```
response.write('Hello from Simple Server');
```

write 方法写出被返回的页面内容。这个服务器一直发送同一行文本 Hello from Simple Server。如果希望，它也可以发送成千上万的数据。

```
response.end();
```

end 方法告诉服务器，现在可以把响应和内容发回到浏览器客户端。

HTML 中的路由

第 2 章介绍获取网页时，代表网页位置的 URL 包含一个 host 元素 (服务器的网址) 和一个 path 元素 (客户端想读取的项目在主机上的路径)。无论从主机中读取任何路径，前面的简单服务器都会返回相同的文本。换句话说，网址 http://localhost:8080/index.html 和 http://localhost:8080/otherpage.html 返回的消息都是 Hello from Simple Server，其他所有路径也是一样。前面提到的网络服务器利用 URL 的路径组件来识别服务器应打开并发送给客户端的文件。我们可以改进一下这个简单的网络服务器，让它对不同路径做出不同的反应。

```
var http = require('http');                          使用 http 对象
var url = require('url');                             使用 url 对象

function sendResponse(response, text){               向浏览器发送响应
  response.statusCode = 200;
  response.setHeader('Content-Type','text/plain');
  response.write(text);
  response.end();
}

var server = http.createServer((request, response) => {

  var parsedUrl = url.parse(request.url);            解析传入的响应 URL
  var path = parsedUrl.pathname;                     从解析的 URL 中获取页面路径

  switch (path) {                                    切换到该路径
```

```
    case "/index.html":                              发送对 otherpage.html 的响应
      sendResponse(response,"hello from index.html");
      break;

    case "/otherpage.html":
      sendResponse(response,"hello from otherpage.html");
      break;

    default:                                         发送对其他路径的响应
      response.statusCode = 404;
      response.setHeader('Content-Type','text/plain');
      response.write('Page' + path + ' not found');
      response.end();
      break;
  }
});

server.listen(8080);
```

　　前面代码实现的服务器能识别两条路径：index.html 和 otherpage.html。如果客户端试图访问其他路径，服务器会以 page not found(未找到页面) 这样的消息作为回应。请注意，"未找到页面"消息由"404"状态码来表示。该程序解析了请求参数的 url 属性，以提取 URL 中的路径。接着，这个路径用来控制决定要发送的响应的 switch 结构。这个版本的服务器可以在示例文件夹中找到，试着扩展它，让它识别更多路径。

代码分析

使用多路径

　　在 Ch11 Creating Applications\Ch11-12 Multipage server 示例文件夹中，可以找到多页面服务器。启动 Visual Studio Code，从示例文件夹中打开 multiPage Server.js。确保文件浏览器中选中了 multiPageServer.js 文件。现在，点击"运行"|"启动调试"。Visual Studio Code 提示时选择 node.js 环境。接着，打开浏览器输入网址：http://localhost:8080/index.html。

浏览器显示 URL 的文本。现在把地址改为 http://localhost:8080/otherpage.html 并重新加载页面。

现在，浏览器显示的是另一个页面的响应。最后，可以试着访问缺失的页面。将地址改为 http://localhost:8080/missingpage.html，并重新加载。

如果给出的路径无法识别，就执行 switch 中的 default 元素，显示 page not found 信息。现在，你可能对这段代码有一些疑问。

问题 1：sendResponse 函数是做什么的？

解答：我讨厌同样的代码重复写。sendResponse 函数发送字符串作为对网络请求的响应。用了它，我就用不着写一样的代码来响应两个不同的 URL 路径了。

问题 2：服务器是怎样获得客户所求资源之路径的？

解答：URL 是浏览器向服务器发送的请求特定网页的整个地址。URL 的路径部分描述了资源在服务器上的位置。举个例子，服务器可能会收到这样一个 URL："http://robmiles.com/index.html"。这个 URL 中的路径是 /index.html。URL 作为 response 参数的 url 属性提供给 createServer 方法。createServer 方法需要从这个 URL 中提取路径，以便服务器决定要向浏览器发回什么。服务器是使用程序启动时加载的 URL 模块来完成这一工作的。

```
var url = require('url');
```

URL 模块提供的一些方法可以供应用程序用来处理 URL 字符串，其中一个方法叫 parse，这个词的意思是"查看某些内容并从中提取意义"。parse 方法接受一个 URL 字符串作为参数。

```
var parsedUrl = url.parse(request.url);
```

parse 方法创建一个对象，将 URL 的不同部分暴露为属性。前面这条语句创建了一个解析的 URL 对象（名为 parsedUrl）。我用 parse，是因为我懒得再写 JavaScript 从 URL 字符串中提取路径。

```
var path = parsedUrl.pathname;
```

有了 URL 的解析版本（称为 parsedUrl）之后，就可以从这个对象的属性中提取数据。解析后的对象的 pathname 属性给出了用户输入的路径。前面的语句从解析的 URL 中获得路径名称，并将其设置为 path 变量。本章之后还会再用 parse 从 URL 中提取其他信息。

问题 3：如果想在服务器上添加额外的网页话，需要怎么做？

解答：当前版本的服务器只能识别 /index.html 和 /otherpage.html 页面。如果想添加其他页面，比如 /aboutpage.html，还需要在 switch 中另外添加一个：

```
case"/aboutpage.html":
  sendResponse(response,"hello from aboutpage.html");
  break;
```

Ch11 Creating Applications\Ch11-13 Three page server 文件夹中的示例程序提供了三个页面。

问题 4：可以用这个服务器提供 HTML 页面吗？

解答：可以。但需要把内容类型从 text/plain 改为 text/html，让浏览器知道如何处理响应。

```
response.setHeader('Content-Type', 'text/html');
```

Ch11 Creating Applications\Ch11-14 HTML server 文件夹中的示例程序提供了一个 HTML 的索引页。

问题 5：这样就可以建立服务器了吗？

解答：虽然可以，但很难。服务器还必须在提供 HTML 文件的同时提供图像和样式表文件。我只是想展示这个过程来帮助你理解服务器的工作原理。Express 框架（后文将介绍）提供一种更快捷的方法来创建作为服务器的 JavaScript 应用程序。不过，它的基本原则和我们一直使用的基本原则相同。

利用查询字符串将数据添加到客户端请求中

客户端可以用不同路径值来选择网站上的位置，但若是客户端能向服务器发送额外数据，就更好了。这可以通过在客户端发送给服务器的 URL 中添加查询字符串来实现。浏览电商网站时，经常在浏览器地址栏中看到查询字符串。查询字符串以问号？

开头，接着是一个或多个名值对，用 & 字符间隔开，就像下面这样：

```
http://localhost:8080/index.htm?no1=2&no2=3
```

　　以上 URL 包含两个查询值，分别是 no1(设置为值 2) 和 no2(设置为值 3)。这些查询值在 URL 字符串中被发送到服务器。我们可以创建一个服务器来接受这些值并返回它们的总和。服务器可以用 url 模块中的 parse 方法来提取查询值。

```
var parsedUrl = url.parse(request.url,true);
```

　　在前一小节中，需要从传入的 URL 中提取资源路径时用到了 url.parse 方法。对 parse 的调用与众不同，因为我在调用中加入了 true 参数，它让 parse 方法去解析 URL 中的查询字符串。

```
var queries = parsedUrl.query;
```

　　搞定这项工作后，就可以从 parsedUrl 中提取两个查询字符串的值了。现在，我的加法器能将这两个查询字符串转换成数字，并执行计算：

```
var no1 = Number(queries.no1);
var no2 = Number(queries.no2);

var result= no1 + no2;
```

　　查询字符串的值总是以文本字符串的形式发送的。应用程序利用 Number 函数将查询值转换成数字，并计算出它们的总和。以下代码是加法服务完整的源代码，它能接受包含两个数字的查询并返回它们的和。

```
var http = require('http');
var url = require('url');

var server = http.createServer((request, response) => {

  var parsedUrl = url.parse(request.url, true);
  var queries = parsedUrl.query;

  var no1 = Number(queries.no1);
  var no2 = Number(queries.no2);

  var result = no1 + no2;

  response.writeHead(200, { 'Content-Type':'text/plain' });
  response.write(String(result));
```

```
    response.end();

});

server.listen(8080);
```

以上代码创建的加法服务并不会生成网页。它会返回一个包含两个查询值之和的字符串。这种服务称为"网络服务"。网络服务用 HTTP 传输消息，但这些消息中不包含 HTML 文档。更复杂的网络服务可以返回 JSON 字符串所描述的对象。前面用到的 openweather.org 的天气服务就是网络服务。现在，我们学会了如何使用 JavaScript 来创建自己的网络服务，也学会了怎样用 Node.js 托管它们。Node.js 应用程序还能用文件系统模块 fs 打开服务器上的文件，并将其作为响应发送到客户端。

动手实践

深入了解加法服务

在 Ch11 Creating Applications\Ch11-15 AdditionServer 示例文件夹中，可以找到加法服务。启动 Visual Studio Code 并打开示例文件夹中的 additionServer.js。确保在文件浏览器中选中 additionServer.js，用"运行"|"启动调试"启动该应用。当 Visual Studio Code 提示时选择 node.js 环境。接着，打开浏览器并导航到网址：http://localhost:8080/index.html?no1=2&no2=3。

服务器程序会得出 2+3 的计算结果并返回。试着改动 no1 和 no2 的值，然后重新加载页面，看到新的计算结果。

问题 1：如果不提供查询字符串的值，会怎样？

解答：试试看。不要输入查询制，直接加载这个 URL：http://localhost:8080/index.html。

访问对象的缺失属性 (换句话说，试图从不包含属性的查询字符串中获取 no1

和 no2 属性）会生成 Undefined 值。任何涉及 Undefined 值的计算都会产生 Not a number 结果，转换为字符串后显示为 NaN。

问题 2： 可以在网页上运行的 JavaScript 程序中使用 fetch 来调用加法服务吗？

解答： 问得好。答案是肯定的。这就是大多数网页的工作方式。前文中，我们编写了用 fetch 从天气服务器获取信息的应用程序。现在，可以再写一个用 fetch 来调用加法服务来进行计算的应用程序。

```
var url = "http://localhost:8080/docalc.html?no1=2&no2=3";
```

以上 JavaScript 语句创建的 URL 可以用来调用 docalc.html 中的加法服务。

```
fetch(url).then(response => {
    response.text().then(result => {
        let resultParagraph = document.getElementById('resultParagraph');
        resultParagraph.innerText = "Result: " + result;
    }).catch(error => alert("Bad text: " + error)); // text error handler
}).catch(error => alert("Bad fetch: " + error)); // fetch error handler
```

以上 JavaScript 代码用 fetch 从加法服务中取得结果。网页上 result Paragraph 元素的值被设置为该服务响应的文本。这段代码和用于从 openweather.org 读取天气的代码非常相似。

在 Ch11 Creating Applications\Ch11-16 Addition Application 文件夹中，可以找到这段示例代码。关闭正在运行的服务器，并找到文件夹中的 additionApplication. js 文件。用 Visual Studio Code 中的 Node.js 运行这个程序，接着用浏览器导航到 http://localhost:8080/index.html。点击 Add 2 + 3（将 2 和 3 相加）按钮。上面的 fetch 将运行，紧接着，页面上会显示出计算结果。

这是一个重大的时刻。本书几乎所有的内容都是在为这一点做铺垫。现在，你知道网络应用的工作原理了。HTML 文档描述页面，页面中的 JavaScript 能做不少事情。JavaScript 想从服务器上获取数据时，就创建请求并将其发送给服务器，服务器对请求进行解码，生成结果，并将其发送回来。强烈建议花些时间潜心研究网页、服务器和客户端的代码，直到对每部分的作用有一个透彻的了解。

Node 包管理器

可以用 Node.js 的模块来创建一个完整的应用程序服务器。但这样的话，必须编写大量代码来解码请求并建立响应。好消息是，有人已经建立了能够创建服务器的系统。这个系统称为 Express，它提供的"支架"(scaffolding) 可以用来构建由 HTML 页面和网络服务来驱动的应用程序。

更棒的消息是，还有一种可以使用 Express 这样预置代码的方法——node 包管理器 (node package manager，npm)。npm 程序是随 Node.js 一起安装的。可以用它来获取和安装预置模块，然后用前面提到的 require 函数将预置模块添加到自己的服务器程序中。每个应用程序都有一个 manifest 配置文件 (确定了应用程序要使用的包)。这些工具都大有用处且功能强大，但这一切都基于本章所讲授的知识。需要创建给出服务器行为的箭头函数，并用 promise 机制来确保任何函数都不会阻碍程序的执行。若想了解如何建立自己的第一个 Express 应用程序，可以访问 http://expressjs.com/en/starter/hello-world.html。

部署 Node.js 服务器

前面创建的 Node.js 服务都是在用户本地计算机上运行的。一般来讲，我们不会为了让其他人可以使用我们的服务而让自己的计算机在互联网上可见。通常，我们会在一个外部服务器上托管 JavaScript 程序。无需购置机器来作为服务器，而是可以把 JavaScript 应用程序作为服务在云中运行。这是免费的，只需创建一个 Azure 账户，然后使用 Visual Studio Code 的 App Service Extension(应用程序服务扩展) 来配置和部署自己创建的服务。详情可以访问 https://azure.microsoft.com/en-us/develop/nodejs/。

技术总结与思考练习

通过学习本章，我们了解到 JavaScript 代码可以作为匿名函数直接嵌入程序中，并且箭头运算符能让这个过程更加容易。还理解了程序与网络是如何交互的以及 JavaScript 的承诺 (promise) 机制是怎样使应用程序包含异步执行的。

本章最后介绍了 Node.js 平台，它让 JavaScript 程序可以在计算机上运行，并为浏览器中运行的 JavaScript 客户端程序提供服务。

- JavaScript 数组提供的 sort 行为用于对内容进行排序。利用它，我们按库存量对时装店的库存商品列表进行了排序。排序的顺序是由提供给 sort 行为的 comparison 函数决定的。比较函数接受两个数组元素作为参数。它用某种方式对这些元素进行比较，并返回一个负值、零值或正值，这取决于元素排列的顺序。比较函数可以作为命名函数提供，也可以作为匿名函数直接当作参数提供。

- 匿名函数可以用箭头运算符表达，其中的参数列表和函数体被箭头运算符 => 分隔。如果箭头函数的主体是单个语句，就可以省去语句块，并且，如果单个语句返回一个值，就还可以省略 return 关键字。

- JavaScript 数组提供 filter 筛选行为。前面，我们用筛选器创建了一个零库存时装店库存商品列表。筛选行为返回另一个包含所选元素的数组。筛选行为是由提供给它的 filter 函数决定的。该函数接受一个参数，如果筛选后的结果需要包含参数的值，则返回 true。

- JavaScript 数组提供的 reduce 行为可以将一个数组转换为一个单一的值。前面利用 reduce 计算出了时装店所有库存的总价值。reduce 行为由 reduce 函数提供，该函数接受两个参数：当前总数和对数组中的一个元素的引用。该函数将给定元素的值(在我们的例子中，元素的值是其价格乘以库存水平)加到总数中，计算新的总和。数组上的 reduce 行为为总数提供一个初始值(通常为 0)。

- JavaScript 数组提供的 map 行为可以为数组中的每个元素应用一个给定函数。前面，我们用它为时装店的每件促销商品的价格设置了折扣。map 行为提供的函数只接受单个参数，也就是要更新的元素。

- 在网页浏览器内运行的 JavaScript 应用程序可以读取位于互联网上某个特定地址的网络服务的内容。网络服务以 JSON 对象的形式提供数据，客户端应用程序解码并显示给用户。前面用它创建了一个从 openweather.org 的服务器上读取天气信息的应用程序。

- 一些 JavaScript 操作，比如从网络中读取信息的 fetch 函数，可能需要花较长时间来完成。因此，必须确保像 fetch 这样的耗时操作不会导致应用程序出现明显的卡顿现象。如果网页中的按钮点击处理程序要耗费比较长的时间，那么网页看起来像是"卡"了，导致用户无法与之交互。JavaScript 可以让长时间运行的操作(如从网络中获取数据)以异步方式进行。

- JavaScript 的 promise 机制允许程序员调用将被异步执行的操作。它暴露的 then 属性可以用来指定向调用应用程序"承诺"的异步行为完成后要执行

什么 JavaScript 代码。它暴露的 `catch` 属性则指定在异步操作失败时执行的
代码。

- JavaScript 的 `promise` 操作可以链接到一起。这样一来，对承诺要对传递的
  数据进行处理的动作就可以返回一个生成数据处理结果的 `promise`。前面利
  用这个机制使得异步 JSON 解码器能在 `fetch` 操作完成后直接运行。

- JavaScript 承诺暴露的 `finally` 属性可以用来指定一段代码，无论承诺"守"(操
  作成功完成) 还是"破"(操作无法完成)，`finally` 属性指定的代码都会运
  行。前面为了启用 HTML 文档中的一个按钮，我们利用了 `finally` 属性来运
  行代码。

- Node.js 框架允许计算机运行 JavaScript 程序，而无需在浏览器中打开 HTML
  文件。Node 应用程序包含能运行 JavaScript 代码的 JavaScript 运行环境。在
  Node.js 内部运行的代码不能通过 HTML 文档与用户交互 (因为没有文档)，
  但它可以为其他应用程序提供由 JavaScript 驱动的服务。在大多数计算机平
  台上，都可以免费下载和安装 Node.js。它是一个开源的应用程序。

- 可以利用命令行运行 Node(实现 Node.js 框架的程序)。Node 提供的控制台
  窗口很像浏览器的开发者视图。Node 还能打开包含 JavaScript 代码的文件并
  运行它们。也可以在 Visual Studio Code 中利用命令提示符来运行 Node。

- Node.js 框架提供了许多模块。这些模块可以在应用程序中使用 `require` 来
  加载并用于程序中。`http` 模块就是其中之一，可以用来创建网络服务器和客
  户端。

- 可以用 Node.js 中的 `http` 模块创建服务器。服务器会在一台计算机上运行，
  并接受超文本传输协议 (HTTP) 格式的信息，这些信息会请求计算机提供服
  务。向服务器发出请求的客户端会使用统一资源定位器 (URL) 来指定服务器
  的网址、端口号 (如果端口不是 80 的话) 以及通往服务器内资源的路径。
  前面用于演示代码的本地服务器有这样的地址：http://localhost:8080/index.
  html。

- 用于创建服务器的 `http.createServer` 方法被调用时只有一个参数：服务
  器的提供服务的函数。该函数需要两个参数：请求的和响应的。前者包含从
  浏览器收到的请求描述，后者是一个可以用来建立响应的对象。

- 调用 `http.listen` 方法时有一个参数，也就是服务器要监听的端口号。每

次有远程客户端向服务器发出请求时，`listen` 方法都会调用提供服务的函数。`listen` 方法永远不会停止运行，它将不断响应请求。前面，我们建立的第一个服务器忽略了其中包含请求描述的参数，并设置了一段简单的文本响应。每次有浏览器客户端导航到服务器时，都会发送同样的响应。

- 提供响应描述的参数中包含状态代码 (200 表示成功)、标题 (内容类型信息) 以及响应文本 (即服务器发送给客户端的数据)。

- `service` 函数可以解析请求，并获取客户指定的 URL 的路径部分。接着，`service` 函数可以为不同路径提供不同响应。

- URL 中也可以包含由名值对组成的查询数据，`server` 函数可以用这些数据来确定要提供什么响应。前面创建了一个加法服务器，它用到了一个包含两个数字相加值的查询数据字符串。查询数据是客户端与服务器通信的方式之一。

- 在浏览器中运行的 JavaScript 程序可以利用 `fetch` 函数来通过查询数据与服务器提供的服务进行交互。

- Node.js 应用程序既可以为浏览器提供 HTML 页面，又可以响应查询。这也是许多网络应用程序运行的基础。

- Node 包管理器提供了一种方法，可以将预编 JavaScript 框架纳入应用程序。Express 框架提供的 "支架" 可以用来创建从服务器运行并由 JavaScript 来驱动的应用程序。

以下这些问题与本章的内容有关，值得深入思考。

1. **什么是匿名函数？**

   匿名函数是没有名字的函数。这个答案可能不是很令人满意。如果想用名字来调用一个函数，创建它的时候就需要为其命名。但如果只想把一些代码传到应用程序的另一部分，直接把代码本身放进去就行了。数组的排序方法需要赋予一个行为来告诉它按什么顺序处理项目行为。这种情况下，可以向排序方法给出需要调用的函数的名字，也可以以匿名函数的形式直接给出代码。

2. **匿名函数中的代码可以重复使用吗？**

   不可以。匿名函数中的代码只能存在于代码中的一处，并已经在那里完成它的使命。要想在程序的多个部分使用一个行为，可以创建一个命名函数，想使用它时，就用名字来调用它。

3. 使用匿名函数会带来性能优势吗？

不会。使用匿名函数时，JavaScript 系统会把实现它的代码放在内存的特定位置，然后用这个地址调用它。当程序实际运行时，匿名函数的调用方式与其他函数完全相同。

4. 用箭头函数来表示匿名函数会有性能优势吗？

使用箭头函数是便于程序员操作，而不是让程序本身运行得更快。

5. 有匿名方法这种东西吗？

没有。方法是对象中的命名元素，必须有名字。

6. 函数返回承诺的话，意味着什么？

这是一个声明了意图的对象。在未来的某个时间点，执行承诺行为的代码将会运行，并且要么成功（承诺兑现，`then` 指定的函数被调用），要么失败（承诺被打破，`catch` 指定的函数被调用）。执行承诺行为的代码异步运行，以便请求该动作的代码继续运行。

7. 一个承诺可以有多个行为吗？

可以。可以用 `then` 方法来说明如何兑现承诺，并且，`then` 方法能多次调用。每次调用都可以指定在承诺兑现时要运行什么代码。当承诺兑现时，这些函数将按照指派的顺序被调用。

8. 多个承诺可以同时激活吗？

可以。举个例子，为了从网络上获得多个资源，程序可能会连续多次调用 `fetch`。请注意，由于每次调用都是异步的，所以程序并不知道哪个承诺会先兑现。最新的 `fetch` 可能最先返回结果。请求承诺行为的程序需要负责让响应同步。

9. 如果承诺无法实现，会怎样？

如果承诺无法实现，`then`、`catch` 和 `finally` 就不会被调用。

10. 使用 HTTP 的 Web 服务器实现中，请求和响应有什么区别？

请求是描述 HTTP 请求的数据块，描述浏览器要求的东西。请求包含输入的 URL，让服务器确定要返回的资源的路径。URL 也可能包含查询项。响应对象用于建立来自服务器的响应。它包含响应的状态代码 (200 表示"运行正常")、标题信息和需传回的数据。服务器上提供服务的函数负责利用请求信息来找出所需信息，然后将其放入响应中再传回给客户。

11. 一个 URL 可以包含多少个查询？

一个 URL 可以包含许多项查询，每个都可以相当长。在浏览器中查看亚马逊等电商网站的 URL，你会发现网址中能包含数个查询项。服务器利用这些来维持和浏览器连接的会话。

12. Node.js 应用程序可以为用户显示图形吗？

不能直接显示。Node.js 平台可以运行 JavaScript 应用程序，但不会为它维护与客户通信的 HTML 文档。不过，在 Node.js 中运行的应用程序可以向机器上运行的网络应用程序发送 HTML 文档。前面最后一个示例应用程序就是这样做的，参见 Ch11 Creating Applications\Ch11-16 Addition Application。

13. HTML 服务器应用程序可以与网络客户端创建一个会话吗？

HTTP 被描述为"无状态"(stateless)。网络客户端提出的每个请求都是"原子"的。请求完成后，服务器就会将其遗忘。所以，要想与服务器创建会话，应用程序必须向服务器程序提供数据，以确定其属于哪个会话。让浏览器中的代码用查询字符串值来识别会话。

第 12 章
开发有人工智能元素的游戏

本章概要

　　开发游戏非常有意思。不同于为了解决特定问题而创建的应用程序，游戏并不总是需要循规蹈矩，也不需要有什么实用的功能，只要好玩儿就够了。游戏是软件开发的最佳训练场。对游戏而言，编写代码可能只是为了看看运行过程以及是否能得到有趣的结果。每个人都应该亲自开发至少一个计算机游戏。现在我们要做的就是这件事。本章将介绍如何开发一个完整的游戏，并做一个框架来创建更多自己设计的游戏。本章还要介绍如何使用 HTML 的画布元素 canvas，并更深入地了解资源的异步加载。

使用 HTML 的画布元素 canvas

本节将初次接触 HTML 的画布元素 canvas。我们将创建一些形状，并将它们显示出来。在此之前，每个元素在屏幕上的最终位置都是由浏览器决定的。我们利用超文本标记语言 (HTML) 和层叠样式表 (CSS) 来表达对布局、样式和颜色的偏好，但这些只是一般性指示。当然，它们让网页设计师能在不担心输出设备细节的前提下创建一些内容。但有些显示内容必须以像素级的精度进行绘制。HTML 的画布元素 canvas 就是为此而存在的。画布作为一个显示区域，可以让程序在其中精细地绘制项目。

```
<canvas id="canvas" width="800" height="600">
  This browser does not support a canvas.
</canvas>
```

以上 HTML 展示了如何在 HTML 文档中创建 canvas 元素。它的工作方式与第 2 章介绍为煮蛋定时器添加声音时用到的音频元素相同。不是所有浏览器都支持音频元素，同理，不是所有浏览器都支持 canvas 元素。如果浏览器不支持 canvas 元素 (也就是说，浏览器在看到 2 这个词时不知道该做什么)，那么 canvas 元素所包含的 HTML 就会显示出来。但如果浏览器理解 canvas 这个词，它就会忽略元素中的文字，也就不会显示 HTML 信息。尽管所有现代浏览器都支持 canvas，但还是要确保页面在不支持画布的浏览器上运行时，仍能进行合理的操作。

 动手实践

在 canvas 上作画

要想了解 canvas 的运作方式，最好尝试用它来画点儿啥。启动浏览器，打开 Ch12 Creating Games\Ch12-01 Empty Canvas 中的示例网页。一个空白的画布在屏幕上显示为标题下的白色区域。按 F12 功能键打开网页的开发者视图，选择 Control 标签，打开控制台窗口，然后，就可以输入 JavaScript 语句并在画布上作画了。

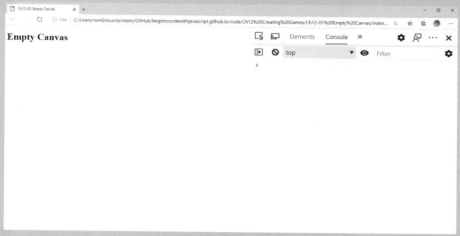

画布最初的颜色是白色，所以上图中的画布看起来就像是页面中的空白区域。现在，为了在画布上绘制项目，我们需要写一些 JavaScript 语句。我们知道，JavaScript 程序若想与 HTML 文档进行交互，要先获得对文档中某个元素的引用，然后再与该元素进行交互。利用 document.getElementById 方法获得对画布元素的引用。输入以下语句并按 Enter 键。

```
> var myCanvas = document.getElementById("canvas");
```

按下 Enter 键时，myCanvas 变量被创建并被用来引用画布元素。这个过程没有返回值，所以 JavaScript 控制台显示了 undefined。

```
> var myCanvas = document.getElementById("canvas");
<- undefined
```

你可能会以为，现在可以开始调用 myCanvas 引用的方法在 HTML 文档中的画布上绘制了。但实则并非如此。画布提供的是用于执行绘图操作的绘图环境。现在，我们需要告诉画布我们想使用 2D 绘图环境。输入下面的语句并按 Enter 键。

```
> var myContext = myCanvas.getContext('2d');
```

按下 Enter 键后，名为 myContext 的变量会被创建，它指向的是画布的 2D 图形环境。这个过程没有返回任何值，所以，JavaScript 控制台显示了 undefined。

```
> var myContext = myCanvas.getContext('2d');
<- undefined
```

context 对象可用于所有进一步的图形操作。它暴露了许多可以在画布上绘图的方法，其中之一是定义一个路径 (path)，然后要求绘图环境绘制该路径。输入以下语句来开始一条路径。

```
> myContext.beginPath();
```

一条路径包含移动和绘制操作。在路径中可以添加无数个这样的操作。为了开始绘制路径，需要先移动到原点。moveTo 方法接受两个参数，第一个参数是"x 坐标"，也就是一个像素位置和原点的横向距离。第二个参数是"y 坐标"，也就是和原点的纵向距离。位置 (0,0) 称为"图形坐标的原点"。现在，把路径位置移到原点。输入以下语句，将路径位置移动到 (0,0)。

```
> myContext.moveTo(0,0)
```

移动不会在画布上留下任何痕迹。如果想画线，就需要用到 lineTo 方法，它也接受 x 坐标和 y 坐标作为参数。输入以下语句，把线画到坐标 (800,600) 的位置。

```
> myContext.lineTo(800,600);
```

我们已经让 JavaScript 画线了，但线还没出现在屏幕上，因为在没有调用 stroke 方法时，绘图环境会把所有移动和绘制操作保存起来。输入以下语句，在画布上绘制线条：

```
> myContext.stroke();
```

如上图所示，输入 stroke 方法后，会看到一条贯穿整个画布的斜线，因为画布被定义成 800 像素宽和 600 像素高。

画布坐标

刚刚绘制的那条线可能有点儿出人意料。你可能以为这条线的起始点会是左下角，而不是左上角。实际上，在电脑上绘图时，将原点放在左上角是标准惯例。请记住，原点，也就是坐标为 (0,0) 的点，在显示器的左上角。这非常重要。如图 12.1 所示，增加 x 值会向屏幕的右边移动，增加 y 值会向屏幕的下方移动。如果超出画布尺寸（比如在坐标 (1000,1000) 作画），将不会被显示出来，但这样做不会在程序中引起错误。我选择了一个宽 800 像素和高 600 像素的画布尺寸，因为这个尺寸的游戏能在大多数设备上正常显示出来。

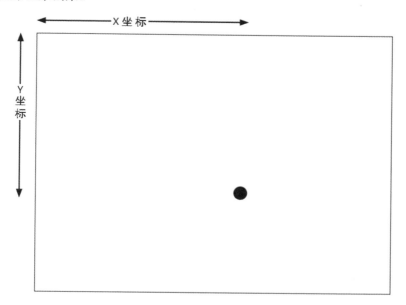

图 12.1　画布坐标

电脑美术

可以用 JavaScript 图形创建一些漂亮的图片。以下程序绘制了 100 条彩色的线和 100 个彩色的点，使用了一些能在显示区域创建随机颜色和位置的函数。

```
<!DOCTYPE html>
<html>


<head>
  <title>Ch12-02 Art Maker</title>
</head>
```

```
<body onload="doDrawArt()">
<canvas id="canvas" width="800" height="600">
  This browser does not support a canvas.
</canvas>

  <script>

    var canvasWidth = 800;
    var canvasHeight = 600;
    var context;

    function getRandomInt(min, max) {
      var range = max - min + 1;
      var result = Math.floor(Math.random() * (range)) + min;
      return result;
    }


colors = ['red','green','blue','yellow','cyan','magenta','grey', 'silver',
'lightgreen','orange','purple','gold','lightblue'];


    function getRandomColor() {
      return colors[getRandomInt(0, colors.length)];
    }


    function drawDot(x, y, radius, style) {
      context.beginPath();
      context.arc(x, y, radius, 0, 2 * Math.PI);
      context.fillStyle=style;
      context.fill();
    }


    function drawRandomDot() {
      var radius = getRandomInt(5, 100);
      var x = getRandomInt(radius, canvasWidth-radius);
      var y = getRandomInt(radius, canvasHeight-radius);
      var color = getRandomColor();
      drawDot(x,y,radius,color);
    }
```

注释
在加载页面时调用 doDrawArt
设置画布尺寸为宽 800，高 600
设置画布宽度的全局变量
设置画布高度的全局变量
画布的绘图环境
在指定范围内获取一个随机整数
颜色名称列表
从列表中随机挑选一个颜色
绘制一个特定大小和样式的点
绘制一个圆
设置颜色的填充样式
为圆填色
随机绘制一个点
随机选择一个点半径
随机选取 x
随机选取 y
挑选随机的颜色
绘制点

```
                                                              绘制一条线
    function drawLine(startX, startY, endX, endY, style, linewidth) {
      context.beginPath();                                    开始设置路径
      context.moveTo(startX, startY);                         移动到线的起点
      context.lineTo(endX, endY);                             绘制直线
      context.strokeStyle = style;                            设置线的样式
      context.lineWidth = linewidth;                          设置线的粗细
      context.stroke();                                       绘制线
    }

    function drawRandomLine() {                               绘制一条随机线
      var startX = getRandomInt(0, canvasWidth);              选择线的起始点 X
      var startY = getRandomInt(0, canvasHeight);             选择线的起始点 Y
      var endX = getRandomInt(0, canvasWidth);                选择线的终点 X
      var endY = getRandomInt(0, canvasHeight);               选择线的终点 Y
      var color = getRandomColor();                           随机挑选线的颜色
      var thickness = getRandomInt(1,6);                      随机挑选线的粗细
      drawLine(startX, startY, endX, endY, color, thickness);
    }                                                         绘制随机线

    function doDrawArt() {
      var canvas = document.getElementById("canvas");         获取 canvas
      if (canvas.getContext) {
        // We have a canvas to work with
        context = canvas.getContext('2d');                    设置绘制环境为 2d
        for (let i = 0; i < 100; i = i + 1) {                 重复 100 次
          drawRandomDot();                                    绘制一个随机点
          drawRandomLine();                                   绘制一条随机线
        }
      }
    }
  </script>
</body>
</html>
```

正如图 12.2 所示，生成的图片相当漂亮。这个程序可以在 Ch12 Creating Games\
Ch12-02Art Maker 示例文件夹中找到。每次运行这个程序时，它都会生成不同的图片，
因为每一项的位置都是随机的。

图 12.2 电脑美术

 代码分析

随机艺术作品

从图 12.2 可以看出，我们的程序可以生成一些看起来非常有艺术范儿的图片。不过，你可能对代码还有一些疑问。

问题 1： context、canvasWidth 和 canvasHeight 的值是怎么来的？

解答： 这些变量是全局性的。它们不是在任何函数中声明的，因此可以被所有函数共享。我认为，这些变量如果被程序中的所有函数共享，会更易于编写程序。context(用于所有绘图操作的环境) 的值在 doDrawArt 函数的开头处就设置好了。

问题 2： 程序是怎样画出一个点的？

解答： HTML 的画布元素不支持直接画一个点。程序只会绘制一个圆并将其填充满。arc 绘制方法接受一个坐标，这个坐标给出圆心、半径和两个弧度的角度。然后，在这两个角之间画一个弧。如果初始角度是 0，第二个角度是 2*Pi(相当于 360° 的弧度)，就可以得到一个圆。

```
context.arc(x, y, radius, 0, 2 * Math.PI);
```

试着改变弧度，只画出圆的一部分，看看能不能得到一些优美的曲线。这也能很有效地锻炼你的几何能力。

问题 3： 为什么程序要在点的随机位置中减去点的半径值？

```
var radius = getRandomInt(5,100);
var x = getRandomInt(radius, canvasWidth-radius);
var y = getRandomInt(radius, canvasHeight-radius);
```

解答： 以上代码为点选择一个随机位置。点的半径在 5 和 100 之间。为了更加美观，我希望点能"完整"出现在屏幕上。因为就算屏幕不足以完整显示项目，JavaScript 也会将项目绘制出来。`getRandomInt` 函数在设定的范围内选择一个随机数。只要确保起始位置大于等于点的半径，并小于等于画布尺寸减半径，我的点就能永远在屏幕上完整显示出来。如果认为屏幕上出现不完整的点也无所谓，那么欢迎对这段代码进行修改。

问题 4： 绘制背景必须是白色的吗？

解答： 程序可以用 `fillRect` 绘图函数绘制一个填色矩形，将画布变成自己喜欢的任何颜色。

```
context.fillStyle ="blue";
context.fillRect(0,0, canvasWidth, canvasHeight);
```

以上语句可以把整张画布变成蓝色。

问题 5： 我可以自己创造颜色吗？

解答： 可以。前面的艺术程序用的是一些既有的颜色名称，比如红色，但也可以通过调用 `rgb` 函数创建颜色。`rgb` 函数有三个参数，分别是红、蓝和绿的相对强度，三色组合形成显示的特定颜色。

```
rgb(255,0,0)
```

强度值范围是 0 到 255。前面对 `rgb` 的调用会生成正红色的值。

```
function getRandomColor() {
  var r = getRandomInt(0,255);
  var g = getRandomInt(0,255);
  var b = getRandomInt(0,255);
  return "rgb("+r+","+g+","+b+")";
}
```

这个版本的 `getRandomColor` 随机设置颜色的红、绿、蓝的强度值，然后创建一个 `rgb` 结果生成这个颜色。在 **Ch12 Creating Games\Ch12-03 Random Color Art Maker** 示例文件夹中，可以找到对应的程序。对比一下这两个程序生成的图片，你更喜欢哪个？

动手实践

艺术创作

利用这个程序可以创造出各式各样的图片，以下是一些你可能感兴趣的点子。

- 让程序每隔一段时间就显示一个不同的图案。
- 根据当前时间和当前天气决定绘制什么颜色的图案，并使其全天都根据时间和天气而变化 (比如早上用鲜明的三原色，晚上用更柔和的颜色)。
- 如果天气暖和，就多一些红色。天气寒冷的话，就蓝色多一些。

在画布上绘制图片

第 2 章介绍如何在网页中添加图片时，我们了解到 HTML 文档可以利用 img 元素来显示图片。这些图片和 HTML 文档一起存储在服务器上的文件中。浏览器加载这些图片文件并将其显示出来。我们开发的游戏中，里面的对象要用到图片。游戏需要加载图片并在画布上把它绘制出来。

图片文件类型

图片可以以几种不同的格式存储在计算机上。我们将用到其中两种比较流行的格式。

- **PNG**：PNG 格式是一种无损压缩格式，也就是说，它会原样存储图片。PNG 文件有透明形式，当你想把一个图片叠加到另一个图片上时，这是非常重要的。PNG 图片文件的扩展名是 .png。
- **JPEG**：JPEG 格式是一种有损压缩格式，这意味着图片文件被压缩了，可以使文件缩小，但代价是牺牲了图片的一些细节。JPEG 图片文件的后缀为 .jpg 或 .jpeg。我倾向于使用较短的扩展名 .jpg 来为 JPEG 文件命名，但你可以自行选择。只要确保文件的名称与网页中的引用信息对应即可。

我们创建的游戏要用 JPEG 图片作为大的背景，并用 PNG 图片作为背景上的小对象。要是不想自己找图片的话，可以用本章示例文件夹中的图片，但用自己的图片来做游戏，效果最好。

如果需要把图片转换成 PNG 格式，那么可以用微软自带的画图应用来加载图片，然后将图片保存为 PNG 格式。如果想减少图片中的像素数量，那么可以用画图应用来缩放和裁剪图片。Mac 用户可以用 Preview 图片编辑器。如果用 UNIX 系统，那么可以用 GIMP 程序 [①]，免费提供给大多数机器。GIMP 可以在这个网址下载：https://www.gimp.org。

---

① 译注：GIMP 首次发布于 1995 年 11 月 22 日，全称为 GNU Image Manipulation Program，是一款自由及开放源代码的位图图像编辑器。

　　图 12.3 是我要用于游戏中的一张奶酪图片。在游戏中，玩家要通过控制奶酪来接住屏幕上的饼干。如果愿意，可以用其他图片。我强烈建议你这样做。

图 12.3　奶酪

加载和绘制图片

　　创建和绘制图片的 JavaScript 看上去很容易：

```
image.src = "cheese.png";
image.onload =()=>context.drawImage(image, 0, 0);
context.drawImage(image,0,0);
```
创建一个新的 Image 对象
将 src 属性设置为图片的位置
在屏幕上绘制图片

　　以上语句本身没有错误。创建一个新的 Image，告诉该图片资源的路径是 URL cheese.png，然后在屏幕左上角的画布中把图片绘制出来 (坐标 0,0)。但不幸的是，这些语句起不到任何效果。因为，就像从网络上获取其他内容一样，图片需要一段时间才能加载完成。当 src 属性被设置好后，图片开始加载，但前面的 JavaScript 代码在图片加载前就已经完成了。这意味着奶酪将不会被显示出来。加载图片是以异步方式进行的。我们在第 11 章介绍如何从服务器获取数据时接触过异步操作。利用 fetch 函数从服务器上获取天气数据时进行的就是异步操作。

　　通过在图片暴露的 onload 属性上连接一个函数，可以在图片加载时收到通知。当图片被获取时，这个函数就会被调用。这称为“事件”，而连接到事件的函数被称为“事件处理器”。将两者相连接的过程称为“将处理器绑定到事件”。为了在图片加载完成后立即进行绘制，我们可以绑定一个事件处理函数：

```
var image = new Image();
image.src = "cheese.png";
image.onload = () => context.drawImage(image, 0, 0);
```

在奶酪图片加载完成后，这些语句会立即将其绘制出来。最后一条语句在 onload 事件上绑定一个箭头函数，这样图片就会在加载完成后被画出来。以这种方式绘制奶酪图片的程序可以在 Ch12 Creating Games\Ch12-04 Image Load Event 示例文件夹中找到。我们还能把一个事件处理器绑定到 onerror 事件，如果图片不能被加载，就会弹出错误提示：

```
image.onerror = () => alert("image not loaded");
```

这条语句把一个会显示 image not loaded(图片未加载) 提示框的箭头函数绑定到 onerror 事件。在 Ch12 Creating Games\Ch12-05 Image Load Fail 示例文件夹中，可以找到对应的程序。

创建一个图片加载承诺

JavaScript 程序可以利用事件来检测一张图片什么时候加载完成，但我们的游戏有好几个不同的元素，需要加载好几张图片。我们得绘制奶酪、饼干、西红柿和一个桌布背景。把事件处理器依次绑定到所有图片的 onload 事件太花时间了。好在可以利用 JavaScript 的 Promise 对象以非常巧妙的方式管理多个异步操作。

在第 11 章介绍如何从服务器获取数据时，使用 fetch 函数的时候，我们发现 fetch 函数返回一个 Promise 对象。程序将处理器和 Promise 暴露的 then 和 catch 这两个事件绑定起来。现在，首先创建一个为图片加载过程生成一个 Promise 兑现的函数：

```
function getImageLoadPromise(url) {
    return new Promise((kept, broken) => {          承诺的控制器函数
        var image = new Image();                    创建新的 Image
        image.src = url;                            设置图片的 URL
        image.onload = () => kept(image);      将 onload 事件与 kept 参数相连
        image.onerror = () => broken(new Error('Could not load' + url));
                                               将 onerror 事件与 broken 参数相连
    });
}
```

getImageLoadPromise 函数中给出了图片资源的 URL，并返回包含该资源的 Image 对象。新建的 Promise 对象的构造函数中给出一个接受两个参数的函数，也就是 Promise 的控制器函数。这个控制器函数是一个箭头函数，它接受的两个参数分别指定承诺被实现 (图片被加载) 或被打破 (图片无法被加载) 时要调用的事件处理器。控制器函数创建了新的图片，将 src 属性设置为 url，然后将新图片中的 onload 事件与 Promise 对象的 kept 函数相连，并将 onerror 事件与承诺

中的 broken 函数相连。这个过程可能需要你花些时间才能彻底搞懂。不妨来看看 Promise 对象是怎样使用的，这可能有助于理解：

```
var imagePromise = getImageLoadPromise("cheese.png");          获取承诺
imagePromise.then((image) => context.drawImage(image, 0, 0));  绑定到 then
imagePromise.catch((error) => alert(error));                   绑定到 catch
```

这段代码用 getImagePromise 获取承诺，然后用 then 部分触发图片的绘制，用 catch 触发错误提示的显示。对应程序可以在 Ch12 Creating Games\Ch12-06 Promise Image Load 示例文件夹中找到。

用 Promise.all 来处理多个承诺

学会创建承诺来处理图片加载后，就可以用上一个非常强大的 JavaScript 特性了，它叫 Promise.all [①]，用来管理图片的加载。Promise.all 负责让程序等待多个 promise 的完成。程序要做的是构建一个承诺列表，并让 Promise.all 调用这些承诺。Promise.all 方法提供一个单一的承诺，列表中所有的承诺都得到满足时，这个单一承诺才会得以兑现。

```
function getImages(imageUrls){

    var promiseList = [];                                     创建一个空的承诺列表
    for (url of imageUrls){                                   处理图片 URL 的列表
        promiseList[promiseList.length]=getImageLoadPromise(url);
    }                                                         创建一个加载承诺并将其添加到列表中
                                                              处理承诺返回的图片
    Promise.all(promiseList).then( (images)=> {
        var x = 0;                                            将 x 坐标设置为 0
        var y = 0;                                            将 y 坐标设置为 0
        for(image of images){                                 处理 promise 返回的图片
            context.drawImage(image,x,y);                     绘制图片
            x = x + image.width;                              根据图片的宽移动 x
            y = y + image.height;                             根据图片的高移动 y
        }
    })
}
```

[①] 译注：Promise.all 的返回值是一个新的 Promise 实例。Promise.all 接受一个可遍历的数据容器，容器中每个元素都应是 Promise 实例。也就是说，假设这个容器就是数组。数组中每个 Promise 实例都成功时（由 pendding 状态转化为 fulfilled 状态），Promise.all 才成功。这些 Promise 实例所有的 resolve 结果回按原来的顺序集合在一个数组中作为 Promise.all 的 resolve 的结果。数组中只要有一个 Promise 实例失败（由 pendding 状态转化为 rejected 状态），Promise.all 就失败。Promise.all 的 .catch() 会捕获到这个 reject。

getImages 函数通过调用 getImageLoadPromise 函数为要加载的每个图片 URL 创建一个承诺列表，然后调用 Promise.all 并将承诺列表传递给它。当列表中的所有承诺都兑现时，Promise.all 的 then 部分被调用来处理返回的图片，并将其绘制到画布上。getImages 函数调用时带有一个图片路径列表：

```
var imageNames = ["cheese.png","tomato.png","cracker.png","background.png"];
getImages(imageNames);
```

图 12.4 展示了游戏中每个图片都成功加载之后的样子。

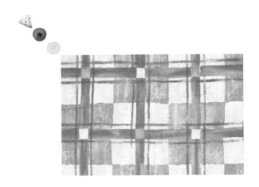

图 12.4 已经加载并显示出来的游戏图片

用 async 来"等待"承诺要兑现的结果

图片全部加载完成后，getImages 函数将其绘制到屏幕上。但游戏程序并不会这样做。一旦图片就绪，游戏程序就会开始运行，并在运行时显示这些图片。理想情况下，我们希望程序能够"等待"调用 getImages 方法的结果。

有种方法可以做到这一点，但它和等待无关，而只涉及 await。为了理解 await 是如何工作的，我们首先回想一下做这些事情的起因。现在需要解决的问题有两个。

1. 有些事（例如获取图片）需要花一些时间来执行。

2. 当前程序不能等待事情执行完毕。

这可以通过创建一个描述行动意图的 Promise 对象来解决。我们将代码附加到 Promise 对象的 then 部分中，承诺一旦兑现，代码就会运行。设置一个承诺不需要很长时间，所以程序不会花费时间去等待。但在现在的情况下，Promise 显得有些笨拙。我们并不打算在图片就绪时特地做什么，只想进入游戏的下一个部分。

JavaScript 提供了一种"包装" Promise 的方法，能更简便地解决问题。它使用关键字 async 和 await。首先，任何包含 await 的函数必须被标记为 async。这会让 JavaScript 改变函数的调用方式，使 await 成为可能。然后，这个函数可以用 await 关键字来等待承诺要兑现的结果。这样，一个异步版本的 getImages 就创建好了：

```
async function getImages(imageUrls){                    用于获取所有图片的异步函数

    var promiseList = [];                               空的承诺列表
    for (url of imageUrls){                             处理图片的 URL
        promiseList[promiseList.length]=getImageLoadPromise(url);
    }
                                    为每个 URL 获取一个图片加载承诺，并将其添加到列表中

    var result = await Promise.all(promiseList);        等待所有承诺得到实现
    return result;                                      返回图片列表
}
```

以上代码中高亮显示 await 和 async 这两个关键于。当程序到达一个等待承诺的语句时，JavaScript 就会暂停执行包含该语句的函数，直到承诺被实现。现在 getImages 函数在等待 Promise.all 函数的调用结果。当承诺得到实现时，函数就会恢复执行。

我们无须知道这个魔术是怎么变出来的，只需赞美它能更轻松地让程序等待异步操作完成即可。唯一难记的是，必须始终用 await 对 async 函数进行调用。换句话说，任何对这个版本的 getImages 的调用都必须用到 await。用 await 来绘制图片的完整代码如下：

```
function doLoadImage() {                                HTML 文档载入后被调用

    var canvas = document.getElementById("canvas");     从文档中获取画布

    if (canvas.getContext) {                            检查是否有绘图环境

        context = canvas.getContext('2d');              获取 2D 绘图环境
                                                        图片名称数组
        var imageNames = ["cheese.png","tomato.png","cracker.png","background.png"];
        var images = await getImages(imageNames);       获取图片

        var x = 0;                                      处理图片并显示它们
        var y = 0;
        for (let image of images){
            context.drawImage(image,x,y);
            x = x + image.width;
            y = y + image.height;
        getImages(imageNames);
    }
    else {
        alert("Graphics not supported");
```

```
    }
  }
}
```

代码分析

Promise.all 和 async/await

在 Ch12 Creating Games\Ch12-08 Promise Await Load 示例文件夹中，可以找到 async/await 版本的图片加载程序。它所显示的图片和前一个版本一样，只不过获取和使用图片的代码要简单得多，因为看起来像顺序代码 (sequential code)。你可能还有一些疑问。

问题 1：`Promise` 对象是如何运作的？

解答：具体细节我也不清楚。我知道操作系统 (Windows 10、Mac Os 或 Linux) 可以用来控制线程的启动和停止。我还知道 JavaScript 环境的不同部分在不同的线程上运行，这些线程由浏览器管理。但除了这些，其他我就不了解了。我只知道怎样使用承诺，并且对我而言这就足够了。毕竟，我虽然也不知道我家车的引擎的工作原理，但我还是在高高兴兴地开车。

问题 2：如果 `Promise.all` 中的一个承诺失败了会怎样？

解答：`Promise.all` 给出一个承诺列表。若是其中一个承诺被打破 (比如可能未找到图片资源)，就会调用 `catch`。为了更加精练，我在前面的例子中省略了这一点。`catch` 会得到第一个失败的承诺的错误信息。

问题 3：可以用 `await` 让程序等待像第 11 章那样 `fetch` 函数的结果吗？

解答：可以，在某些情况下，这能让 `fetch` 更好用。

问题 4：使用 `await` 会导致浏览器的用户界面被锁定吗？

解答：好问题。使用 `Promise` 和 `await` 的目的是防止程序中的函数需要花很长时间才能完成，因而致使浏览器的用户界面被锁定。当 JavaScript 函数为响应 HTML 页面上的按钮点击而开始运行时，直到函数完成为止，浏览器不会再接受用户的任何新输入。利用 `Promise` 可以让函数快速完成，因为函数只需要启动承诺，而无须等待它实现。你可能以为在函数中用了 `await` 的话，这个函数就会暂停，直到承诺得以兑现。但实则并非如此。JavaScript 会把 `async` 之后的代码转换为 `then` 事件处理器的主体，创建一个 `Promise` 对象，然后运行它。`Promise` 和 `await` 的运作方式是一样的。

问题 5：如果一个等待中的 `Promise` 不能兑现，会怎样？

解答：可以在 `Promise` 对象上添加一个 `catch` 元素，以指定在承诺的行为不能履行时 JavaScript 如何运行。程序可以通过用 `try-catch` 结构包围 `await` 来捕捉其中的错误。

> **程序员观点**
>
> **花些时间来理解 Promise 与 await**
>
> 透彻理解 Promise 与 await 相当耗费心力，至少我觉得是这样的。但这是值得的。它们能让应用程序加载大量数据，并在花费很长时间处理这些数据的同时，不至于让用户抱怨界面卡了。它们还有助于理解你想使用的框架中的代码，因为其中的许多代码都用到了异步行为。如果你很难理解它们的作用，那么请回头想想我们是为了解决什么问题才使用它们的。

将图片制作成动画

drawImag 函数给定 x 值和 y 值，指定要在哪个位置绘制图片。

```
context.drawImage(cheese,x,y);
```

以上语句将在画布上绘制出被指代为 cheese 的 Image。变量 x 和 y 的值指定这张图片在画布上的位置。我们可以在每次都稍微不一样的位置反复绘制图片，使图片看起来在移动。所有游戏都是这样运作的。要想执行游戏动画，还需要一个更新事件的定期来源。在第 3 章介绍如何创建一个走动的时钟时，利用 setInterval 函数以固定的时间间隔反复调用同一个函数，让时钟走动了起来。可以用同样的方式让游戏刷新显示，但这不是个好主意，因为这会导致游戏画面闪烁。

如果在游戏更新屏幕上的物体位置到一半时浏览器重绘屏幕，玩家就会看到画面出现了闪烁。为了避免这种情况，需要让游戏与浏览器的屏幕同步更新。幸运的是，我们可以用一种方法来做到这一点，那就是浏览器维护着的 window 对象的 requestAnimationFrame 方法。这个方法接受的单个参数指定了浏览器下次更新显示时要调用的函数。

```
window.requestAnimationFrame(gameUpdate);
```

前面的语句要求浏览器在下次更新显示时调用 gameUpdate 方法。重绘画布就是这个过程的一部分。

```
function gameUpdate(timeStamp) {
    context.fillStyle = "cornflowerblue";          将所有颜色设置为
                                                    cornflowerblue
    context.fillRect(0, 0, canvasWidth, canvasHeight);
                                                    绘制一个蓝色矩形，
                                                    清除画布内容
    context.drawImage(cheese, x, y);               在画布上绘制奶酪
```

```
x = x + 1;                                          更新 x 的值
y = y + 1;                                          更新 y 的值
window.requestAnimationFrame(gameUpdate);      要求下一个动画帧的调用
}
```

　　这个 `gameUpdate` 函数将画出在屏幕上移动的奶酪图片。每次重绘前，屏幕都会被清空。每次重绘后，奶酪的 x 坐标和 y 坐标的值都会增加 1，移动奶酪的绘制位置。

 动手实践

移动图片

　　我们可以通过 Ch12 Creating Games\Ch12-09 Moving Cheese 文件夹中的示例页面来研究游戏中物体的移动。打开页面，可以看到奶酪在屏幕中向右下方移动，稍后消失于底部。

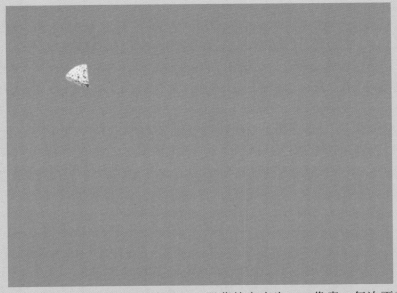

　　大多数浏览器每秒钟更新 60 次显示。屏幕的高度为 600 像素，每次更新时，奶酪会向下移动一个像素。这意味着大约过 10 秒，奶酪就会从屏幕底部消失。如果想让奶酪移动得更快，那么可以提高每次重绘时增加的数字。这个数字就是奶酪的移动速度。试着修改程序，让奶酪在屏幕上的移动速度提高一倍。找到下面两个语句：

```
x = x + 1;
y = y + 1;
```

把数值改成 2，就可以将速度提高一倍。在 Ch12 Creating Games\Ch12-10 Speedy Cheese 示例文件夹中，可以找到我的版本。

控制游戏的玩法

学会让图片在屏幕上动起来后，接下来需要研究的是如何让玩家来控制它们。我们的计划是用键盘上的方向键来控制奶酪。当用户按下一个方向键时，我们希望奶酪能做出相应的移动。为了实现这一点，需要创建一个在玩家按下键盘上的一个键时会运行的事件监听器。

窗口事件

前面利用 `requestAnimationFrame` 函数使 `window` 对象告诉游戏什么时候该重绘屏幕。现在要让 `window` 对象为键盘生成的事件绑定一个函数。`window` 对象提供的 `addEventListener` 可以让程序将一个 JavaScript 函数和一个特定的事件连接起来。有许多不同事件都是由名称指定的。先来研究一下事件是如何工作的。这里要用到 `keydown` 事件。

```
function doKeyboardReader() {

                                                    获取对将显示键值的段落的引用
    var resultParagraph = document.getElementById("result");
    count = 0;

                                                    监听按下键盘按键的信息
    window.addEventListener("keydown", (event) => {
        resultParagraph.innerText="Key Down:" + event.code;
    });
                                                    显示该事件的代码属性
}
```

以上函数为 `keydown` 事件添加了一个包含 `event` 参数的箭头函数。它负责在文档的一个段落图中显示该事件的 `code` 属性。

 代码分析

键盘事件

在 Ch12 Creating Games\Ch12-11Keyboard Events 示例文件夹中，可以找到键盘事件处理器的相关代码。用浏览器打开对应的页面，研究一下它的作用。

可以看到，上图中显示出我按下了键盘上的 A 键。试试按其他的键，比如 Shift 和 Control 这样的非打印字符。还可以试试按住 Shift 键并按下字母键。

问题 1：为什么不显示该键在键盘上产生的字符？

解答：这个事件所捕获的代码值更关注按键本身，而不是键被按下时发送到程序中的字符。包括 Shift 键在内，每个键都有自己的名字（比如 A 键被称为"KeyA"）。这个事件甚至区分了左右 Shift 键，称它们为"ShiftLeft"和"ShiftRight"。这对我们的游戏非常有帮助。

问题 2：键被松开的时候，程序可以检测到吗？

解答：可以。程序可以绑定一个 keyup 事件，键一松开，这个事件就会触发。

问题 3：这段代码是否能检测到电脑上的所有按键？

解答：不能。只有浏览器是活动程序时，按键事件才会被触发。用户如果切换到其他程序的界面，键盘事件就不会被触发。

问题 4：一个事件可以有多个监听器吗？

解答：可以。这种情况下，窗口将依次调用与特定事件绑定的每个函数。

用键盘控制物体位置

现在，可以用键盘来控制奶酪的绘制位置，使玩家可以引导奶酪在屏幕上的移动。

```javascript
window.addEventListener("keydown", (event) => {
    switch(event.code){
        case 'ArrowLeft':
            x = x - 1;                    减少 x 来向左移动
            break;
        case 'ArrowRight':
            x = x + 1;                    增加 x 来向右移动
            break;
        case 'ArrowUp':
```

```
        y = y - 1;  ─────────────────────              减少 y 来向上移动
        break;
    case 'ArrowDown':
        y = y + 1;  ─────────────────────              增加 y 来向下移动
        break;
    }
});
```

以上代码给 keydown 事件绑定了一个事件监听器，然后用键值控制奶酪的 x 坐标值和 y 坐标值。当奶酪在新坐标上绘制好以后，看起来就像是在玩家的控制下移动一样。

代码分析

操控奶酪

在 Ch12 Creating Games\Ch12-12 Keypress Cheese Control 示例文件夹中，可以找到对应的代码。用浏览器打开这个页面，看看它有什么作用。

通过按下方向键可以在屏幕上移动奶酪。每按一次方向键，奶酪就向对应方向移动一个像素。

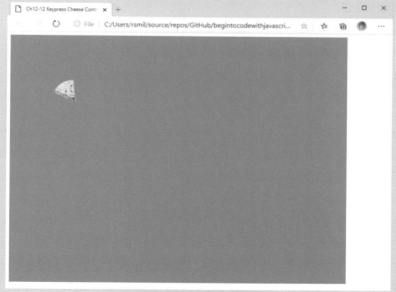

问题 1： 怎样才能使奶酪看上去是在移动？

解答： 还记得吗？画布每秒钟被重新绘制 60 次。键盘事件会在重绘的间隙触发，并更新奶酪的 x 坐标和 y 坐标，使奶酪看起来就像在移动一样。

问题 2：为什么 y 的值会随着奶酪在屏幕上的移动而增加？

解答：这是因为坐标的原点 (0,0) 在左上角。也就是说，增加 y 的值会使奶酪在屏幕上移动。

问题 3：如果把奶酪移出屏幕，会怎样？

解答：简单来说，你看不到它了。可以把画布看成一个更大区域的一角。如果绘制奶酪的坐标在可见区域之外，你就看不到奶酪了。不过，把坐标移回可见区域就又能看见奶酪。

问题 4：为什么按住一个方向键不放，奶酪就会连续移动？

解答：因为如果按住不放，键盘上的键就会自动重复。事件处理器也会被重复调用，让奶酪不断地移动。这不是一个获得连续移动的好办法。下一节会介绍一个更好的方法。

问题 5：怎样才能使奶酪移动得更快？

解答：想要提高奶酪的速度，可以修改每次按键时坐标变化的值。

keydown 事件和 keyup 事件的使用

前面的例子展示了用键盘控制对象的原理，但它的设计并不是很人性化。奶酪每次都只移动一点儿，并且我们不希望用户每次想要奶酪移动一段距离时都要反复按键。如果奶酪能在按住键不放时移动，在松开键时停止，就更好了。我们可以通过检测和使用 keydown 事件与 keyup 事件来控制奶酪的速度。

```
var cheeseX = 0;                                  奶酪的 X 坐标
var cheeseY = 0;                                  奶酪的 Y 坐标
var cheeseSpeed = 5;                              奶酪的整体速度
var cheeseXSpeed = 0;                            奶酪的当前 X 速度
var cheeseYSpeed = 0;                            奶酪的当前 Y 速度
```

这些变量控制着奶酪在游戏中的速度和坐标。gameUpdate 函数利用速度和坐标值更新奶酪的位置，然后将其绘制出来。

```
function gameUpdate(timeStamp) {
    context.fillStyle = "cornflowerblue";
    context.fillRect(0, 0, canvasWidth, canvasHeight);        清除画布

    cheeseX = cheeseX + cheeseXSpeed;                         更新 X 坐标
    cheeseY = cheeseY + cheeseYSpeed;                         更新 Y 坐标
```

```
    context.drawImage(cheese, cheeseX, cheeseY);
    window.requestAnimationFrame(gameUpdate);
}
```

绘制奶酪

连接到下一个绘制操作

每次调用这个函数时，它都会清空屏幕，更新奶酪的坐标，然后在新的坐标位置上绘制奶酪。速度值为零时，奶酪不会移动。

```
window.addEventListener("keydown", (event) => {
    switch(event.code){
        case 'ArrowLeft':
            cheeseXSpeed = -cheeseSpeed;
            break;
        case 'ArrowRight':
            cheeseXSpeed = cheeseSpeed;
            break;
        case 'ArrowUp':
            cheeseYSpeed = -cheeseSpeed;
            break;
        case 'ArrowDown':
            cheeseYSpeed = cheeseSpeed;
            break;
    }
});
```

用户按下一个键时，这个事件处理器就会开始运行。它负责的并不是在屏幕上移动奶酪，而是设置奶酪的速度值，以便在下一次调用 update 方法时，奶酪向选定的方向移动。奶酪要向后或向上移动，速度将为负值。因为 gameUpdate 函数会反复更新奶酪的位置，所以按下键后，奶酪立刻开始移动。

```
window.addEventListener("keyup", (event) => {
    switch(event.code){
        case 'ArrowLeft':
            cheeseXSpeed=0;
            break;
        case 'ArrowRight':
            cheeseXSpeed=0;
            break;
        case 'ArrowUp':
            cheeseYSpeed=0;
```

```
            break;
        case 'ArrowDown':
            cheeseYSpeed=0;
            break;
    }
});
```

当玩家松开键时，这个事件处理器就会让奶酪停止移动，它负责把特定方向的速度值设置为 0。

注意事项

失去焦点

在 Ch12 Creating Games\Ch12-13 Steerable Cheese 示例文件夹中可以找到以上代码。用浏览器打开这个文件夹中的页面，你会发现奶酪的移动很好控制。如果同时按住两个方向键，那么可以让奶酪斜向移动。但这段代码仍然存在一个问题。如果开始移动奶酪后打开了另一个窗口，这时就算松开按键，奶酪也不会停止移动。这是因为 Windows 10、Mac Os 或 Linux 都有焦点的概念。

在任何时候，来自键盘和鼠标的事件都会被发送到当前选择的窗口中，这就是有焦点的窗口。一旦选择了另一个应用程序，正在移动奶酪的浏览器就会失去焦点，键盘事件不会再次发送到它那里。这意味着没有 keyup 键盘事件来让奶酪停下来，也就导致奶酪持续移动并最终从画布上消失。

这个问题可以通过给一个在应用程序失去焦点时触发的窗口事件绑定处理器来解决，称为 blur 事件。当 blur 事件发生时，游戏必须让奶酪停止移动。

```
window.addEventListener("blur", (event) => {
    cheeseXSpeed = 0;
    cheeseYSpeed = 0;
});
```

以上就是 blur 事件的相关代码。现在，窗口失去焦点时，奶酪的速度值会被设置为 0，随即停止移动。Ch12 Creating Games\Ch12-14 Steerable Cheese with focus 示例文件夹中的应用程序就利用这个事件处理器来让奶酪在浏览器失去焦点时停止移动。再次试验，可以发现，打开不同的窗口后，奶酪会停止移动。

创建游戏对象

我们开发的这款游戏名为《饼干大作战》。玩家控制奶酪，接住尽可能多的饼干，同时避开致命的西红柿杀手。这个游戏在屏幕上显示四个不同的项目。

1. 桌面背景——一个作为游戏背景的图片。
2. 奶酪——玩家将在屏幕上控制奶酪的移动，试图接住饼干并躲开致命的西红柿。
3. 饼干——玩家将尝试用奶酪碰触饼干来接住饼干。
4. 西红柿杀手——西红柿会追逐奶酪。如果西红柿抓住奶酪，游戏就会结束。

游戏精灵

每一个屏幕对象都被称为"精灵"(sprite)。每个精灵都有一个绘制在屏幕上的图片、一个在屏幕上的位置以及一组行为。每个精灵都会做下面的事情。

1. 在游戏加载时自行初始化。
2. 在屏幕上自行生成。
3. 自行更新。每个精灵都有一个特征行为。
4. 在每局游戏之间自行重置。开始新游戏时，每个精灵的状态都必须重置。

精灵还可能有其他行为，但这些是精灵的最基本的行为。我们可以把这些行为放到一个类中：

```
class Sprite {

    constructor(game, url) {          精灵构造函数
        this.game = game;             存储精灵所属的游戏
        this.url = url;               存储精灵图片的路径
    }

    reset() {                         为新游戏重置精灵
        this.x = 0;
        this.y = 0;
    }

    getInitialisePromise() {          获得一个执行初始化的承诺
        return new Promise((resolve, reject) => {
            this.image = new Image();
            this.image.src = this.url;
            this.image.onload = () => {
                this.reset();         在图片加载完毕后重置精灵
```

```
        resolve(true);                                        解析加载承诺
      }
      this.image.onerror = () => reject(new Error('Could not load' +
      this.url));
    });
  }

  update() {                                                    更新精灵
  }


  draw() {                                                       绘制精灵
    this.game.context.drawImage(this.image, this.x, this.y);
  }
}
```

 代码分析

精灵的超类

前面的代码定义游戏中所有精灵的超类。你可能对它有一些疑问。

问题 1：初始化程序中的 game 参数是用来做什么的？

解答：因为有些精灵需要用到游戏对象中存储的信息，所以当游戏创建新的精灵时，必须让这个精灵知道自己是哪个游戏对象的一部分。例如，饼干要是被"抓到"，游戏中的分数值就需要被更新。精灵构造函数会复制一个游戏引用，以便能在需要的时候与游戏交互。

编程器认为，sprite 类和 game 类是紧密耦合的。改变 CrackerChase 类的代码可能会影响游戏中精灵的行为。如果 CrackerChaseGame 类的编程器改变了存储分数的变量的名称，比如从 score 改成 gameScore，那么抓到饼干时，cracker 类的 Update 方法就会失败。

我认为，耦合和全局变量的作用差不多。全局变量是能让几个函数共享应用数据的一种简单方法。不过在写代码时，我必须确保任何一个函数都不会以其他函数不曾料到的方式改变全局变量的值。在一个函数中犯的错误可能会导致另一个函数失败。

将类耦合在一起，能让它们更容易合作，但这也意味着一个类的改变可能会导致另一个类的行为被破坏。当我使用全局变量或者把两个类耦合在一起时，总是会尽力权衡便利性（更容易和更快地编写）和风险（更容易出错）。

问题 2：为什么 update 方法是空的？

解答：可以把 Sprite 类看作子类的模板。一些游戏元素需要用方法来实现更新和重置行为。为了在屏幕上移动，奶酪精灵需要 update 方法。Sprite 有一个 cheese 子类，有专属版本的 update 方法。

问题 3：如何使用 getInitialisePromise 方法？

解答：游戏将创建一个包含所有精灵的列表。所有精灵都创建完后，游戏将从中创建一个初始化承诺的列表，并将其输入 Promise.all 的调用中。换句话说，我们把上一节用来加载单个图片的承诺行为移植到了 Sprite 类中。

Sprite 类的作用不大，但可以用来管理这个游戏的背景图片。这个游戏将在一个桌面背景上进行。我们可以把 Sprite 看成一个填满整个屏幕的精灵。现在，我们可以开始开发第一版本的 game 对象，它包含一个只显示背景精灵的游戏循环。

游戏对象

CrackerChaseGame 对象持有所有游戏数据，包括游戏中用到的所有精灵的列表。它还持有实现游戏的方法：

```
class CrackerChaseGame {

    gameUpdate(timeStamp) {                                  更新游戏的方法

        for (let sprite of this.sprites) {                  更新所有精灵
            sprite.update();
        }

        for (let sprite of this.sprites) {                  绘制所有精灵
            sprite.draw();
        }
                                                            请求下一次更新
        window.requestAnimationFrame(this.gameUpdate.bind(this));
    }

    gameReset() {                                           重置所有的精灵
        for (let sprite of this.sprites) {
            sprite.reset();
        }
    }
```

```
constructor() {

    this.canvas = document.getElementById("canvas");          获取对游戏画布的引用
    this.context = canvas.getContext('2d');                    获取画布的图形环境

    this.canvasWidth = canvas.width;                           存储画布的宽
    this.canvasHeight = canvas.height;                         存储画布的高

    this.sprites = [];                                         创建一个空的精灵列表
                                                               创建一个背景精灵
    this.background = new Sprite(this, 'images/background.png');
    this.sprites[this.sprites.length] = this.background;
}                                                              将背景精灵添加到精灵列表中

async gameInitialise() {                                       载入所有精灵图片的方法
    var promiseList = [];                                      创建一个承诺列表
    for (let sprite of this.sprites) {                         处理游戏中的精灵
        promiseList[promiseList.length] = sprite.getInitialisePromise();
    }

    await Promise.all(promiseList);                            等待精灵加载完毕
}

gameStart() {                                                  开始运行游戏
    this.gameReset();                                          重置游戏
    window.requestAnimationFrame(this.gameUpdate.bind(this));
}                                                              启动游戏动画的运行
}
```

代码分析

《饼干大作战》游戏中的 CrackerChaseGame 类

前面的代码定义了用于实现游戏的类。你可能对它有一些疑问。

问题 1：游戏如何向精灵构造函数传递对自身的引用？

解答：我们知道，当一个类中的方法被调用时，this 关键字代表了该方法所运行的对象的引用。在 CrackerChaseGame 类的方法中，this 关键字代表对 CrackerGameClass 实例的引用。我们可以将 this 的值传递给游戏中需要用到它的其他部分：

```
this.background = new Sprite(this, 'images/background.png');
```

以上代码新建了一个 Sprite 实例，并将游戏参数的值设置为 this，这样，精灵就知道自己是哪个游戏的一部分了。

问题 2：为什么游戏要调用精灵的 draw 方法来绘制它？游戏就不能画出精灵里包含的图片吗？

解答：这个问题非常重要，它涉及责任的分配。应该由精灵负责在屏幕上绘图，还是应该由游戏负责绘图？我认为，绘图应该是精灵的任务，因为这样可以给开发者提供更多的灵活性。

假设要在游戏中通过在精灵后面绘制"烟雾"图片来为一些精灵添加烟雾轨迹。相比让游戏找出哪些精灵需要烟雾轨迹并以不同的方式来绘制它们，把代码直接添加到这些精灵中显然更省事。

问题 3：当游戏运行时，是不是即使没有任何变化，整个屏幕也会被重绘？

解答：是的。你可能会觉得这是一种浪费，但大多数游戏都是这么做的。从头绘制所有东西比追踪变更并只是重绘有变化的部分容易得多。

开始游戏

创建好类之后，可以开始运行游戏了。以下是游戏的 HTML 文档的主体。它包含一个画布，并且 `<body>` 元素有一个 onload 属性，负责在页面被加载时调用 JavaScript 中的 doGame 函数：

```
<body onload="doGame()">
  <canvas id="canvas" width="800" height="600">
    This browser does not support a canvas.
  </canvas>
</body>

async function doGame() {
    var activeGame = new CrackerChaseGame();
    await activeGame.gameInitialize();
    activeGame.gameStart();
}
```

以下代码中，gameStart 方法的第一条语句调用 gameReset 方法来重置游戏，使其准备好开始游戏。第二条语句调用 window.requestAnimationFrame 来连接

gameUpdate 方法和下一个屏幕动画事件。我们需要仔细看看这段代码，因为它表达了一些关于 this 引用的重要信息。

```
gameStart() {
    this.gameReset();                                        重置游戏
    window.requestAnimationFrame(this.gameUpdate.bind(this));
}                                                           开始运行动画
```

深入研究 this 关键字

在第 10 章的时装店应用程序中，在创建库存存储对象时，接触到了 this 引用。在类的方法中，this 关键字是"对调用该方法的对象的引用"。觉得难以理解的话，不妨考虑一下正在执行的语句序列。doGame 函数包含以下语句来启动游戏：

```
activeGame.gameStart();
```

这条语句的含义是"随 activeGame 引用找到一个对象，并在其中调用 gameStart 方法。"JavaScript 找到对象并在其中调用 gameStart 方法。就在运行 gameStart 中的多个代码之前，JavaScript 设置了 this 关键字，以引用同一个对象作为 activeGame。gameStart 方法包含以下语句：

```
this.gameReset();
```

语句跟在 this 引用(指向 activeGame 对象)之后并在这个对象中调用 gameReset 方法。这样，正确的游戏对象才能被重置并准备好开始游戏。this.gameUpdate 引用指向我们想调用来更新游戏的 gameUpdate 方法。因此，你可能会认为可以把 this.gameUpdate 引用作为参数传给 window.requestAnimationFrame 方法。

```
window.requestAnimationFrame(this.gameUpdate);
```

问题在于，gameUpdate 方法不会被 activeGame 对象的引用所调用，因此这行代码有问题。它是由 JavaScript 的 window 对象在重绘显示的时候调用的。换句话说，当函数运行时，gameUpdate 内部的 this 引用会指向错误的地方。要想解决这个问题，可以将 gameUpdate 调用中的 this 引用明确和活动游戏对象的引用绑定到一起：

```
window.requestAnimationFrame(this.gameUpdate.bind(this));
```

以上调用中的绑定部分得到了强调。它明确告诉 JavaScript "调用 gameUpdate 函数时，让 gameUpdate 中的 this 值与 gameReset 函数中的 this 值相同。"这可能比较令人费解。反正我是这样认为的。不过，这有助于记住是谁在调用 gameUpdate 函数。它不是通过对游戏对象的引用来调用的，而是从窗口对象中调用的。这就导致它在运行时不可能有对活动游戏对象的 this 引用。因此，需要在 this

的值中有一个明确的绑定，以便使用该方法。运行 Ch12 Creating Games\Ch12-15 Background Display 文件夹中的示例程序，可以看到背景显示出来了。

添加奶酪精灵

精灵是一块由玩家操控在屏幕上移动的奶酪。我们已经掌握了如何让游戏响应键盘事件，现在要做的是创建一个玩家精灵并让游戏来控制它。以下代码中的 Cheese 类实现了游戏中的玩家对象。

```
class Cheese extends Sprite {
    constructor(game, url) {
        super(game, url);

        this.width = game.canvasWidth / 15;
        this.height = game.canvasWidth / 15;

        this.speed = 5;
        this.xSpeed = 0;
        this.ySpeed = 0;

        window.addEventListener("keydown", (event) => {
            switch (event.code) {
                case 'ArrowLeft':
                    this.xSpeed = -this.speed;
                    break;
                case 'ArrowRight':
                    this.xSpeed = this.speed;
                    break;
                case 'ArrowUp':
                    this.ySpeed = -this.speed;
                    break;
                case 'ArrowDown':
                    this.ySpeed = this.speed;
                    break;
            }
        });
        window.addEventListener("keyup", (event) => {
```

```
        switch (event.code) {
            case 'ArrowLeft':
                this.xSpeed = 0;
                break;
            case 'ArrowRight':
                this.xSpeed = 0;
                break;
            case 'ArrowUp':
                this.ySpeed = 0;
                break;
            case 'ArrowDown':
                this.ySpeed = 0;
                break;
        }
    });
}

reset() {
    this.x = (this.game.canvasWidth - this.width) / 2.0;
    this.y = (this.game.canvasHeight - this.height) / 2.0;
}

update() {
    super.update();

    this.x = this.x + this.xSpeed;
    this.y = this.y + this.ySpeed;

    if (this.x < 0) this.x = 0;
    if (this.x + this.width > this.game.canvasWidth) {
        this.x = this.game.canvasWidth - this.width;
    }

    if (this.y < 0) this.y = 0;
    if (this.y + this.height > this.game.canvasHeight) {
```

```
            this.y = this.game.canvasHeight - this.height;
        }
    }

    draw() {
        this.game.context.drawImage(this.image, this.x, this.y, this.width,
        this.height);
    }
}
```

 代码分析

玩家精灵

前面的代码定义了 Cheese 精灵。在 Ch12 Creating Games\Ch12-16 Background and Cheese 示例文件夹中，可以找到它。用浏览器打开文件夹中的网页。

试着用方向键在画布上移动奶酪，看看奶酪到达画布边缘时会怎样。现在，你可能有一些疑问。

问题 1：为什么 Cheese 对象有宽度和高度这两个属性？

解答：除非另有指定，否则图片以原始资源的大小绘制。桌面图片是 800 像素宽，600 像素高，和画布完美契合。不过，我希望能够掌控奶酪精灵的大小，以便随时改变游戏的玩法。没准儿我们会在测试过程中发现玩家喜欢大一点的奶酪呢！我想尽可能地让它易于修改。以下代码将奶酪的大小改为屏幕宽度的 1/15：

```
this.width = game.canvasWidth / 15;
this.height = game.canvasWidth / 15;
```

这样一来，drawImage 函数就能以一个特定的宽度来绘制图片，Cheese 类会覆写 Sprite 父类中的绘制方法。

```
draw() {
  this.game.context.drawImage(this.image,this.x,this.y,this.width,this.height);
}
```

这也使得改变奶酪的大小成为可能。

问题 2：程序是如何阻止奶酪移出屏幕的呢？

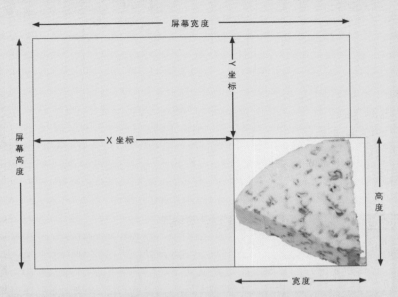

解答： 如果试着用方向键来操控奶酪，让它移出屏幕，是无法做到的。以上图片显示了背后的工作原理。游戏知道奶酪的位置以及画布的宽度和高度。如果 X 坐标加奶酪的宽大于屏幕的宽（如上图所示），update 方法就会让奶酪回到最右边。

```
if(this.x + this.width > this.game.canvasWidth){
    this.x = this.game.canvasWidth - this.width;
}
```

update 方法还可以确保奶酪不会走出画布的其他几条边。在游戏开始时，游戏还利用了 width 属性和 height 属性将奶酪放在画布的中间。

```
reset() {
    this.x = (this.game.canvasWidth - this.width) / 2.0;
    this.y = (this.game.canvasHeight - this.height) / 2.0;
}
```

添加饼干精灵

在屏幕上操控奶酪的移动很有意思，不过，我们还需要为玩家增加一些目标，让玩家操控奶酪，让它接住饼干。接住一块饼干后，游戏分数就会增加，并且饼干会移动到屏幕中的另一个随机位置。Cracker 精灵是 Sprite 类的一个子类。

```
class Cracker extends Sprite {
```

```
constructor(game, url) {
    super(game, url);

    this.width = game.canvasWidth / 20;
    this.height = game.canvasWidth / 20;
}

getRandomInt(min, max) {
    var range = max - min + 1;
    var result = Math.floor(Math.random() * (range)) + min;
    return result;
}

reset() {
    this.x = this.getRandomInt(0, this.game.canvasWidth-this.width)
    this.y = this.getRandomInt(0, this.game.canvasHeight-this.height)
}

draw() {
    this.game.context.drawImage(this.image, this.x, this.y, this.width,
    this.height);
}
}
```

Cracker 类非常小，因为它的大部分行为都来自于其超类 Sprite 类。构造函数将饼干的宽设置为屏幕尺寸的 1/20。饼干的重置方法在画布上选择一个随机位置。它用到的随机数函数和前面画图程序中用来定位点的相同。创建并将其添加到游戏的精灵列表中，就可以将 Cracker 添加到游戏中：

```
this.sprites = [];

this.background = new Sprite(this, 'images/background.png');
this.sprites[this.sprites.length] = this.background;

this.cracker = new Cracker(this, 'images/cracker.png');
this.sprites[this.sprites.length] = this.cracker;

this.cheese = new Cheese(this, 'images/cheese.png');
this.sprites[this.sprites.length] = this.cheese;
```

在 Ch12 Creating GamesCh12-17 Cheese and Cracker 示例文件夹中，示例程序展示了具体细节。结果如图 12.5 所示。

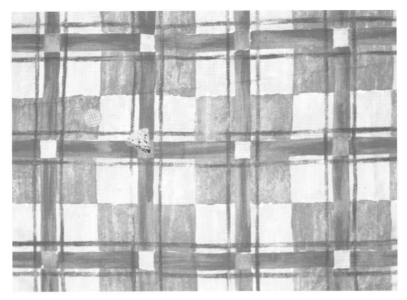

图 12.5 奶酪和饼干

添加大量饼干

我们希望游戏中有 30 块饼干供玩家抓取。实际上，这很容易做到。可以用一个循环来创建饼干，然后将它们添加到精灵列表中。

```javascript
for (let i = 0; i < 30; i = i + 1) {
    this.sprites[this.sprites.length] = new Cracker(this, 'images/cracker.png');
}
```

图 12.6 展示了游戏现在的样子。如果还想要更多饼干，改变创建饼干的 for 循环中设置的范围即可。Ch12 Creating Games\Ch12-18 Cheese and Cracker 文件夹中的示例程序包含这段代码。运行示例程序的话，你会看到屏幕上有很多饼干，操控奶酪时，奶酪会从饼干上面移过。

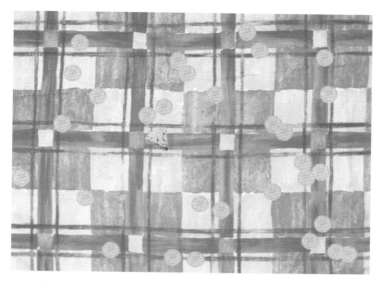

图 12.6　奶酪和饼干

抓取饼干

现在，游戏中有很多饼干和一块可以抓取它们的奶酪。但现在，奶酪"抓取"饼干的时候，什么也不会发生。为了检测到饼干被奶酪"抓取"，我们需要为 Cracker 添加一个行为。奶酪在饼干的"上方"移动时，饼干就会被奶酪抓取。游戏可以通过检测两个精灵的外接矩形是否相交来确认。

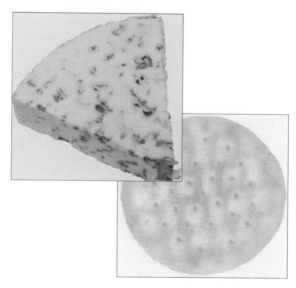

图 12.7　相交的精灵

　　图 12.7 显示了奶酪抓取饼干的过程。奶酪和饼干图片的外接矩形称为边界框。当一个边框在另一个边框内移动时，表明这两个边框是相交的。饼干更新时，它会检测自己是否与奶酪相交。下图中的奶酪与饼干是相交的，因为奶酪的右下角在饼干的"内部"。

　　图 12.8 显示了检测结果。在图 12.8 中，两个精灵没有相交，因为奶酪的右边缘在饼干的左边缘的左边。换句话说，奶酪离饼干有一段距离，没有与饼干相交。无论奶酪在饼干的上方、下方或右侧，同理。

图 12.8　不相交的精灵

　　我们可以创建一个方法来测试这四种情况。如果其中任何一种情况为 true，那么就表明不相交。

```
intersectsWith(sprite) {
    if ((this.x + this.width) < sprite.x) return false;
    if ((this.y + this.height) < sprite.y) return false;
    if (this.x > (sprite.x + sprite.width)) return false;
    if (this.y > (sprite.y + sprite.width)) return false;
    return true;
}
```

　　这个方法可以添加到 Sprite 类中。如果精灵与一个特定目标相交，该方法就返回 true。为了让所有精灵都可以使用它，要把这个方法添加到 Sprite 类中。接着，可以在 Cracker 类中添加 update 方法，检查饼干是否与奶酪相交：

```
update() {
    if (this.intersectsWith(this.game.cheese)) {
```

```
        this.reset();
    }
}
```

当奶酪与饼干相交时，饼干会被重置到屏幕中的其他位置。可以在 Ch12 Creating Games\Ch12-19 Eating Cracker 示例文件夹中找到这段代码。打开文件夹中的网页，可以看到有很多饼干，玩家可以控制奶酪来"抓取"饼干。奶酪移到饼干上之后，饼干就会消失，并在屏幕上的其他地方重绘。

添加声音

游戏现在没有声音，有点无聊。通过改进 cracker 类，可以让饼干在被吃掉时播放声音。第 2 章中，我们为煮蛋定时器添加了声音元素，做出了能播放声音的 JavaScript 程序。现在，可以通过利用 Audio 对象来让游戏能够发出声音。

```
constructor(game, imageUrl, audioURL) {          构造函数现在接受音频 URL
    super(game, imageUrl);

    this.audioURL = audioURL;                    存储声源的 URL
    this.audio = new Audio();                    将 Audioitem 的 srcof 设置为资源
    this.audio.src = this.audioURL;              创建一个新的 Audioitem

    this.width=game.canvasWidth/20;
    this.height=game.canvasWidth/20;
}
```

Cracker 类的构造函数现在接受指定声源位置的 URL 作为额外的参数。当 Cracker 构造函数运行时，为声效创建一个 Audio 对象，然后将新 Audio 对象的 src 属性设置为声源的位置：

```
this.cracker = new Cracker(this, 'images/cracker.png','sounds/burp.wav');
```

当饼干被创建时，构造函数就会获得声音文件的路径。现在，奶酪"吃掉"饼干时，update 方法就会播放声音：

```
update() {
    if (this.intersectsWith(this.game.cheese)) {
        this.audio.play();
        this.reset();
                                                 播放声音效果
    }
}
```

在 Ch12CreatingGames\Ch12-20Eatingwithsound 示例文件夹中，可以找到游戏的有声版本。如果想自己创建声音效果，可以使用 Audacity 程序来捕捉和编辑声音。Audacity 适用于大多数类型的计算机，可以在以下网址免费下载：https://www.audacityteam.org。

添加分数

记录得分是激励玩家的妙方。在游戏《饼干大作战》中，玩家每吃一块饼干就会加 10 分。

```
update() {
    if (this.intersectsWith(this.game.cheese)) {
        this.game.score = this.game.score + 10;          ← 增加分值
        this.reset();
        this.audio.play();                               ← 播放声音效果
    }
}
```

每次吃到饼干时，以上代码中的 Cracker 方法都会在游戏中增加 10 分。分值保存在 CrackerChaseGame 类中，并在屏幕每次更新时显示出来：

```
gameUpdate(timeStamp) {

    for (let sprite of this.sprites) {
        sprite.update();
    }

    for (let sprite of this.sprites) {
        sprite.draw();
    }

    this.context.font = "40px Arial";                    ← 设置显示分数的字体和大小
    this.context.fillStyle = "red";                      ← 设置显示分数的颜色
    this.context.fillText("Score:" + this.score, 10, 40);  ← 绘制分数

    window.requestAnimationFrame(this.gameUpdate.bind(this));
}
```

用于画布上绘制分值的方法来自画布环境，我们之前还没有接触过。fillText 方法在屏幕上画出填充文本。fillStyle 方法用于设置文本的颜色，通过为画布的

font 属性赋值，可以设置文本的大小和字体。

图 12.9 展示了分值。在 **Ch12 Creating Games\Ch12-21 Eating with scores** 示例文件夹中可以中找到这个版本的游戏。

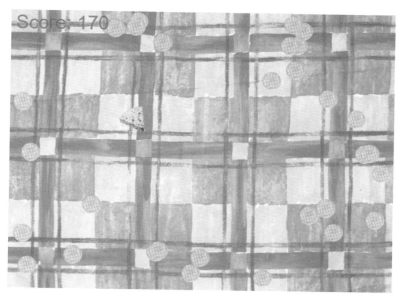

图 12.9　分值显示

 注意事项

不良碰撞检测

用边框检测碰撞潜藏着一个问题。上图中的奶酪和饼干本身并没有发生碰撞，但因为它们的边框相交，所以游戏认为它们发生了碰撞。对现在的游戏来说，这不是个太大的问题，因为这降低了难度，因为玩家不一定非要把奶酪移到饼干上才能得分。然而，如果游戏因为这一点而判定玩家被西红柿杀手抓到，可能会引起玩家的不满。有几种方法可以解决这个问题。

- 当边框相交时（像上图一样），检查相交矩形（两个边框重叠的部分）是否有任何共同的像素。这样做可以非常精确地检测碰撞，但会导致游戏速度下降。
- 如果缩小边框，就不那么容易重叠。
- 用距离而不是相交来检测碰撞，如果精灵是圆形的话，效果会很好。
- 最后这个解决方案我最喜欢：把所有的游戏图片做成矩形，使精灵填满其边框，让玩家总能看到自己是和什么发生了碰撞。

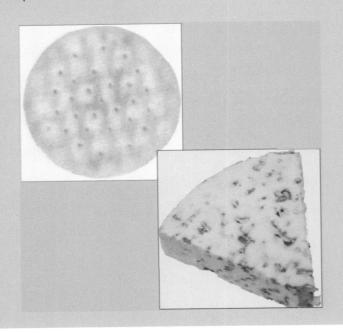

程序员观点

开发游戏时，你就是宇宙之王

我特别喜欢写游戏的一个原因是，我就是王者，可以随心所欲地做任何事。如果是为客户解决问题而编程的话，我必须提供某些成果。但在游戏中，如果我发现了问题，可以直接把它改成别的内容。如果我在程序中犯了错，也可以重新定义游戏机制。有时，这样得到的行为比我原先想要创造的更有趣。这种情况已经发生过好几次了。

添加西红柿杀手

　　游戏现在还不完善。因为没有什么东西会威胁到玩家。为游戏设置了玩家要实现的目标后，还需要添加一些元素，让目标难以实现。我想在《饼干大作战》中加入西红柿杀手，它们会无情地追逐玩家。随着游戏的进行，我想让玩家被越来越多的西红柿追赶，直到最后疲于奔命。西红柿杀手很有趣，因为我将赋予它们"人工智能"和物理学的"双重魔法"。

为精灵添加"人工智能"

人工智能听起来很高端，但对我们的游戏而言其实很简单。本质上，游戏中的人工智能仅仅是一个程序，可以在游戏中和人一样做出相似的行为。如果你要追逐我的话，会向我这边移动，移动的方向取决于我与你的相对位置。如果我在你的左边，你就会向左移动，以此类推。我们可以让西红柿杀手这样的精灵有同样的行为：

```
if(this.game.cheese.x > this.x){
    this.xSpeed = this.xSpeed + this.acceleration;
}
else {
    this.xSpeed = this.xSpeed - this.acceleration;
}

if(this.game.cheese.y > this.y){
    this.ySpeed = this.ySpeed + this.acceleration;
}
else {
    this.ySpeed = this.ySpeed - this.acceleration;
}
```

以上代码中的条件显示了如何创建一个 AI 西红柿杀手。条件中对比了奶酪和西红柿的倍速。如果奶酪在西红柿的右边，西红柿的倍速就会增加，以向右移动。如果奶酪在西红柿的左边，西红柿就会向左边加速。同时，这两个精灵的垂直位置也在重复这个过程。这样就让西红柿智能地朝着奶酪移动。我们还可以让西红柿变得"胆小"。把速度变为负数，西红柿就会向奶酪的相反方向移动，像是在逃离玩家。这对那些让玩家追逐移动目标的游戏非常有用。

程序员观点

游戏元素"智能化"可以使游戏更有趣

人工智能 (AI) 可以使软件能够完成通常需要人类智慧才能完成的事情。开发一个总是追逐奶酪的"西红柿杀手"不一定完全是在创造人工智能，但这是增加游戏趣味性的妙招。玩家要是能对付好几种具有不同"智能"行为的 AI 对象，肯定会进一步快乐加倍。

为精灵添加物理效果

游戏每次更新时，都会更新屏幕上对象的位置。对象每次更新所移动的距离就是它的速度。玩家在移动时，奶酪的坐标会以数值 5 更新。换句话说，当玩家按住一个方向键时，奶酪在对应方向上的坐标会增加或减少 5，也就是会在一秒钟内移动 300 个像素 (60*5)。在每次更新位置时增加的值更大，奶酪的速度就会更快。如果速度值为 10，奶酪的移动速度就是原来的两倍。

加速度就是速度值的变化量。以下语句通过加速更新西红柿的 xSpeed，然后将其应用到西红柿的坐标上。

```
this.xSpeed = this.xSpeed + this.acceleration;
this.x =this.x + this.xSpeed;
```

西红柿的初始速度设定为 0，因此每次更新西红柿时，其速度 (也就是其移动距离) 都会增加。把这一点与 "人工智能" 结合起来，就可以得到一个会迅速移向玩家的西红柿杀手。

为精灵添加摩擦力

如果一直让西红柿持续加速，它就会越来越快，让玩家根本无法闪避。因此，需要添加一些摩擦力 (friction) 来减缓它的速度。摩擦力小于 1，因此用速度乘以摩擦力后，速度就会减缓，西红柿的速度会随着时间的推移而变慢。

```
this.xSpeed = this.xSpeed * this.friction;
```

摩擦力和加速度的值是在 Tomato 精灵的构造函数中设置的。

```
constructor(game, imageUrl) {
    super(game, imageUrl);

    this.width = game.canvasWidth / 12;
    this.height = game.canvasWidth / 12;
    this.acceleration = 0.1;
    this.friction = 0.99;
}
```

经过一番实验，我决定设置加速度为 0.1，摩擦力为 0.99。如果想让精灵更快地追赶我，我就增加加速度。如果想让精灵更快地减速，我就增加摩擦力。调整这些数值可以获得很多乐趣。比如，创造一个慢慢向玩家飘去的精灵，或者把加速度改为负值，让它们躲避玩家。可以玩玩 Ch12 Creating Games\Ch12-22 Killer tomato 文件夹中的示例游戏，试着避开西红柿杀手的追杀。

程序员观点

编写游戏时，你总是可以作弊的

编写游戏时，应该先从最简单、最快的地方着手，先做出一个效果，然后根据需要加以改进。

我使用的"物理效果"并不是对物理对象进行精确模仿。我实现摩擦力的方式虽然很不切实际，但很有效，并给玩家带来了良好的体验。不到 7 行 JavaScript 代码就能创造出这么棒的行为，我觉得真是有趣极了。《饼干大作战》只用到了非常简单的碰撞检测、某种形式的人工智能以及一些物理效果，但它已经很好玩了，真的感觉就像西红柿在追赶你一样。开发完全准确的物理模型需要额外耗费大量时间，并且对游戏趣味性的提升并不显著。

创建定时出现的精灵

循序渐进是游戏设计的关键。如果游戏一开始就有很多西红柿杀手，玩家就很难存活，游戏体验很差。我希望第一个西红柿在游戏开始 5 秒钟后出现，之后每隔 10 秒钟出现一个新的西红柿。这可以通过在创建每个西红柿时给它们设置入场延迟 (entry delay) 值来实现。

```
for (let tomatoCount = 0; tomatoCount < 5; tomatoCount = tomatoCount + 1) {
    let entryDelay = 300 + (tomatoCount * 600);
    this.sprites[this.sprites.length] =
        new Tomato(this, 'images/redtomato.png', entryDelay);;
}
```

这段代码用一个循环创建了 5 个西红柿精灵，entryDelay 从 300 开始，以 600 为单位递增。Tomato 类的构造函数中存储着它的 entryDelay 值。

```
constructor(game, imageUrl, audioURL) {
    super(game, imageUrl);

    this.audioURL = audioURL;                    把入场延迟存储在精灵中
    this.audio = new Audio();                     为每个精灵设置不同的加速度
    this.audio.src = this.audioURL;
```

```
    this.width = game.canvasWidth / 20;
    this.height = game.canvasWidth / 20;
}
```

entryDelay 值的作用是让精灵延迟入场：

```
update(){

    this.entryCount = this.entryCount + 1;

    if (this.entryCount < this.entryDelay) {
        return;
    }
}
```

　　update 方法每秒钟调用 60 次。第一个西红柿杀手的入场延迟为 300，这意味着它将在 300/60 秒也就是游戏开始 5 秒后出场。第二个西红柿杀手将在 10 秒钟后出现，接下来的西红柿杀手也一样，直到最后一个西红柿杀手出场。我试玩了一下现在的版本，发现游戏玩起来不是很刺激，因为所有西红柿杀手都挤在一堆，很容易避开。造成这种现象的原因是所有西红柿杀手的加速度都一样。为了解决这个问题，我用入场延迟来计算加速度的变化。也就是说，后出场的精灵加速更快，不至于挤成一堆。

```
this.acceleration = 0.1 + entryDelay / 10000;          给每个精灵不同的加速度
```

　　在 Ch12 Creating Games\Ch12-22 Killer tomatoes 文件夹中，示例程序显示了具体细节。在几个西红柿杀手都入场并开始追逐你之后，你可能会手忙脚乱。

完成游戏

　　游戏机制现在已经略具雏形。为了把它变成一个真正的游戏，我们还需要添加开始界面，为玩家提供开始游戏的方法；检测和管理游戏的结束；以及一个能提升游戏趣味性的最高分记录。

添加启动界面

　　启动界面是玩家用来——开始游戏的地方。一局游戏结束后，自动返回启动界面。这个游戏的启动界面如图 12.10 所示。

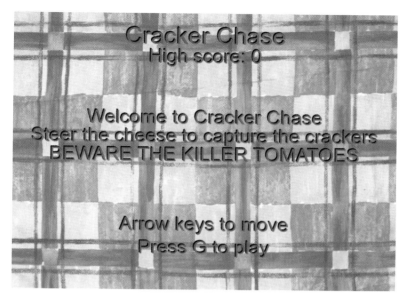

图 12.10　开始界面

程序员观点

确保玩家知道应该怎么玩你的游戏

在我漫长而精彩的职业生涯中，担任过不少游戏开发大赛的评委。其中有很多游戏都相当缺乏引导性，我试着去玩，却完全摸不着头脑。原因通常在于，每个人都专注于开发游戏，而不是告诉玩家应该怎么玩。要是玩家打开游戏却不知道该按什么键，该游戏势必会给他留下很糟糕的第一印象。因此，请确保把操作指南写清楚，并在游戏一开始就把它们呈现出来。

drawStartScreen 方法绘制了启动屏幕。它用 displayMessage 辅助函数来将文本放在屏幕的中央。

```
drawStartScreen() {
    this.background.draw();
    this.context.font = "50px Arial";
    this.displayMessage("Cracker Chase", 70);
    this.context.font = "40px Arial";
    this.displayMessage("High score:" + this.topScore, 110);
    this.displayMessage('Welcome to Cracker Chase', 240);
```

```
    this.displayMessage('Steer the cheese to capture the crackers', 280);
    this.displayMessage('BEWARE THE KILLER TOMATOES', 320);
    this.displayMessage('Arrow keys to move', 470);
    this.displayMessage('Press G to play', 520);
}
```

前面在向更新方法添加代码时，利用屏幕绘制方法在屏幕上绘制了游戏的分值。`displayMessage` 方法同样利用 `measureText` 方法来获得文本的宽度，以便它能在屏幕上居中。文本分两次绘制，第一次是黑色，第二次则是红色。其中第二次绘制时，文本的位置稍有移动，使黑色文本看起来像阴影一样。

```
displayMessage(text, yPos) {
    var textSize = this.context.measureText(text);           衡量文本信息的大小
    var x=(this.canvasWidth-textSize.width) / 2.0;           计算偏移量以使文字居中
    this.context.fillStyle = "black";                        将文本设置为黑色
    this.context.fillText(text, x, yPos);                    绘制文本背景
    this.context.fillStyle = "red";                          将文本设置为红色
    this.context.fillText(text, x + 2, yPos + 2);            在稍有偏移的地方绘制文本
}
```

程序员观点

不用担心图形硬件忙不过来

你可能觉得为了一个阴影效果而在屏幕上绘制两次文本太浪费。但是，现代图形硬件完全能够在一秒钟内进行成千上万次的绘制操作。为了得到一个漂亮的阴影效果，我已经反复绘制了 20 次文本。如果你感觉某些东西可能看上去不错，我建议你放手去尝试，要是游戏因此而运行很慢的话，再来操心性能问题。

开始运行游戏

图 12.10 中，开始界面告诉玩家按 G 键开始游戏。现在，需要写一些代码来实现这个功能：

```
gameStart() {
    this.drawStartScreen();                                  绘制开始屏幕
```

```
window.addEventListener("keydown", (event) => {          与键盘绑定
    switch (event.code) {
        case 'KeyG':
            if (!this.gameRunning) {                    如果游戏没有运行
                this.gameRun();                          运行游戏
            }
            break;
        default:
    }
});
}
```

当用户启动游戏时，gameStart 方法被调用。它调用 drawStartScreen 绘制开始屏幕，然后将一个箭头函数绑定到 keydown 事件上。这个箭头函数检查 KeyG 键，并且在游戏的 gameRunning 属性为 false 时调用 gameRun 方法。

```
gameRun() {
    this.gameReset();
    this.gameRunning = true;                            设置游戏运行为 true
    window.requestAnimationFrame(this.gameUpdate.bind(this));
}
```

gameRun 方法运行游戏并设置 gameRunning 为 true。然后，触发游戏的第一帧动画。当游戏运行时，gameUpdate 方法更新精灵，然后检查是否有精灵结束游戏。如果游戏结束，就显示开始屏幕和游戏最终得分：

```
for (let sprite of this.sprites) {
    sprite.update();
}

if (!this.gameRunning) {                    如果其中一个精灵结束了游戏，就显示开始屏幕
    this.drawStartScreen();
    this.displayMessage("Your score:" + this.score, 150);
    return;
}
```

检测游戏结束

可以看到，游戏有两个状态，都由 gameRunning 属性来管理。这个属性在游戏运行时被设置为 true，在显示开始屏幕时被设置为 false。现在，我们需要创建代

码来管理 gameRunning 的值。当西红柿杀手碰到玩家时，游戏就结束，这由西红柿精灵的 update 方法负责检测：

```
update() {
    // update the tomato here
    if (this.intersectsWith(this.game.cheese)) {
        this.game.gameEnd();
    }
}
```

Tomato 精灵 update 方法中的测试检查这个西红柿是否碰到了奶酪。如果是，就调用 gameEnd 方法结束游戏。

```
gameEnd() {
    this.gameRunning =false;                              停止游戏的运行
    if(this.score >this.highScore){
        this.highScore =this.score;                       更新最高分
    }
}
```

gameEnd 方法将 gameRunning 设置为 false。如果当前得分大于榜单的最高分，就刷新最高分纪录。最高分显示在游戏的开始屏幕中。

程序员观点

做游戏，要坚持有头有尾

我在担任游戏开发大赛评委时，还注意到一点，有些团队做的游戏玩法虽然非常出色，但并没有做出一个真正的游戏。玩着玩着游戏，我却发现，它根本没法结束。要确保游戏一开始就是完整的。游戏应该有开头、中间和结尾。正如你在本节中所看到的一样，要做到这一点很容易，但人们开始开发游戏时，似乎总是把创建游戏开始屏幕和游戏结束代码的工作留到最后。这样做出来的不像是游戏，反而更像是技术演示，两者并不完全是同一个意思。游戏从一开始就要做到有头有尾，能让人们更乐意尝试并给你提供反馈。

在 Ch12 Creating Games\Ch12-24 Complete Cracker chase 文件夹中，可以找到完整版的游戏。稍微玩一玩还是很有意思的，特别是尝试刷新最高分的话。我目前的最高分是 740，不过，我一直都很不擅长玩电子游戏。

动手实践

自己动手做游戏

可以把《饼干大作战》作为蓝本，用它来创建各种基于精灵的游戏。比如，可以改变美术设计，创造新类型的敌人，把游戏变成双人游戏，以及添加新的音效。在本书的开头，我说过，编程是你能学到的最具有创造力的技能，而游戏可以充分发挥你的创造力。你可以做一个《衣柜狂潮》游戏，在这个游戏中，要给袜子配对，同时会有衣架追逐你。还可以做《海象太空漫游记》，让玩家操控一只星际海象穿过小行星带。凡是能想到的，都可以创造出来。不过，需要注意的是，一开始不要有太多想法。我见过许多游戏开发团队因为无法一次性实现众多想法而灰心丧气。更明智的做法是先把一些简单的做好，然后再向游戏中添加内容。

学会开发游戏后，可以了解一下游戏引擎，很多艰苦的工作都可以交给它们来代劳。Phasor 游戏引擎就是一个很好的起点，它有许多示例游戏可供参考。详情请参见 https://phaser.io。如果想创建多人合作游戏，可以考虑使用 Socket.io 创建一个托管于 Node.js 服务器的游戏，使全世界玩家玩。详情请参见 https://socket.io/。

技术总结与思考练习

本章介绍了如何创建游戏，具体技术要点总结如下。

- HTML 文档可以包含一个画布元素，其中的项目可以绘制在画布上的任意位置。

- JavaScript 可以在画布上以特定坐标和特定尺寸绘制图片对象。

- JavaScript 的图片是异步加载的。图片载入时，`onload` 事件会被触发。可以利用这一点来创建管理加载的 `Promise` 对象。

- 可以把数个同步的承诺放在一个列表中，对一个 `Promise` 对象进行调用。当列表中的所有承诺都已实现时，这个承诺就会返回。

- 异步 JavaScript 函数 (用 `async` 声明过的函数) 可以用 `await` 关键字来等待承诺要实现的操作。等待期间，异步函数会暂停。但暂停的函数不会阻碍浏览器的执行。

- 游戏中的动画是利用反复重绘游戏屏幕实现的。`window.requestAnimationFrame` 方法使得游戏可以把一个函数调用绑定到浏览器的屏幕重绘事件上。

- 游戏可以绑定窗口事件，比如 `keyup` 和 `keydown`，它们指定了哪个键被按下或松开时生成的事件。不是只有可打印字符才有事件。Shift 键和 Control 键也有对应事件，这些事件都有标志性的名称。

- 还可以绑定一个事件来表明用户已经将窗口"焦点"转到了另一个窗口，这种情况下，游戏应该停止更新。

- 游戏的显示可以由精灵组成。精灵是一个对象，拥有相关的图片、坐标，还可以有其他属性，比如速度和加速度。

- 包含精灵 `Sprite` 超类和游戏对象子类的类层次结构可以用来管理游戏中的对象。游戏本身也可以用到类。游戏类包含一个列表，其中保存着所有的精灵以及表明游戏状态的属性。

- 函数体中的 `this` 引用可以通过在函数的调用中添加绑定信息来把自己绑定到特定的引用上。当函数要被外部框架（如浏览器窗口对象）调用而你想把函数调用的环境设置为应用程序中的对象时，这个技巧就特别有用。

- 可以为游戏中的精灵赋予简单的物理效果和"人工智能"，让它们能够与玩家互动，增加游戏的趣味性。

希望你自己能有一些点子，并用它们来创造更多的游戏。

以下这些问题与游戏开发相关，值得深入思考。

1. `await` 有何用途？

   如果函数中的代码必须完成一个需要花很长时间的操作，就可以用 `await` 来允许函数"提前"返回。为了帮助理解，我们来假设自己有分身的超能力。我去超市选完想买的所有东西之后，可以制造一个分身，然后让分身去排队结账并把买的东西带回家。这样，我就能先一步回家做其他事。一段时间之后，我的分身会带着买的东西回到家中。

   `await` 关键字的运作方式和这个例子一模一样。当执行到 `await` 语句时，一个新的进程被创建，等待对应承诺被实现。同时，执行进程从包含 `await` 的函数中返回。所等待的承诺被实现后，执行进程转到 `await` 之后的语句，直到执行进程到达函数的末尾时被销毁。

   包含等待操作的函数被称为"异步函数"。我们不知道它们什么时候执行完毕。对普通函数而言，当它返回的时候，我们就知道它已经执行完了函数中的所有语句。但是，异步函数会在所等待的动作完成之前就返回。换句话说，异步函数的完成和调用是不同步的。因此，我们需要将包含 `await` 的函数标记为 `aync`。

2. **一个函数可以包含多个 await 吗？**

　　可以。在函数执行过程中，每个 await 的语句都会依次等待。

3. **异步调用的函数必须总是执行等待的动作吗？**

　　并非如此。有的函数运行时发现其等待的动作无法执行，所以可以无需等待而直接返回。不过，将函数标记为 async 会略微降低它的调用效率，所以应该只在函数包含 await 的情况下才将其标记为 async。

4. **匿名函数可以包含 await 吗？**

　　可以。不过，必须在匿名函数的声明之前加上 async 关键字，标记匿名函数为异步函数。

5. **任何 HTML 元素都能被绘制到画布上吗？**

　　不能。HTML 文档汇集了一系列 HTML 元素。但是，当一个对象被绘制到画布上时，所发生的仅仅是一个特定的路径或图片被呈现到画布上。设置绘制动作格式的命令 (比如选择字体或填充样式) 看上去和为 HTML 元素添加的属性非常相似。但这些命令控制的其实只是绘图操作，而不是画布中对象的属性。

6. **一个页面可以包含多个 HTML 画布吗？**

　　可以。一个 JavaScript 程序可以持有多个用来在不同画布上绘制的环境引用。

7. **若是在画布上绘制了很多东西，会使浏览器速度变慢吗？**

　　会的。但现代浏览器的图形处理能力很强，所以只有在绘制的东西非常复杂的时候才能明显感觉到浏览器速度的降低。

8. **如何为游戏创建一个观赏模式？**

　　许多游戏都有展示部分游戏内容的"观赏模式"(attract model，即演示游戏玩法的视频)。我们的游戏目前只有两个状态，由布尔值 gameRunning 属性来管理。用一个整数来保存包括观赏模式在内的一系列状态。我们可以创造一个 AI 玩家，让它随机操控奶酪进行游戏。最好再为观赏模式中的西红柿杀手增加一个行为，让它们向着与 AI 玩家有一定距离的地方瞄准，延长游戏持续时间。

9. **怎样才能让每局游戏都是一样的？**

　　游戏利用 JavaScript 随机数生成器生成饼干的坐标，这意味着每局游戏中饼干的坐标都不同。可以换用总是生成相同数字序列的随机数发生器，也可以添加一个固定坐标表格 (用来摆放饼干)。这就意味着，每局游戏中饼干的初始坐标都是一样的，并以相同的顺序重生。有毅力的玩家可以掌握并利用其中的规律来取得高分。

10. **开发游戏的人总是这个游戏玩得最好的人吗？**

　　当然不是。我经常惊讶地发现，其他人在玩我做的游戏时，往往比我自己玩得更好。有时，他们甚至会提示和向我传授技巧，告诉我怎样在游戏中获得更高分。